DAS TECHNISCHE HANDBUCH

DAS TECHNISCHE HANDBUCH

HERMAN ZIMMERMAN   RICK STERNBACH   DOUG DREXLER

AUS DEM AMERIKANISCHEN ÜBERSETZT VON **RALPH SANDER**

HEEL

HEEL Verlag GmbH
Gut Pottscheidt
53639 Königswinter
Tel.: (0 22 23) 92 30-0
Fax: (0 22 23) 92 30 26

© 1999 HEEL AG, Schindellegi, Schweiz

Amerikanische Originalausgabe:
Pocket Books, a division of Simon & Schuster
1230 Avenue of the Americas
New York, NY 10020
USA
Englischer Originaltitel:
Star Trek: Deep Space Nine® – Technical Manual
© 1998 Paramount Pictures

 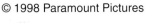 STAR TREK is a Registered Trademark of Paramount Pictures.

Deutsche Übersetzung: Ralph Sander, Köln
Lektorat: Petra Hundacker, Köln
Satz: Heel Verlag GmbH
Druck: Media-Print Informationstechnologie, Paderborn

– Alle Rechte vorbehalten –

ISBN 3-89365-735-5

Printed and bound in Germany

INHALT

Vorwort von Ira Steven Behr	7
Vorwort der Autoren	9

I. DEEP SPACE 9

1.0 DEEP SPACE 9 – EINFÜHRUNG — 13
1.1 Die strategische Situation: von Terok Nor zu Deep Space 9 — 13
1.2 Das Wurmloch und die Propheten — 20
1.3 Technologische Einschätzung der Cardassianischen Union — 24
1.4 Stationsübersicht — 27
1.5 Starfleet-Versorgung — 29
1.6 Wichtige Stationen bei Bau und Aufrüstung der Station — 32

2.0 Strukturen der Station — 35
2.1 Hauptrahmenstruktur — 35
2.2 Externe Struktursysteme — 37
2.3 Interne Struktursysteme — 38
2.4 Koordinatensystem der Station — 40

3.0 Kommandosysteme — 41
3.1 Operationszentrum — 41
3.2 Büro des Commanders — 43
3.3 Kommandostation — 43
3.4 Wissenschaftliche Station — 45
3.5 Ingenieursstation — 46
3.6 Systemdiagnose — 48

4.0 Computersysteme — 50
4.1 Computerkerne — 50
4.2 Isolineare Speichersysteme — 52
4.3 PADDs (Personal Access Display Devices) — 53
4.4 Computerzugriff über Desktops und Konsolen — 55
4.5 Sicherheitserwägungen — 56

5.0 Systeme zur Energieerzeugung — 57
5.1 Aufbau und Bedienung des Fusionssystems — 57
5.2 Brennstofflagerung und -übertragung — 59
5.3 Energieverteilungsnetzwerk — 60
5.4 Maschinenbetrieb und Sicherheit — 61
5.5 Notfallabschaltungsprozeduren — 62
5.6 Notfallprozeduren im Katastrophenfall — 62

6.0 Versorgungs- und Hilfssysteme — 63
6.1 Versorgungseinrichtungen — 63
6.2 Andockringverbindungen — 64
6.3 Verbindungen der Andockpylone — 65
6.4 Luftschleusen und Sicherheitstore — 67
6.5 Frachtbehandlung und -lagerung — 68
6.6 Positions- und Translationskontrolle — 70
6.7 Traktorstrahlen — 73
6.8 Replikatorsysteme — 74

7.0 Kommunikation — 76
7.1 Stationsinterne Kommunikation — 76
7.2 Persönliche Kommunikatoren — 78
7.3 Station-zu-Boden-Kommunikation — 79
7.4 Schiff-zu-Schiff-Kommunikation — 81
7.5 Subraum-Kommunikationsnetzwerk — 81
7.6 Sicherheitserwägungen — 83

8.0 Transportersysteme   **84**

8.1 Einführung in das Transportersystem   84

8.2 Bedienung des Transportersystems   85

9.0 Wissenschaftliche- und Fernsensorensysteme   **87**

9.1 Sensorsysteme   87

9.2 Langstreckensensoren   88

9.3 Instrumentierte Sonden   88

9.4 Tricorder   90

10.0 Taktische Systeme   **94**

10.1 Phaser und ihre Bedienung   94

10.2 Photonentorpedos und ihre Bedienung   96

10.3 Quantentorpedos und ihre Bedienung   97

10.4 Persönliche Phaser, Disruptoren, Hieb- und Stichwaffen   99

10.5 Verteidigungsschilde   103

10.6 Selbstzerstörungssysteme   104

10.7 Spezielle Waffentypen   106

10.8 Sicherheitserwägungen   107

10.9 Taktische Erwägungen   107

11.0 Umweltsysteme   **108**

11.1 Lebenserhaltung und Umweltkontrolle   108

11.2 Atmosphärisches System   108

11.3 Schwerkrafterzeugung   110

11.4 Lagerung und Verteilung der Verbrauchsstoffe   111

11.5 Abfallverwertung   112

12.0 Infrastruktursysteme für das Personal   **113**

12.1 Infrastruktur für das Personal   113

12.2 Medizinische Einrichtungen und Systeme   113

12.3 Sicherheitseinrichtungen   116

12.4 Quartiere der Crew und der Bewohner   118

12.5 Nahrungsmittelreplikationssystem   120

12.6 Turbolift-Transportsysteme   122

12.7 Kommerzielle Einrichtungen   124

13.0 Notfallmaßnahmen   **126**

13.1 Notfallmaßnahmen: Einführung   126

13.2 Brandbekämpfung   126

13.3 Medizinische Notfallmaßnahmen   127

13.4 Notfall-Hardware für der Einsatz im All   128

II. SCHIFFE DER STARFLEET, IHRER VERBÜNDETER UND IHRER GEGNER

14.0 Unterstützende Schiffe der Starfleet   **133**

14.1 *U.S.S. Defiant*   133

14.2 Runabout der *Danube*-Klasse   152

14.3 Work Bee   162

14.4 Strategische Kräfte der Starfleet   163

15.0 Alliierte Raumschiffe   **171**

15.1 Bajoranische Raumschiffe   171

15.2 Klingonische Raumschiffe   173

16.0 Feindliche Raumschiffe   **177**

16.1 Cardassianische Raumschiffe   177

16.2 Jem'Hadar-Raumschiffe   181

16.3 Romulanische Raumschiffe   183

Danksagungen   **185**

Nachwort von Ron D. Moore   **189**

VORWORT VON IRA STEVEN BEHR

...in dem der Verfasser freimütig über seine lebenslange Abhängigkeit von Bleistiften spricht, seine Mitautoren mit Lob überschüttet und die geheime Botschaft entschlüsselt, die sich auf jeder Seite des Deep Space Nine: Technisches Handbuch *findet.*

Ich schreibe dieses Vorwort mit einem Bleistift der Stärke Zwei auf einem typischen Notizblock.

Schon gut, hören Sie auf zu lachen.

Tatsache ist, daß alle meine Arbeiten fürs Fernsehen mit Bleistift geschrieben wurden, ausgenommen die Drehbücher, die ich mit Robert Hewitt Wolfe und Hans Beimler verfaßt habe.

„Die Nachfolge" wurde mit Bleistift geschrieben.

„Profit oder Partner!" wurde mit Bleistift geschrieben.

„Der Maquis, Teil II" wurde mit Bleistift geschrieben.

Alle meine Drehbücher für *Star Trek: The Next Generation* wurden ... ich sehe, Sie haben verstanden.

Ich schreibe gerne mit einem Bleistift. Es ist schlampig und chaotisch. Und aus dem Chaos entsteht Kreativität. Jedenfalls rede ich mir das immer dann ein, wenn mich jemand fragt, warum ich keinen Computer benutze.

Ich muß natürlich eingestehen, daß es ironisch ist, wenn der Ausführende Produzent einer *Star Trek*-Fernsehserie sich als Computer-Analphabet entpuppt. Aber in meinem Fall ist das nicht so überraschend. Meine Frau macht mich gerne darauf aufmerksam, daß ich auch keinen Toaster bedienen kann. Der einzige Grund, warum ich Ihnen das erzähle, ist der, daß ich Ihnen beweisen will, daß – wenn es einen Menschen gibt, der zu *Deep Space Nine: Technisches Handbuch* wirklich dringend nötig hat – ich dieser Mensch bin. Natürlich weiß ich, daß viele von Ihnen ebenso geduldig darauf gewartet haben. Vielleicht sind Sie einer dieser loyalen Fans, die im Hinterhof um jeden Preis eine exakte Nachbildung der DS9-Station bauen wollen. Oder Sie wollen Klarheit bekommen, wie Sie Ihre Verteidigungsschilde aktivieren können. Dann ist dies das richtige Buch für Sie. Sie benötigen einen Grundriß vom Büro des Captains? Hier ist er. Sie haben Fragen zur Herstellung von Metallplatten für die Außenhülle? Die werden hier beantwortet. Aber auch, wenn Sie Ihren Keller nicht zu einer Nachbildung der Utopia Planitia-Flottenwerft umgebaut haben, ist dieses Buch nützlich. Auf der nächsten Party können Sie mit Begriffen wie „cryogenische Flüssigkeitsübertragung" oder „Spannungstanks" um sich werfen und die Fakten gleich mitliefern. Sie sehen also, daß dieses Buch genau das richtige sein kann, um ihr Selbstvertrauen zu stärken.

Aber ich möchte eine Sache klarstellen: Ganz egal, wie nötig Sie dieses Buch haben – ich habe es nötiger. Sie müssen unheimlich viele Dinge wissen, um ein DS9-Drehbuch zu schreiben. Beispielsweise kann es sein, daß ich die metallurgische Zusammensetzung eines cardassianischen Rettungsschiffs brauche. Wie groß sind die Chancen, daß ich das weiß? Praktisch gleich null – jedenfalls bis zu dem Tag, an dem ich dieses Buch erwarb. (Die Antwort lautet: Beznium-Tellenit und Neffium-Kupfer-Borokarbit, falls es Sie interessiert. Oh, ich möchte die Gelegenheit nutzen, den Verlegern von Pocket Books die Frage zu stellen, warum zum Teufel es so lange gedauert hat, dieses Buch zu schreiben? Ich meine, wir haben nur sechs Jahre darauf gewartet. Und wo wir schon beim Thema sind: Was ist eigentlich aus dem *Deep Space Nine Companion* geworden? Das Buch hätte mir das

VORWORT VON IRA STEVEN BEHR

Leben auch erheblich erleichtert.) Egal. Die gute Nachricht ist die, daß das „Technische Handbuch" endlich da ist. Ich gehe davon aus, daß wir alle es gebrauchen können.

Nun möchte ich noch ein paar Worte über diesen herausragenden Produktionsdesigner Herman Zimmerman verlieren. Jeder, der sich DS9 ansieht, weiß, welch phantastische Arbeit Herman für die Serie leistet. Er baut Woche für Woche diese gigantischen, wunderschönen Sets, reißt sie dann wieder ab, um sie durch andere gigantische, wunderschöne Sets zu ersetzen. Was mich aber wirklich beeindruckt, ist, daß Herman nicht nur ein großartiger Produktionsdesigner ist, sondern auch wie ein großartiger Produktionsdesigner aussieht. Verstehen Sie, was ich damit sagen will? Dieser Kerl könnte sich einen alten Lappen um den Hals hängen und sähe immer noch cool aus. Der Mann hat Stil. Das ist Herman Zimmerman – Produktionsdesigner für das neue Jahrtausend.

Rick Sternbach, den Künstler, Illustrator und Allround-Wisser, kenne ich seit fast zehn Jahren. Ich bin stolz darauf, sagen zu können, daß neben meinem italienischen Filmposter von „The Wild Bunch – Sie kannten kein Gesetz" und meinem gerahmten Foto von Sammy Davis Jr. zwei original Sternbachs hängen. Sie stammen aus unserer TNG-Zeit, und einer von ihnen ist ironischerweise ein Wurmloch. Am tiefsten stehe ich aber in Ricks Schuld, weil er vor mir einen Laserdisc-Player besaß. Als ich ihn fragte, ob ich mir auch einen kaufen sollte, antwortete er „ja". Ich liebe meinen Laserdisc-Player. Vielen Dank für diesen Ratschlag, Rick. Und mach Dir keine Sorgen, ich gebe Dir für diesen DVD-Schlamassel keine Schuld. Wer hätte das schon wissen können?

Um Doug Drexler wirklich zu verstehen, muß man unter die Oberfläche vordringen. Er ist zweifellos ein begabter Illustrator und Grafik-Designer. Doch der Schlüssel zu Doug sind seine Augen. Betrachten Sie sie sehr eindringlich, dann werden Sie erkennen, daß unter der Oberfläche ein Wahnsinn in der Art des Zauberers Merlin lauert. Ich bin überzeugt, daß Doug Geheimnisse über das Universum kennt, die sich niemand von uns auch nur vorstellen kann. Außerdem ist er ein großer Sinatra-Fan, womit Sie wissen, daß der Kerl Geschmack hat.

Seit gut 30 Jahren versuchen Kritiker, Akademiker und Fans, den Grund für die anhaltende Beliebtheit von *Star Trek* zu finden. Viele Theorien sind aufgestellt worden – von der emotionalen Reaktion auf die Hauptfiguren über die optimistische Vision des 24. Jahrhunderts bis hin zu den kraftvollen humanistischen Prinzipien, die in die Geschichten eingebaut werden. Außerdem lassen wir alles richtig gut in die Luft fliegen. All diese Theorien besitzen in gewisser Weise Gültigkeit, doch sie treffen nie den Kern des Themas. Für mich findet sich die wahre *Star Trek*-Botschaft auf jeder Seite dieses Buchs. Diese Botschaft, die den Geist der Fans erhöht und ihnen ein fast unterbewußtes Gefühl für Frieden und Wohlergehen gibt, lautet ganz einfach: Technologie ist gut. Und im 24. Jahrhundert wird sie noch besser sein. Ihre Wirkung auf unser Leben wird sich als nutzbringend und angenehm erweisen, und trotz Warpantrieb, Replikatoren, Transportern und Holosuiten, Tricorder und Traktorstrahlen wird das Wesen unserer Menschlichkeit unverändert bleiben.

Ist diese Botschaft richtig? Das wird die Zeit zeigen. Aber soviel weiß ich: In diesen Tagen des zu Ende gehenden 20. Jahrhunderts, in denen die Welt um uns herum zunehmend durch die Technologie definiert zu werden scheint, die sie in Gang hält, ist es schön zu wissen, daß die Menschheit vielleicht nicht dazu verdammt ist, so zu werden wie die Borg.

Sie sehen also: Das Buch, das Sie in den Händen halten, ist nicht nur ein Technisches Handbuch. Nein, es ist viel mehr. Es ist eine Technobibel für die Zukunft – ein heiliger Text, der uns daran erinnern soll, daß die Technologie noch so hochentwickelt sein kann – letzten Endes sind es doch alles nur Maschinen.

Wenn ich nur noch die Seite finde, die mir erklärt, wie man den Toaster bedient…

Ira Steven Behr
Los Angeles, Kalifornien

VORWORT DER AUTOREN

In den letzten acht Jahren seit Erscheinen des Buchs *Star Trek – Die Technik der U.S.S. Enterprise* haben wir viele Bereicherungen des *Star Trek*-Universums miterleben können, darunter die Geburt von zwei neuen Fernsehserien, eine Wanderausstellung, eine Attraktion in Las Vegas sowie vier weitere *Star Trek*-Kinofilme. Die Fernsehserien allein haben die Bibliothek der *Star Trek*-Fakten um viele neue Bände erweitert. Daher standen wir zu Beginn der Arbeit an diesem technischen Handbuch für *Deep Space Nine* vor einer beeindruckenden Sammlung neuer Charaktere, Spezies, Raumschiffe, Waffen und politischer Krisen in der Galaxis. Wir mußten nicht nur Blueprints und technische Daten für die Raumstation und ihre Systeme zusammenstellen, sondern auch sechs Seasons voller Material für Starfleet-Runabouts, die *U.S.S. Defiant* und die zahllosen Schiffe und Geräte der Cardassianer, Bajoraner, Ferengi, Klingonen, Jem'Hadar und sogar Romulaner. Das Handbuch konnte sich nicht nur auf die Raumstation an sich beschränken, sondern mußte auch die Völker einbeziehen, die um ihre Kontrolle kämpfen. Im Vergleich zu den Illustrationen und Texten, die für dieses neue Buch erforderlich waren, erschien die Zerlegung der *U.S.S. Enterprise* aus der Galaxy-Klasse wie ein Spaziergang. Und das, wo wir über dieses Schiff noch immer nicht alles wissen, was es zu wissen gibt.

Vieles in diesem Buch gleicht einer Übung in Vergleichen und Gegenüberstellungen, und wir hoffen, daß es für die Leser eine so interessante Entdeckung sein wird wie für uns. In gewisser Hinsicht betrachteten wir einige Bestandteile der Ausrüstungen und der Technologie so, als seien wir Analytiker des Starfleet-Geheimdienstes, die in der Technologie der Cardassianer und der Jem'Hadar herumstochern. Wie zuvor wollten wir auch diesmal ein Gefühl für das vermitteln, was sich im Fall der nicht sichtbaren Hardware hinter den Wandverkleidungen und den Schotten befinden kann, und wir wollten ein wenig die Strukturen ausweiten, die wir jede Woche zu sehen bekommen. Die computererzeugten Bilder, die Modelle und die Bildkomposition per Video haben uns zwar in die Lage versetzt, seltsame und wundervolle Objekte aus der Welt von *Deep Space 9* zu sehen, aber wir wollten einige der Dinge zeigen, die in den Episoden nur angedeutet werden.

Wir hoffen, daß *Star Trek – Die Technik der U.S.S. Enterprise* durch die Entwicklung neuer und die Erweiterung bestehender technologischer Konzepte unseren Autoren geholfen und unsere Leser unterhalten hat. Wir möchten aber wie bei unserer früheren Arbeit auch darauf hinweisen, daß dieses Buch von den Autoren und allen anderen, die *Star Trek*-Geschichten entwickeln wollen, nicht als starres Korsett betrachtet werden sollte. Im Lauf der Jahre haben wir gelernt, daß Strukturen und Systeme bemerkenswert flexibel sind. Mit ein paar Tastendrucken können wir den Sprengkopf eines Torpedos ersetzen oder einen neuen Frachtraum bauen. Sicher, die Geschichte ist um Hunderte von Episoden reicher, aber die Milchstraße bietet noch Platz für viele, viele Geschichten.

Es ist unser Wunsch, daß dieses neue Handbuch zeigt, daß es für ein Designproblem mehr als nur eine Lösung gibt und daß Unterschiede bei der Hardware oder bei denen, die sie bedienen, nicht zum Hindernis für deren Zusammenwirken werden sollten.

Wenn Sie diese Zeilen lesen, befinden sich bereits die ersten Bauteile der Internationalen Raumstation ISS im All, gebaut und bemannt von verschiedenen Kulturen, fast 400 Jahre vor *Deep Space 9*. Bis zum Jahr 2004 soll ISS die größte und schwerste Konstruktion werden, die je im All zusammengebaut worden ist, und sie soll das hellste Objekt am Nachthimmel werden. Wir wissen, daß sich viele der Menschen, die für den Entwurf und den Bau dieser Raumstation verantwortlich sind, in mehr als 30 Jahren für eine der vielen *Star Trek*-Inkarnationen interessiert haben. Und sie haben sich wenigstens ein klein wenig von den Geschichten über Erforschung, wissenschaftliche Entdeckungen und Kontakte inspirieren lassen.

I. DEEP SPACE 9

1.0 DEEP SPACE 9 EINFÜHRUNG

Die Tatsache, daß die Föderation nicht in Feindeshand gefallen ist, ist einzig der Wachsamkeit und dem Erfindungsreichtum ihrer Völker zu verdanken, den standhaften und selbstlosen Verteidigern unserer Mitgliedswelten und Außenposten. Nie zuvor in der Geschichte der interstellaren Zivilisation haben wir galaktische Unruhen in den gegenwärtigen Dimensionen erlebt. Die Kämpfe, die wir über uns haben ergehen lassen, sind ein unwiderlegbarer Beweis dafür. Ob Starfleet und die Föderation sich an so vielen Fronten weiterhin halten können, vermag niemand zu sagen.

Aber wir werden es versuchen.

Jaresh-Inyo
Präsident
Vereinte Föderation der Planeten
Oktober 2373

1.1 DIE STRATEGISCHE SITUATION: VON TEROK NOR ZU DEEP SPACE 9

Die Spannungen und der offen ausgetragene Krieg, der im bajoranischen Sektor ausbrach, sind bestens bekannt, aber schwieriger zu verstehen oder zu einem friedlichen Ende zu bringen. Bedrohliche Kräfte aus dem Alpha-Quadranten, allen voran die Cardassianer, haben sich mit den Dominion-Flotten aus dem fernen Gamma-Quadranten zusammengeschlossen, um das Überleben vieler Völker in Gefahr zu bringen. So wie bei dem Zwischenfall mit Q, der die Föderation mit den Borg in Berührung brachte, hat die Entdeckung eines stabilen, künstlich geschaffenen Wurmlochs für den Alpha-Quadranten den Zeitraum verkürzt, der ansonsten bis zum ersten Kontakt mit den Gründern, den Vorta und den Jem'Hadar verblieben wäre.

Deep Space 9

1.0 DEEP SPACE 9 EINFÜHRUNG

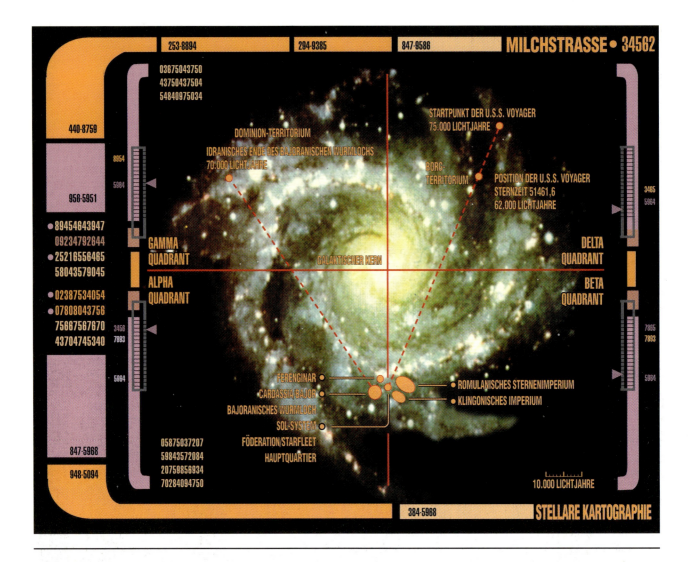

UNSERE GALAXIS

Die Milchstraße als unsere Galaxis ist angesichts der Warpgeschwindigkeit und der kulturellen Kontakte zu einem rasch kleiner werdenden System von Sternen geworden. Wurmlöcher, alternative Universen, temporale Risse und andere tunnelähnliche Phänomene haben zu dem erhöhten Tempo der Bewegungen Humanoider und feindseligen Operationen geführt, eine Lösung für diesen Antagonismus scheint nicht in Sicht zu sein. Föderationswissenschaftler haben die wichtigsten tunnelähnlichen Subraum-Phänomene untersucht und forschen weiter nach anderen, die als scalar phoci oder auch energetische Domänen bezeichnet werden und die sich in bestimmten Teilen der Galaxis zu häufen scheinen (siehe Illustration). Künstliche Wurmlöcher sind mit der Absicht untersucht worden, die Technologie für Verteidigungs- und wissenschaftliche Zwecke in den Griff zu bekommen. Daten über zusätzliche natürliche Leiter werden gesammelt und analysiert, um auf diese Weise einen Vorteil über bedrohliche Mächte in den Weiten der Galaxis zu erlangen. Parallele Bemühungen sind unternommen worden, um die U.S.S. *Voyager* nach Hause zu holen, die über eine Entfernung von 75 000 Lichtjahren in den Delta-Quadranten verschlagen wurde. Obwohl der Eintrittspunkt der *Voyager* und das bajoranische Wurmloch nicht denselben Verursacher haben, gibt die Tatsache, daß die beiden Ausgangspunkte lediglich 3,2 Lichtjahre voneinander entfernt sind, den Vermutungen der meisten Quantenphysiker der Föderation Rückhalt, daß tunnelähnliche Phänomene häufiger auftreten als bislang angenommen.

LOKALE STELLARE NACHBARSCHAFT

Die Kampfgebiete rund um Deep Space 9 umfassen mindestens zwölf Sektoren sowie alle in ihnen befindlichen Sektoren. Das bajoranische und das cardassianische Sternensystem sind rund 50 Lichtjahre von den Kernwelten der Föderation entfernt, zwischen beiden liegen 5,25 Lichtjahre (siehe Illustration). Diese anscheinend breite Kluft, von der man glaubt, daß es bajoranischen Wissenschaftlern Hunderten von Jahren vor der Entdeckung der Warptechnologie gelang, sie zu überwinden, stellte für die Cardassianer in ihrem Streben nach der Besetzung Bajors kein echtes Hindernis dar. Starfleet-Analytiker glauben, daß in den achtzehn Jahren zwischen 2328 – also der Annektierung Bajors – und 2346 – dem Bau von Terok Nor – das Design für eine vielseitig einsetzbare Raumstation modifiziert wurde, um Uridium-Abbau in großem Stil zu ermöglichen. In der gegenwärtigen Zeit ist die Entfernung zwischen den beiden Systemen unangenehm gering und macht eine dauerhafte Präsenz der Starfleet im bajoranischen Sektor notwendig, auch wenn die mit Blick auf die Flottenstärke und die installierten Waffensysteme als schwankend bezeichnet werden kann.

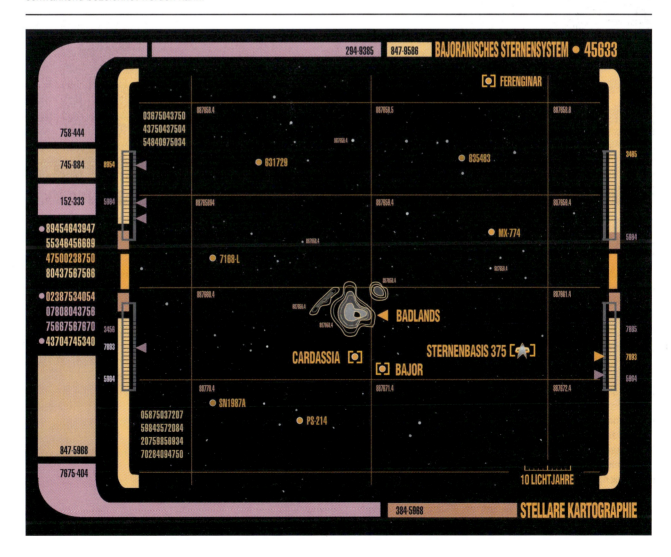

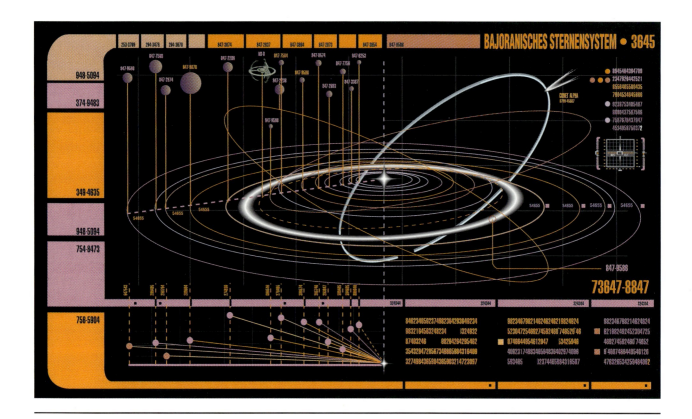

DAS BAJORANISCHE SYSTEM

Nach Sternensystem-Maßstäben ist die Situation bemerkenswert günstig, läßt man Bajor und Deep Space 9 einmal außer Betracht. Die vierzehn Planeten, die um den zentralen Stern Bajor-B'hava'el kreisen, umfassen acht terrestrische Welten, drei Gasriesen sowie drei Eis-Fels-Konglomerate (siehe Illustration). Alle terrestrischen Welten sind im wesentlichen Hartmann-Körper, die aus einem Nickel-Eisen-Kern und einem Silikat-Mantel sowie – abhängig von der Erkaltungsentfernung zur Sonne – aus Metallen, anderen Stoffen und ihren Legierungen in unterschiedlichen Mengenverhältnissen bestehen. Die Gasriesen sind Wasserstoff-Helium-Körper mit unterschiedlichen Mengenverhältnissen an Methan, Ammoniak, Sulfiten und metallhaltigem Natrium. Die gefrorenen äußeren Welten bestehen überwiegend aus Wasser und Methan-Eis sowie kleinen Mengen Stein. Die übliche Mischung aus kometen- und asteroidenartigen Objekten, die von Zeit zu Zeit von Bajor aus im inneren System zu beobachten sind, runden die Mischung ab.

Eine relativ niedrige Anzahl an bemannten Außenposten und Beobachtungsstationen sind vor dem Rückzug der Cardassianer vom bajoranischen Widerstand auf ausgewählten unbewohnten Planeten und Monden eingerichtet worden. Diese versteckten, automatisierten Stationen arbeiten mit einem Minimum an Wartungsaufwand weiter und sind von Starfleet um Subraum-Überwachungsgeräte, Notfallsender und Vorratslager ergänzt worden. Rund um die Gasriesen hatten die Cardassianer deuteriumerzeugende Anlagen eingerichtet, die aber wieder entfernt wurden. Nun führen Starfleet-Tanker routinemäßig Bussard-Sammlungen und verdichten Raumschiff- und Raumstationstreibstoffe. Antimaterie-Produktionseinrichtungen für Raumschiff-Operationen sind bislang nicht eingerichtet worden. Sämtliche Antimaterie wird von gesicherten Sternenbasen geliefert, die sich näher am Föderationsterritorium befinden.

Bajor selbst ist weiterhin mit dem Wiederaufbau nach der cardassianischen Besetzung beschäftigt. Der vorübergehende Rückzug der Starfleet hatte auf dem Gebiet der Materialumverteilung nur begrenzte Auswirkungen auf den Wiederaufbau, in erster Linie war der Betrieb der Station betroffen, da sich die Offensive von Cardassianern und Dominion vor allem gegen Deep Space 9 richtete. Gegenwärtig fließt Replikator- und Landwirtschaftstechonologie von Föderationszentren nach Bajor, während über die Mitgliedschaft in der Föderation zwischen den Delegationen der Bajoraner und der Föderation verhandelt wird.

OPERATION RÜCKKEHR

Die Starfleet-Offensive „Operation Rückkehr" gipfelte 2374 in der Wiedereinnahme von Deep Space 9 und erwies sich als eine der kostspieligsten der Starfleet, was Opfer und Raumschiffe angeht (siehe Illustration). Die Operation zeigte nicht nur die Stärken von Starfleet, sondern auch ihre Schwächen. Der Langzeiteffekt dieser Aktion ist noch nicht klar, aber Computersimulationen werden fortgeführt, um auf der Grundlage bekannter Algorithmen und der Resultate geheimdienstlicher Aktivitäten strategische, taktische und wirtschaftliche Bewegungen der bedrohenden Mächte zu berechnen. Da die Möglichkeiten von Cardassianern und Dominion im Alpha-Quadranten gegenwärtig schwere Rückschläge erlitten haben, hat sich die Gefechtssituation auf ein Niveau eingependelt, das leichter handhabbar ist. Beide Seiten haben in den Bereichen Hardware, Personal und Vorräte kontinuierlich Aufstockungen vorgenommen, dabei ist es zu gelegentlichen Feindseligkeiten entlang der Grenze gekommen.

Was die rasche Produktion von Raumschiffen, ihren Umbau und ihre Bestückung mit Waffen angeht, hat Starfleet eine Reihe von Wundern bewerkstelligt. Große Mengen warpfähiger Schiffe, die in ihrer Werft noch nicht völlig fertiggestellt waren, wurden auf den Mindeststandard gebracht und mit einer um 35 Prozent höheren Phaser- und Photonentorpedoleistung ausgestattet (siehe 14.4). Die meisten internen, bewohnbaren Räumlichkeiten, wie zum Beispiel Wohnquartiere und Laboratorien, wurden nicht fertiggestellt, um größere Waffenvorräte und andere Verteidigungseinrichtungen aufnehmen zu können.

Die Schwierigkeiten, denen sich Starfleet Command bei der „Operation Rückkehr" gegenübersah, betrafen vor allem die Bereiche Schiffseinsätze, Geheimdienst und Sicherheitsdefizite. Aufgrund spezifischer Risikokalkulationen wurden aus ausgewählten Flotten in aktiven Konfliktgebieten Schiffe abgezogen. Starfleet Command erlaubte die Schiffsbewegungen ausschließlich dann, wenn die Schiffe nach der Wiedereinnahme von Deep Space Nine zu ihren ursprünglichen Einsatzgebieten zurückkehren konnten. Geheimagenten und Sensordaten waren nicht so zahlreich oder so effektiv, wie Starfleet es sich gewünscht hatte. Verschiedene Hindernisse intensivierten das Problem: Nur wenige gleichgesinnte cardassianische Individuen in militärischen Rängen konnten ausfindig gemacht werden, die Zeit reichte nicht für verdeckte Operationen, Datenübermittlungen wurden durch erhebliche Sicherheitsmaßnahmen vereitelt, die zudem durch den anhaltenden Streit zwischen dem cardassianischen Zentralkommando und dem Obsidian Order verschärft wurden. Die Sicherheit auf der Starfleet-Seite wurde zeitweise gefährdet, vor allem durch Langstrecken-Sensorenabtastungen durch die cardassianischen und Dominion-Streitkräfte. Scheinbar heimliche Bewegungen der Starfleet wurden durch Subraumantennen-Phalanxen aufgedeckt. Zudem wurden Sicherheitssysteme der Computer von unbekannten Agenten geknackt, was widerstandsfähigere Zugriffsprotokolle und bessere Bestätigungen der Identität eines Benutzers erforderlich machten. Der Schaden für die Verteidigung von Starfleet, Bajoranern und Klingonen wird derzeit noch geschätzt.

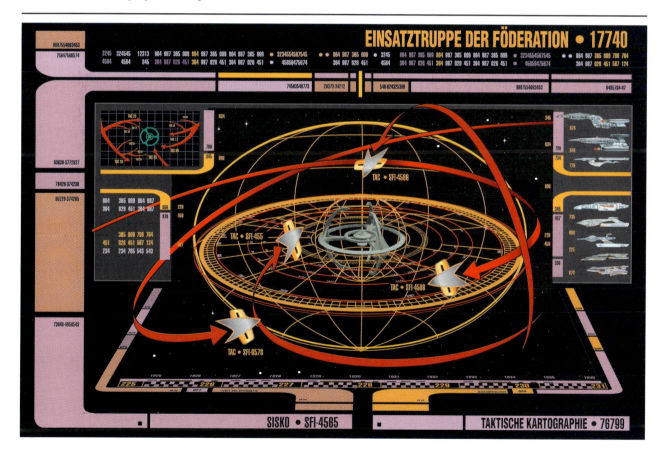

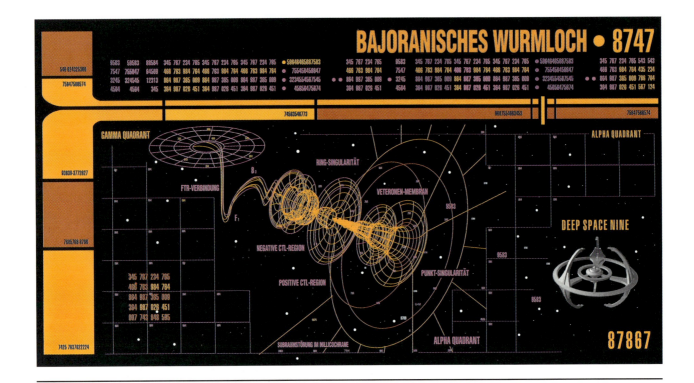

DAS WURMLOCH

Das von Verteronen gesteuerte tunnelähnliche Phänomen, das oft einfach als das bajoranische Wurmloch bezeichnet wird, ist für die Mission von Deep Space 9 nach wie vor der Mittelpunkt (siehe Illustration). Trotz der Hindernisse, die einer dauerhaften Allianz aus Föderation, Bajoranern und Klingonen im Wege stehen, und trotz der äußerst dubiosen Beteiligung der Romulaner ist das Wurmloch in recht stabilem Zustand geblieben. Die tatsächlichen Kräfte hinter dem Wurmloch sind weiterhin Gegenstand von Forschungen und Diskussionen, sie sind weiterhin größtenteils unter der Kontrolle der dort wohnhaften Wesen, die von den Bajoranern als Propheten und Pah-Geister bezeichnet werden. Zwar bleibt das Wurmloch durch die Hilfe der in ihm lebenden fremden Spezies „in Betrieb", dadurch stellen aber auch die Dominion-Streitkräfte im Gamma-Quadranten eine allgegenwärtige Bedrohung dar, sobald zahlreiche ihrer Schiffe hindurchfliegen.

Das bajoranische Sternensystem sowie die umliegenden stellaren Familien stellen große und unberührte Vorräte an Mineralien, Metallen und Treibstoffen für Bajor und für die bedrohten Völker dar, vor allem für die Cardassianische Union. Planetologie-Spezialisten haben festgestellt, daß Bajor und Cardassia über eine ähnliche Fülle an Ressourcen in der Planetenkruste verfügen. Der Zugriff der Cardassianer auf dicht unter der Oberfläche befindliche Stoffe, die für ihr gegenwärtiges Zivilisationsniveau benötigt werden, ist begrenzter als bei den Bajoranern. Während der Besetzung Bajors konnten die Cardassianer relativ leicht große Mengen an Uridium gewinnen (siehe gegenüberliegende Illustration), die Kosten für den Bau und Betrieb einer Bergbaustation lagen deutlich unter denen für ein vergleichbares Unternehmen auf Bajor selbst. So entstand Terok Nor.

Die für Cardassia erforderlichen Ressourcen stehen in direkter Abhängigkeit zum Niveau der technologischen Entwicklung, die von Regierung und Militär als annehmbar erachtet wird. Cardassia Prime und die angeschlossenen Systeme überstiegen das technologische Niveau für einen angenehmen Lebensstandard aller Bürger etwa zur gleichen Zeit, wie sie den Warpantrieb entdeckten, ein kritischer Punkt, der bei nahezu 87,9 Prozent aller das Weltall bereisender Spezies zu beobachten ist. Die grundlegende Vorliebe der Humanoiden für den Erwerb von Eigentum, für Kriegsführung und für die Eroberung durch diese Kulturen ist weithin bekannt und muß an dieser Stelle nicht ausgeführt werden; sie ist aber eine Tatsache in der Galaxis, mit der man sich befassen muß. Trotz der Behauptungen der Cardassianer – bzw. jeder anderen Spezies, die über Warpkapazität verfügt –, ihre Welt sei arm an Ressourcen, ist es eine Tatsache, daß durch das Erreichen der Warpflugfähigkeit und verwandter Technologien – allen voran die Replikatortechnologie – praktisch gesichert ist, daß ein Volk unter der richtigen Führung aufblüht.

Seit der Wiedereinnahme von Deep Space 9 hat die bajoranische Regierung wieder Handelsabkommen mit den benachbarten Sternensystemen bis hin zu den nahe gelegenen Völkern des Beta-Quadranten geschlossen. Die verbliebenen Gesteinsschichten, die Uridium, Duranium, Rodinium und andere wertvolle Erze enthalten, sind für die weitere Förderung und Veredelung analysiert und katalogisiert worden. Man geht davon aus, daß durch die fortgesetzte Anwesenheit der Starfleet Bajor auch ohne eine Vollmitgliedschaft in der Föderation das wirtschaftliche Niveau aus der Zeit vor der Besetzung innerhalb von fünf Jahren erreicht haben wird.

Erzverarbeitungsanlage

1.2 DAS WURMLOCH UND DIE PROPHETEN

Die bajoranische Zivilisation nimmt in der galaktischen Geschichte einen keineswegs beneidenswerten Platz ein, der bestimmt wird durch die starken Bindungen an die religiösen Überzeugungen, die landwirtschaftliche und technologische Vorgeschichte, die räumliche Nähe zu zwei gewalttätigen, tyrannischen Kriegerspezies sowie durch die Verbindung zu neuen Verteidigern, von denen sie noch nicht als gleichwertiger Partner angesehen wird. Der Hauptgrund für die Zurückhaltung der Bajoraner ist das stabile Wurmloch, in dem ihrem Glauben nach die Propheten des Himmelstempels residieren, die ihr tägliches Leben und ihre Existenz regeln.

Der Ausgang des Wurmlochs befindet sich im Denorios-Gürtel, einem entfernten Plasma-Torus in diesem Sternensystem, der rund 300 Millionen Kilometer von der Sonne Bajor-B'hava'el gelegen ist. Die feststellbaren astrophysikalischen Eigenschaften sind quantifizierbar, die Gründe für die Existenz des Wurmlochs und seine Zukunft dagegen nicht. Sollten die Wesen in dieser Verteron-Domäne weiterhin Kontakt mit Captain Benjamin Sisko und dem bajoranischen Volk pflegen, könnte die Antwort eines Tages aufgrund der Rolle von Sisko als Gesandtem bekannt werden. Das galaktische Territorium rund um Deep Space 9 ist bekannt dafür, daß sich dort zahlreiche temporale Anomalien, allmächtige Wesen, eine Schnittstelle zum Spiegeluniversum sowie eine Vielzahl anderer astronomischer Phänomene befinden, die nicht alle natürlichen Ursprungs sein

Bajoranisches Symbol   *Bajoranisches Abzeichen*

müssen. Besonders bemerkenswert ist das Auftreten von Kometen und Veränderungen des Wurmlochs, die anscheinend allesamt mit niedergeschriebenen Prophezeiungen zusammenfallen.

Die grundlegenden Wirkungsweisen und Eigenschaften des Wurmlochs sind seit 2369, dem Jahr, in dem Deep Space 9 erstmals aus dem Orbit um Bajor bewegt wurde, gründlich untersucht worden. Es ist bekannt, daß der bei Bajor gelegene Ausgang sich mit dem Plasmafeld des Denorios-Gürtels in seinem Orbit alle

1.0 DEEP SPACE 9 EINFÜHRUNG

Religiöses Zeichen

Willkommenszeichen

Miliz

Übergangsregierung

13,5 Jahre einmal um die Sonne bewegt. Die durchschnittliche orbitale Umkreisung des Gürtels ist mit 13,1 Jahren kürzer, was periodisch zu Dichtewellen führt, die die Arbeit auf der Station stören können. Die orbitale Bewegung liegt um 38 Grad höher als die von Bajor, aber nur um 11,5 Grad höher als die scheinbare Sonnenbahn, die von Bajor IX, dem größten Gasriesen im System, erzeugt wird. Historische Rückrechnungen lassen die Annahme zu, daß die alle 50,23 Jahre auftretende Subraum-Umkehr mindestens in den letzten 3500 Jahren von der Dahkur-Provinz aus zu sehen gewesen sein muß, unter Einbeziehung verschiedener Korrekturfaktoren vielleicht sogar in den letzten 35 000 Jahren.

Föderationswissenschaftler glauben, daß sich der 70 000 Lichtjahre entfernte andere Ausgang des Wurmlochs nahe dem Idran-Sternsystem gleichfalls in einer extrem langsamen Umkreisungsbewegung um einen Mittelpunkt befindet. Allerdings sind nicht genügend Positions- und Geschwindigkeitsdaten gesammelt worden, um eine sichere Aussage zu treffen. Der Ausgang des Wurmlochs im Orbit um die Sonne Bajor bewegt sich in Relation zur gesamten Wurmlochlänge nur unbedeutend. Geht man davon aus, daß die Neigung dieses Systems zur Bahn der Galaxis 68,9 Grad beträgt, dann ist ein Verhältnis von 1:2,1 Billionen der vertretbare Wert. Sollte es eine Relation zwischen

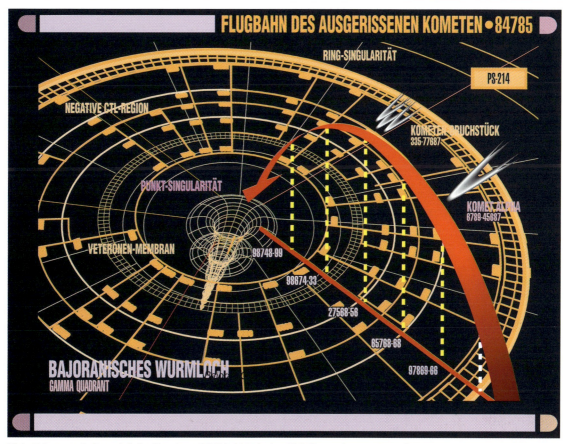
Viele Bajoraner glauben, daß der Komet von 2371 in historischen Schriften vorhergesagt wurde.

dem bajoranischen Orbit und der Bewegung im Idran-System geben, dann ist diese bislang nicht erkannt worden. Wegen der Annahme, daß das Wurmloch eine künstliche – und damit veränderliche – Konstruktion darstellt, ist auch nicht davon auszugehen, daß in allernächster Zeit Antworten gegeben werden können.

Man geht davon aus, daß die Struktur des Wurmlochs durch eine zwölfdimensionale, spiralenförmige Verteronenmembran möglich gemacht wird, die der tunnelähnlichen Domäne des Wurmlochs Gestalt gibt. Ohne einen konstanten Energiefluß, der von komprimierten, in unregelmäßigen Intervallen in der angenommenen Domäne verteilten Verteronknoten gesteuert wird, kollabiert der Ausgang von einer Röhre mit einer Topologie des Genus 1 zu einer Sphäre mit einer Topologie des Genus 0. Ist nur ein Ausgang geöffnet, bleibt die Topologie auf Genus 0, da eine einzige Öffnung nur zu einer einzigen Oberfläche führt. Die Tatsache, daß der bei Bajor gelegene Ausgang um die Sonne kreist, legt die Annahme nahe, daß der Quantenaustrittspunkt Masse besitzt, von der man allerdings vermutet, daß es sich um ein schwach reagierendes Material handelt, das mit Dunkler Materie verwandt ist. Der Ausgang und das Innere der Domäne reagieren auf verschiedene Substanzen und elektromagnetische (EM-) Felder, so daß die Komponente der Dunklen Materie wahrscheinlich nur eine von vielen miteinander verstrickten Schichten und Quantenfäden ist. Eine Variation der Propheten sind die Pah-Geister, die aus dem Wurmloch verstoßen wurden und in einem unterirdisch gelegenen Ort auf Bajor existierten, was den Schluß zuläßt, daß den Wesen offenbar eine Existenz außerhalb des Wurmlochs als in sich geschlossene Energlestrukturen möglich ist.

Raumschiffe, die das Wurmloch durchfliegen, werden darauf hingewiesen, nur mit Impulsgeschwindigkeit zu reisen, die normalerweise nur ein Millionstel der Energie erzeugt, die bei den Materie-Antimaterie-Reaktionen für den Warpflug entsteht. Die erste Flugvorgabe für hindurchfliegende Schiffe, individuelle Ver-

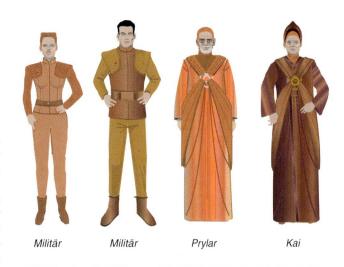

Militär *Militär* *Prylar* *Kai*

teronenströme zu erzeugen, wurde gelockert; die meisten Schiffe legten die Reise mit Impulsgeschwindigkeit ohne Zwischenfälle zurück. Warpfelder erzeugen eine erhebliche destabilisierende Wirkung auf das Wurmloch, was allerdings beim jeweiligen Schiff zu größeren Schäden führt als beim Wurmloch selbst.

Die wiederholten Kontakte der Bajoraner mit den Propheten, die durch die Entdeckung der im ganzen Sternensystem verstreuten Drehkörper-Artefakte möglich gemacht wurde, sind von vielen Historikern und Gelehrten als Beweis für den lenkenden Einfluß einer höherentwickelten Spezies angesehen worden. Neuere Kontakte zu den Wurmlochwesen hat Captain Sisko erlebt, der wiederholt Visionen erfahren hat, von denen man annimmt, daß sie bei ihnen ihren Ursprung haben. Zentrale Themen dieser Kontakte sind die Simultanität und die Linearität der Zeit, die ausführlich von Kosmologen und Quantenphysikern untersucht worden sind. Da es eine akzeptierte Tatsache ist, daß hochentwickelte Humanoide, die mit gleichermaßen hochent-

Bajoranisches Drehkörper-Gehäuse

Ein altes Gemälde von B'Hala

wickelten Geräten arbeiten, mit temporalen Wirkungsweisen umzugehen vermögen, wird die Art von Zeit, wie sie von den Wurmlochwesen betrachtet und kontrolliert wird, zu einer besser bekannten Größe. Einfacher ausgedrückt: Für eine geeinte Zivilisation, die ohne Probleme Zeitreisen unternehmen kann, sind die temporalen Aktivitäten der Wurmlochwesen keine völlige Überraschung mehr. Es herrscht zwar noch immer Rätselraten über Captain Sisko, die Prophezeiungen und die Drehkörper-Artefakte, aber die Technologie der Humanoiden setzt kontinuierlich ihre Mittel ein, um auch dies zu verstehen.

Insbesondere die Drehkörper entziehen sich einer umfassenden Analyse. Von außen erinnern sie in ihrer Form an Sanduhren, definiert werden sie nach jüngsten Bewertungen als mit den selbsterhaltenden Leytonschen Sequenz-Eingrenzungsfeldern vergleichbar. Sie existieren zu vielleicht fünf Prozent im Normalraum, die übrigen 95 Prozent bleiben mit der Verteronenmembran verbunden. Falls die Drehkörper eine Energieverbindung mit dem Wurmloch aufrechterhalten, dann können die Energieimpulse, die bei Kontakten mit Humanoiden Visionen erzeugen, tatsächlich von den Propheten stammen.

Von den neun verschiedenen Drehkörper, die im bajoranischen System entdeckt wurden, befinden sich nur drei im Besitz der religiösen Führer von Bajor. Acht wurden beim Rückzug

Bajoranischer Ohrring

der Cardassianer 2369 mitgenommen. Der Drehkörper der Prophezeiung blieb als einziger zurück und sorgte für den ersten Kontakt mit einem Nicht-Bajoraner. Der Drehkörper der Weisheit gelangte in den Besitz des Großen Nagus der Ferengi und wurde später dem bajoranischen Volk zurückgegeben. Der dritte, der Drehkörper der Zeit, wurde 2373 von den Cardassianern zurückgegeben. Von den sechs weiteren nimmt man an, daß sie sich nach wie vor im Besitz der cardassianischen Militärregierung befinden. Geheimdienstberichte über Versuche der Cardassianer, die Drehkörper einzusetzen und möglicherweise sogar zu kontrollieren, sind bis auf das Sammeln von Daten erfolglos gewesen. Es ist möglich, daß sie fast im Begriff sind, ihre Anstrengungen einzustellen.

Es besteht kein Zweifel daran, daß die Bajoraner seit vielen Tausenden von Jahren das Wurmloch und die in ihm existierenden Wesen als heilig erachtet haben. Das künstlerische Leben ist von diesem Glauben beeinflußt worden, die faßbare Realität der Drehkörper und des Wurmlochs findet sich in der markanten Architektur, im Schmuck und in anderen zwei- und dreidimensionalen Arbeiten. In diesen Fällen spielten die wissenschaftlichen Details der Propheten kaum eine Rolle. Glauben und Tribut wurden durch die Schöpfung der Form, den Einsatz von Farben und die Feier ihrer Kultur mit Leben erfüllt. Die antike Stadt B'hala, die vor rund 20 000 Jahren in ihrer Blüte stand, ist ein Beispiel für die Wunder der Vorgängerzivilisation, die schließlich zum heutigen Bajor führte. Die archäologischen Verbindungen zwischen diesem frühen Bajor und dem Rätsel des Gesandten werden nach und nach aufgedeckt, sogar wenn sich die Starfleet und Bajor mit Cardassia und dem Dominion beschäftigen müssen.

1.3 TECHNOLOGISCHE EINSCHÄTZUNG DER CARDASSIANISCHEN UNION

Während der frühen Jahre in diesem Konflikt zwischen der Cardassianischen Union und der Föderation, vor allem in den Jahren 2355 bis 2359, beschäftigten sich Ingenieure und Wissenschaftler der Starfleet mit allen eingehenden Daten über diese neue bedrohliche Streitmacht. Kurz nachdem die ersten technischen Analysen an das Starfleet-Hauptquartier übermittelt worden waren, schlossen sich die Ingenieure mit Strategen und Taktikern zusammen, um Verteidigungen gegen die Waffen und Raumschiffe zu entwickeln, denen man begegnet war. Verbesserte AI-Systeme („artificial intelligence" = „Künstliche Intelligenz") begannen außerdem, Wahrscheinlichkeitsberechnungen für die Fähigkeiten der Kriegsparteien durchzuführen. Die anhaltenden Feindseligkeiten der Cardassianer, verbunden mit dem Eindringen der Jem'Hadar und des Dominion, haben das Machtgleichgewicht in der Galaxis verschoben. Zahlreiche Neuverteilungen von Starfleet-Personal und -Hardware waren erforderlich, um sich der Sammlung geheimdienstlicher Informationen, der Vorbereitung von Gegenmaßnahmen und der Eindämmung der Bedrohung zu widmen. Zudem machen die wechselnden politischen Bündnisse im Alpha- und im Beta-Quadranten permanente, schnelle und aktuelle Einschätzungen aller nicht zur Föderation gehörender Bereiche auf den Gebieten Wissenschaft, Technologie, Soziologie und Wirtschaft erforderlich. Das wird gemacht, um ein genaueres Bild der taktischen und sozio-politischen Situation in der gesamten Galaxis zu erhalten. Im Gegenzug erlauben diese Bewertungen der Föderation, die eigenen Mittel auf breiter Ebene besser zu handhaben, und der Starfleet, die Streitkräfte auf regionaler Ebene besser zu verteilen. Beides ist für das Überleben der Föderation erforderlich.

Die Cardassianische Union wird auf der Weibrandschen logarithmischen Entwicklungsskala von 1 bis 100 mit dem Index 21 geführt. 1 steht für jede Zivilisation vor der Entwicklung des Warpantriebs, 100 entspricht dem Basisniveau der unbeeinflußten Rassen (UR), beispielsweise die Cytherianer, die T'Kon und auch die Q. Es sollte nicht unerwähnt bleiben, daß die Wurmlochwesen – die Propheten und die Pah-Geister – den Index 90 haben und als solche nicht in die UR-Kategorie fallen. Im Vergleich zu den Cardassianern hat die Föderation den Index 23. Durch die neue Allianz mit dem Dominion hat die Cardassianische Union nun den Index 24. Der Unterschied eines einzelnen Index-Punktes bedeutet nicht automatisch, daß die Unterwerfung einer Kultur mit einem niedrigeren Index möglich ist, aber er kennzeichnet eine erhöhte Konfliktbereitschaft.

Daß die Cardassianer und die Bajoraner eine gemeinsame Vergangenheit verbindet, zeigt sich zumindest in den postulierten Zyklen technologischen Auf- und Abstiegs, von denen die Geschichte beider Völker gekennzeichnet ist. Die relative Nähe der beiden Sternensysteme und ihre ähnliche chemische und metallurgische Zusammensetzung sorgten dafür, daß auf beiden bewohnbaren Welten fortgeschrittene Technologie möglich gemacht wurde, darunter Impuls- und Warpgeschwindigkeit. Während die gesamte Geschichte über die Bemühungen beider Völker, in den Weltraum vorzudringen, erst noch geschrieben werden muß, sind die gegenwärtigen Fähigkeiten beider Welten umfassend dokumentiert. Zur Zeit der Besetzung Bajors und des Baus von Terok Nor im Jahr 2346 hat Bajor sich als Zivilisation des Index 20 gefestigt und wurde zumindest in diesem Fall von den cardassianischen Streitkräften überrannt.

Der Geheimdienst der Starfleet glaubt, daß zur gegenwärtigen cardassianischen industriellen Basis Cardassia Prime (siehe Illustration) und mindestens fünfzehn Nachbarwelten gehören, auf denen sich große wissenschaftliche Einrichtungen und Fabriken befinden. Zusätzliche 153 orbitale und interstellare Einrichtungen werden als Schwerpunkte der nicht planetengebundenen Anlagen betrachtet. Unter Einsatz aller verfügbaren Ressourcen ist die Cardassianische Union dauerhaft in der Lage, eine große, bewaffnete Flotte sowie begleitende Kampftruppen aufzubauen, in Dienst zu stellen und zu unterhalten. Schätzungen über die Produktionsrate von Raumschiffen, Truppenrekrutierung und Entwicklung schwerer Waffen sehen wie folgt aus:

Cardassianisches Standardsymbol   Regiment   Obsidian Order   Alte Uniform   Aktuelle Uniform

Angriffskreuzer der Galor-Klasse

GEGENSTAND	ANZAHL PRO STANDARDJAHR
Schlachtkreuzer der Galor-Klasse	63
Kriegsschiff der Galor-Klasse	15
Kämpfer	352
Frachter	188
Schwerer Kreuzer	443
Truppen der Basis-Ebene	583 000
Offiziere der Glinn-Ebene	21 600
Offiziere der Gul-Ebene	8 900
Planetarische Disruptoren	430
Photonentorpedos	54 300
Offensiv-EM-Vorrichtungen	230
Biogenische Waffen	430

Das wissenschaftliche Wissen der Cardassianer wird als vergleichbar mit allen anderen grundlegenden Zivilisationen im Alpha- und Beta-Quadranten betrachtet, was zum Teil durch eine vorsätzliche als auch durch eine unbeabsichtigte Informationsverbreitung zwischen den beiden Quadranten bedingt ist. Die meisten Skalen der Materie- und Energiemanipulation sind den Cardassianern vielleicht nicht in der Praxis, aber doch in der Theorie bekannt. Die Erkenntnis, daß neuentdeckte Prinzipien und Techniken in wichtigen Bereichen praktische Erfindungen darstellen, kommt den historischen Aufzeichnungen zufolge traditionell fünf bis sieben Jahre später. Das hat die Cardassianische Union nicht daran gehindert, große galaktische Entfernungen zu überwinden, auch wenn der Hang zu verstärkter militärischer Produktion klassischerweise einen umgekehrten Effekt auf die Zivilbevölkerung hat.

Die Analyse der cardassianischen Hardware, insbesondere in Gestalt von Raumschiffmaterialien, Computersystemen und Waffen, hat einige bemerkenswerte Unterschiede bei den Designmethoden und bei den Fertigungstechniken zutage gefördert, wie der Vergleich mit Starfleet-Ausrüstung zeigt (siehe 16.0):

• **Eingebetteter Warpantrieb:** Die Verwendung des eingebetteten Warpantriebs tief in der inneren Struktur von Raumschiffen nutzt den Vorteil einer Verteidigungsschild-Blase mit geringerem Radius. Ein kleiner, aber vertretbarer Nachteil besteht darin, daß das Warpfeld ein wenig an Effizienz verliert.

• **Verteidigungsschilde:** Die gleichen Verteidigungsschilde benötigen weniger Energie als die der Starfleet, während sie gleichzeitig durch zusätzliche Lagen zur EM-Energieablenkung und -umwandlung einen guten Schutz vor Phasern und Photonentorpedos bieten.

• **Strukturmaterialien:** Radikal unterschiedliche Verhältnisse in den Strukturmaterialien sind von Schiff zu Schiff in den gleichen Bauteilen zu entdecken. Das könnte entweder auf Anpassung beim Zusammenbau und/oder auf Probleme bei der Verfügbarkeit von Rohstoffen schließen lassen.

• **Raumschiffkonstruktion:** Rahmen und Hüllenschichten sind einfacher und robuster konstruiert, sie erfordern weniger Energie für die Strukturintegritätsfelder (SIF), die die Stabilität der Schiffshülle gewährleisten.

• **Navigationsdeflektoren:** Der Navigationsdeflektor des Galor-Typs bezieht redundante Disruptorstrahl-Emitter als nominales Hardwaredesign ein.

• **Computerkern:** Computer-Hardware für den Einsatz im All ist mit einem höheren Maß an Verstärkungen gegen Vibrationen und Subraumfeld-Stöße versehen.

• **Bewaffnung:** Von den Disruptorwaffen an Bord wird angenommen, daß sie bei einem Kampf halbautomatisch bedient werden können.

ZU ERWARTENDE VERBESSERUNGEN

Die alte Erdenweisheit, daß wissenschaftlicher und technologischer Fortschritt durch nichts so angespornt wird wie durch einen Krieg, paßt ohne Einschränkungen auf den gegenwärtigen Kampf. Zweifellos wird die Cardassianische Union aus der Allianz mit dem Dominion Nutzen ziehen, jedoch bleibt abzuwarten, welcher Art die Fortschritte sein werden. Der Geheimdienst der Starfleet nimmt weiterhin umfassende Aufklärungsmissionen aus dem Sol-Sektor, von Deep Space 9, Sternenbasis 375 und anderen strategisch wichtigen Punkten im Alpha-Quadranten vor, um spezielle entstehende Technologien rund um den Schauplatz des Konflikts bei Cardassia und Bajor zu entdecken. Neben den anhaltenden Anstrengungen, ein künstliches Wurmloch zu erzeugen, wird vor allem in den folgenden Kernbereichen geforscht:

• **Konvergente Materiedisruption:** Von dieser Technik zur Energiemanipulation glaubt man, daß es einen ersten „Saat"-Energieimpuls verstärkt, um in einem eingegrenzten Bereich die hohe Temperatur und die Strahlungs- und Druckbedingungen zu erzeugen, die im Kern eines Sterns herrschen.

• **Vernichtung durch negative Materie:** Die seit langem angekündigte Negativmaterie-Waffe ist noch nicht vollkommen. Es heißt, daß Objekte oder Projektile aus negativer Materie, deren Spin und Ladung unverändert sind, die aber eine negative Masse besitzen, beim Auftreffen auf normale Materie diese geräuschlos auflösen, wobei die feststellbare Energiefreisetzung Null beträgt.

1.0 DEEP SPACE 9 EINFÜHRUNG

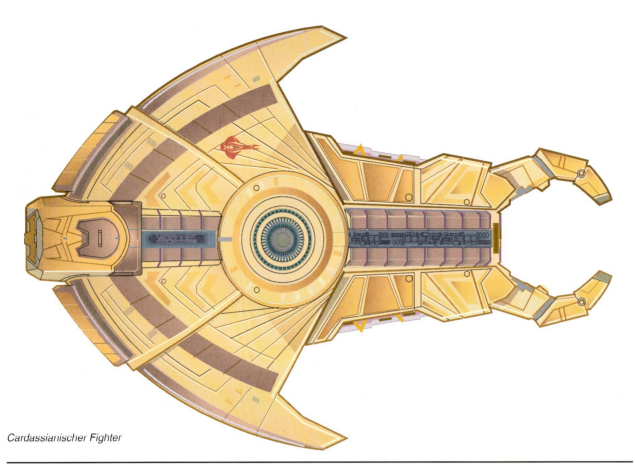

Cardassianischer Fighter

• **Versteck in der K-Schicht des Subraums:** Theoretisch kann ein Raumschiff, das mit den entsprechenden Warpsymmetrie-Generatoren ausgerüstet ist, nahe seinem Zielpunkt unentdeckt in einer Subraumdomäne warten, bis es den Angriffsbefehl erhält. Variationen bei der Nutzung der K-Schicht sind die Lieferung biogenischer Waffen, Huckepacksignal-Tarnung sowie „Materieaustausch"-Anwendungen, bei denen stoffliche Materialien über das Subraum-Interface ausgetauscht werden.

• **Transwarp-Berechnungsgeschwindigkeiten:** Theoretisch können Computerkerne möglich sein, die mit 500- bis 700facher Überlichtgeschwindigkeit (ÜLG) arbeiten. Gegenwärtige Forschungen, die cardassianischen Wissenschaftlern zugeschrieben werden, rechnen innerhalb von zehn Jahren mit einem Durchbruch auf dem Gebiet der Energiefeld-Stabilität und der Schaltkreisdichte.

• **Undurchlässigkeit von Verteidigungsschilden:** Die totale Energie-Isolierung wird als Subraumfeld-Erzeugungsmethode untersucht, die keine Interaktion zwischen einer errichteten Schildblase und einer von außen wirkenden Kraft zuläßt. Wenn sie aktiviert ist, wird sämtliche Energie, die auf die Blase gerichtet wird, mit einer EM-Übertragung von Null abgelenkt. Gegen dieses gegenwärtig noch rein rechnerische Modell ist bislang keine Gegenmaßnahme bekannt.

SCHWÄCHEN DER CARDASSIANISCHEN STREITKRÄFTE

Jede Einschätzung der Cardassianischen Union als Gefahr für die Föderation und die mit ihr verbundenen Welten muß auch die möglichen Schwächen aufdecken. Als Teil des strategischen Gesamtplans der Starfleet zur Wiederherstellung des Friedens und der Stabilität im Alpha-Quadranten werden unbeachtlich der zuvor erwähnten möglichen Entwicklungen einige vielversprechende Hardware-Schwächen untersucht. Zu ihnen zählt eine Anfälligkeit der Verteidigungsschilde gegen Überladungen, der Verlust der Warpkernstabilität bei stark belastenden Flugmanövern, Computerviren-Probleme in älteren Raumschiffen, Ausfall der Sensorerfassung der Feuerkontrolle unter Mehrfachabschuß-Bedingungen sowie Mängel bei der Tarnung der Warpantriebsspur.

Cardassianische Phaserpistole

1.4 STATIONSÜBERSICHT

Deep Space 9 ist – unbeachtet ihres Ursprungs oder ihrer gegenwärtigen Benutzer – bei Anlegung aller Maßstäbe eine extrem große, freischwebende Orbitalstation. Sie ist aber bei weitem nicht das größte künstliche Gebilde, dem man jemals begegnet ist. Diese Ehre kann die im Beta-Quadranten entdeckte Dyson-Sphäre für sich in Anspruch nehmen. Mindestens drei Sternenbasen der Starfleet lassen Deep Space 9 hinsichtlich Größe und Masse zwergenhaft wirken, allerdings ist Terok Nor die größte im All arbeitende Einrichtung zur Materialveredelung, die derzeit bekannt ist.

Die im Technologischen Beurteilungsdirektorat vorliegende Formbeschreibung ordnet Deep Space 9 als Hybriden aus planaren, säulenförmigen und triradialen Strukturen ein. Die Grundform besteht aus mehreren abgeflachten, mit Aussparungen versehenen Ringen, die um einen abgestuften zylinderförmigen Kern angeordnet sind. Ober- und unterhalb der Ringebene erstrecken sich jeweils drei große Pylone mit breiten Stützpfeilern, die nach innen geschwungen sind. So wie bei den meisten Bauwerken im All ist auch jede Form der ursprünglichen Station Terok Nor mit einer bestimmten Aufgabe verbunden. Es muß

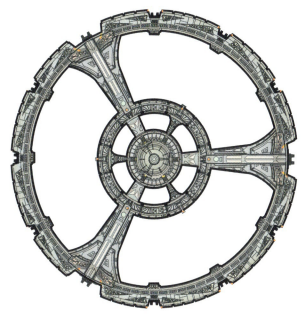

Deep Space 9: Draufsicht

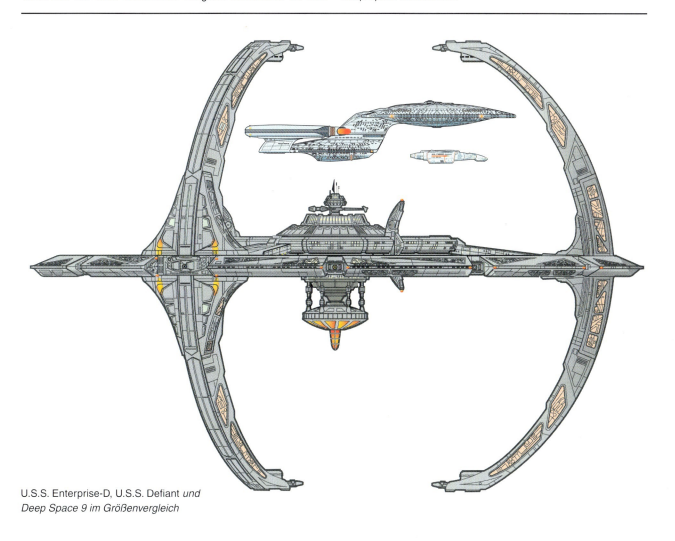

U.S.S. Enterprise-D, U.S.S. Defiant *und* Deep Space 9 *im Größenvergleich*

1.0 DEEP SPACE 9 EINFÜHRUNG

DIMENSIONEN

Gesamtdurchmesser	1451,82 m
Durchmesser des Habitatrings	579,12 m
Durchmesser des oberen Kernbereichs (max.)	285,90 m
Durchmesser des mittleren Kernbereichs (max.)	182,88 m
Durchmesser des unteren Kernbereichs (max.)	184,46 m
Durchmesser des Ops-Bereichs (max.)	59,43 m
Höhe des Kerns (Ops bis Fusionsausstoßkern)	368,80 m
Höhe der Andockpylone (gesamt)	969,26 m
Höhe der Waffentürme	192,02 m

darauf hingewiesen werden, daß in der Galaxis viele verschiedene künstlerische und industrielle Designformen existieren. Es besteht kein Zweifel daran, daß Technik und Stilgefühl zu einer Einheit verschmolzen sind, die für die Cardassianer als Erbauer eine Richtschnur darstellt. Tatsächlich ist das Design von Terok Nor sehr stark von den architektonischen Wundern beeinflußt worden, die Tavor Kell auf Cardassia Prime geschaffen hat.

Die massive Anhäufung von Stahl und Metallegierungen, aus der sich die gegenwärtigen Proportionen im Orbit um den besetzten Planeten Bajor entwickelt haben, kann konzeptionell in eine Reihe von logischen Komponenten zerlegt werden. Im Jahr 2346 unterstützte der Kern die Bereiche Kontrolle, Wissenschaften, Wartung, Erholung, Computerberechnungen und Energieerzeugung. Im Habitatring waren die cardassianischen Herrscher untergebracht, der Andockring ermöglichte den Umschlag von Fracht und die Nutzung von Lagerräumen. In den Andockpylonen wurden Rohstoffe veredelt, die zur ökonomischen Grundlage der Cardassianer beitrugen. In der gegenwärtigen Form besteht der Hauptunterschied in der Art und Weise, wie die Station von ihren momentanen Bewohnern genutzt wird. Der Habitatring wird von einer größeren Bandbreite an Kulturen genutzt, auf der Promenade finden sich mehr Händler und Besucher, und in den Pylonen wird nicht länger von bajoranischen Zwangsarbeitern Uridiumerz weiterverarbeitet.

In einer Phase des Designprozesses waren die Pylonen nach außen geschwungen, um so die Bewegungen einer großen Zahl von Frachtern besser zu handhaben. Sie wurden dann aber nach innen gerichtet, weil dies für besser gehalten wurde, um alle Bereiche der Station so nah beieinander zu halten wie möglich und einen kleineren und leistungsfähigeren Verteidigungsschild einsetzen zu können. Angedockte Schiffe konnten so genauso geschützt werden wie Schiffe, die in Bewegung waren. Schiffe innerhalb der Schilde können mit aktivierten Steuerdüsen selbst ihre Position halten, oder sie können mit Traktorstrahlen gehalten werden.

Die Maße der Station sind durch Auto-Geometer-Scans bestimmt worden, die von außerhalb der Station eingesetzten Starfleet-Schiffen durchgeführt und um EM-Streuungen und Verschiebungen der Subraum-Scanfrequenz korrigiert wurden. Diese Scans ergaben eine sonderbare Abweichung, die sich in allen drei Ringen findet. Drei anscheinend zufällige Punkte an jedem der Ringe weisen eine leichte Deformierung auf, die mal zur Station, mal von ihr fort weist und die durchschnittlich 0,47 Meter beträgt. Sie lassen sich zwar weder durch Subraumstöße, Kollisionen oder inneren Druck noch durch thermale Unausgewogenheiten erklären, doch scheinen diese Deformierungen keinen negativen Effekt auf die Struktur der Station zu haben.

1.5 STARFLEET-VERSORGUNG

Als Instrument der Politik der Vereinten Föderation der Planeten (UFP = United Federation of Planets) hat Starfleet Command Schiffe und Vorräte zur Verfügung gestellt, um den Betrieb von Deep Space 9 zu unterstützen. Rund 25 Raumschiffe, Runabouts und Shuttles sind von anderen Einsätzen dorthin verlegt worden, um der Station mobile Verteidigungsfähigkeit und einen ungehinderten Transport zu den Kernwelten der Föderation zu gewährleisten. Zusätzlich hat die Materialabteilung der Starfleet fast 37 Millionen Tonnen Ausrüstung und Verbrauchsgüter aus Depots im Alpha-Quadranten dorthin gebracht, um den Wiederaufbau und die Wartung der Raumstation zu gewährleisten.

Die Anzahl der Schiffe, die offiziell der Station zugeteilt worden sind, beträgt lediglich neun: die *U.S.S. Defiant*, die Runabouts *U.S.S. Rio Grande* und *U.S.S. Rubicon*, zwei Shuttles vom Typ 6 und vier Standard-Einsatzfahrzeuge vom Typ Work Bee. Alle anderen unterstützenden Schiffe gehören zu nahe gelegenen Sternenbasen und Föderationswelten, sie sind offiziell nicht auf Deep Space 9 stationiert. Die *Defiant* ist das vorrangig eingesetzte Verteidigungs- und Aufklärungsschiff, es ist mit einer vom Romulanischen Sternenimperium geliehenen Tarnvorrichtung ausgestattet. Die normale Andockstelle ist Platz 1 am Pylon 1 – in Sichtweite des Büros des befehlshabenden Offiziers. Die *Defiant*-Klasse ist erst kürzlich in begrenzten Serienbau gegangen, um als Schiff an der Front eingesetzt zu werden (siehe 14.1). Ersatzteile und verbesserte Ausrüstungsgegenstände werden von normalen Starfleet-Schiffen zur Station gebracht oder gelangen auf ungefährdeten Umwegen dorthin, so auch auf Handelsfrachtern und Forschungsschiffen.

Der Bestand an Runabouts ist aufgrund des unvermeidlichen Verschleißes schwankend. Obwohl es keinen größeren Designfehlern zuzuschreiben ist, beläuft sich die Verlustrate auf 3,2 Einheiten pro 100 000 Einsatzstunden und liegt damit auf dem zweiten Platz hinter den Shuttles der Typen 6 und 9, bei denen es auf 100 000 Einsatzstunden zu 8,9 Einheiten kommt.

Drei Runabouts sind ständig auf Deep Space 9 in speziellen Hangars untergebracht (siehe 14.2). Die Shuttles vom Typ 6 und die Work Bees befinden sich in den gleichen Hangars wie die Runabouts und haben ihren Platz in abgeteilten Sektionen.

Große Flottenoperationen in Verbindung mit Deep Space 9 fallen automatisch in die Zuständigkeit von Starfleet Command und erfolgen unter Einbeziehung möglichst umfassender geheimdienstlicher Vorabinformationen, die von der Station und ihren Schiffen gesammelt werden können. Jede feindliche Truppenbewegung, der nicht mit der *Defiant* und zwei Runabouts begegnet werden kann, macht den Einsatz von Patrouillenschiffen der Sternenbasen 375, 257 und 211 erforderlich. Je größer feindliche Truppenbewegungen ausfallen, um so weiter muß die Mobilisierung von Starfleet-Schiffen schichtweise in das Gebiet der UFP und damit zu den Basen und Werften zurückreichen. Der Ausbruch eines räumlich und zeitlich nicht begrenzten Krieges macht eine Generalmobilmachung nach dem ‚Single Integrated Operational Plan' (SIOP) durch die UFP erforderlich.

Großes Siegel der Vereinten Föderation der Planeten

PROZEDUREN DER VERSORGUNGSFLÜGE

Starfleet Command hält sämtliche Transporte und Kommunikationsverbindungen zu Deep Space 9 über Kanäle aufrecht, die zurückführen zum Föderationsrat in San Francisco und zum Büro des Präsidenten der UFP in Paris auf der Erde. Die verschiedenen Direktorate von Starfleet Command erhalten Mandate vom Föderationsrat, die ihnen die Bewegung von Schiffen, Personal und Fracht erlauben. Die Verfügbarkeit der benötigten Ausrüstungsgegenstände und Verbrauchsgüter wird festgestellt, die Fracht wird von der Erde oder von anderen Mitgliedssystemen der UFP per Schiff zu Bereitstellungspunkten wie beispielsweise Sternenbasis 372 befördert (siehe Illustration). Die endgültige Freigabe zur Zurücklegung des letzten Abschnitts des Weges muß von einer Sternenbasis erteilt werden, sobald die genaue Verteidigungssituation auf Deep Space 9 bekannt ist. Spezielle Personaltransporte laufen ähnlich ab, sie können je nach Dringlichkeit der Versetzung von Eskortschiffen begleitet werden. Für dringende Missionen können besondere Kurierschiffe eingesetzt werden, die die Entfernung von 50,3 Lichtjahren zwischen der Station und dem inneren Perimeter der UFP innerhalb von sechs Tagen zurücklegen können. Das entspricht einer Geschwindigkeit von Warp 9,92, die durch Zwillings-Materie/Antimaterie-Reaktor-

Vereinte Föderation der Planeten, Paris, Erde

1.0 DEEP SPACE 9 EINFÜHRUNG

Starfleet-Hauptquartier, San Francisco, Erde

kerne und Gondelpaare erreicht wird. Eine Modifizierung des Vier-Maschinen-Antriebs der *Defiant* hat mit Erfolg die Leistungsbarriere von 1000 Lichtjahren/Jahr durchbrechen können.

Die Kommunikation zwischen Deep Space 9 und Starfleet, die Versorgungsoperationen betreffend, läuft so wie jeder wichtige Computer-, optische und visuelle Datenfluß über ein anpassungsfähiges Subraumrelais-Netzwerk (siehe 7.5). Über alle Echtzeit-Sendungen und förmlichen Bitten wird bei Starfleet Command Buch geführt, die Reaktionszeit für eine Antwort hängt dabei von der Dringlichkeit der Nachricht ab. Notfallevakuierungen beispielsweise werden von einer nahegelegenen Sternenbasis bereits in Angriff genommen, bevor die Nachricht selbst die UFP erreicht hat. Routinemäßigere Materialanforderungen werden vom Materialversorgungskommando (MSC = Materiel Supply Command) bearbeitet. Komplexe Anfragen, die große Objekte und Raumschiffe umfassen, werden von einer gemeinsamen Einsatztruppe aus Starfleet Command und Föderationsrat behandelt.

Der Versand von Ausrüstungsgegenständen und Verbrauchsgütern der Starfleet erfolgt in Standard-Frachtcontainern und umfaßt Instrumente, für die Atmung erforderliche Gase, trinkbare Flüssigkeiten, Lebensmittel, Medikamente und Werkzeuge. Typische Transportmethoden sind Flüge einzelner Raumschiffe oder eskortierte Frachterkonvois. Hochsicherheitstransporte wie die von Waffensystemen und Energie-Packs treffen sowohl offen erkennbar als auch getarnt auf der Station ein.

INGENIEURSKORPS DER STARFLEET

Von extremer Bedeutung für den Wiederaufbau von Deep Space 9 war das Ingenieurskorps der Starfleet (SFCE = Starfleet Corps of Engineers), das sich auch um jede erforderliche Modifizierung sowie um die Wartung großer Anlagen und Hardware-Systeme kümmert. Durchschnittlich sind 35 Ingenieure und Tech-

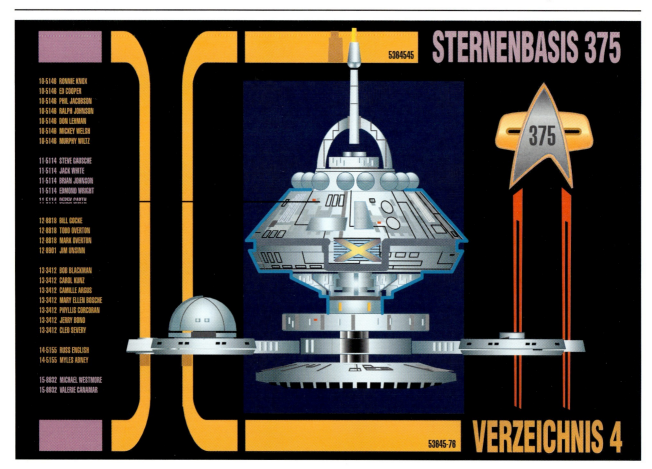

niker stationiert, die dem Chief of Operations unterstehen. Eine weitere Gruppe von 28 bajoranischen Ingenieuren arbeitet mit der Starfleet-Crew zusammen und ist ausgebildet, um bei Abwesenheit des Starfleet-Personals die Station zu warten. Unterstützt wird die Arbeit der Ingenieure durch Werkzeuge, Ersatzteile, Replikationsgeräte, Computerdatenbestände sowie durch Systeme, die den internen und externen Einsatz in Raumanzügen und mit Work Bees ermöglichen (siehe 13.4, 14.3).

Die SFCE-Crews haben immer eine wichtige Rolle bei vielen Reparatureinsätzen auf der Station gespielt, so auch nach der Zerstörung der oberen Pylone 3 durch die Jem'Hadar. Computerschablonen des Pylonenaufbaus und der inneren Systeme wurden von den Ingenieurcrews benutzt, um neue Komponenten zu konstruieren und nahtlos an die bestehende Struktur anzufügen, nachdem das beschädigte Material entfernt worden war. Jeder Vorfall, bei dem feindliches Feuer die Verteidigungsschilde der Station durchdrungen hat, muß vom SFCE und von dem bajoranischen Personal analysiert werden, um mikrostrukturelle Schäden und Schäden der Legierungen zu entdecken. Umfassende Ausbesserungen und komplette Neukonstruktionen werden ja nach Notwendigkeit durchgeführt. Die Crews sind auch dafür verantwortlich, die Gesamtstruktur der Station zu beobachten, um Belastungen, Druck oder Verformungen zu beobachten, die durch die Umgebung des Denorios-Gürtels verursacht werden. Außergewöhnliche energetische Effekte, die nicht bereits in der Struktur-Datenbank erfaßt sind, werden gespeichert, wenn sie auftreten, damit neue Reparaturprotokolle entwickelt werden können.

1.6 WICHTIGE STATIONEN BEIM BAU UND BEI DER AUFRÜSTUNG DER STATION

Annähernd 3,65 Teraquads an Daten über den Bau von Terok Nor sind von Starfleet Command auf der Grundlage von Geheimdienstinformationen, von wiederhergestellten und entschlüsselten cardassianischen Datenbanken sowie von bajoranischen Aufzeichnungen aus der Besetzungszeit gesammelt worden. Nicht alle Daten konnten miteinander in Einklang gebracht werden, aber eine ausreichende Menge konnte zusammengeführt werden, um eine nachvollziehbare Darstellung der Reihenfolge zu erhalten, in der die Station konstruiert wurde. Wie erwähnt, ist die Bauzeit mit 2,7 Standardjahren dokumentiert worden.

Es ist nicht bekannt, ob alle Bauteile der Station aus dem bajoranischen System stammen. Man schätzt, daß gut 30 Prozent des Kerngehäuses aus Material von Asteroiden im cardassianischen System stammen und von cardassianischen Frachtern über eine Entfernung von 5,25 Lichtjahren in den Orbit um Bajor gebracht wurden, um sie dort zu montieren. Während dieser Zeit begannen Anlagen auf Bajor damit, Teile der Außenverkleidung, Energieleitungen, Komponenten für den Fusionsgenerator und Ausrüstung für das Stationsinnere zu produzieren. Ein sonderbares Beispiel für die Arbeitsweise der Cardassianer zeigt sich darin, daß das gesamte Ops-Modul als komplett fertiggestelltes Bauteil von Cardassia Prime nach Bajor gebracht wurde. Man nimmt an, daß die um 2343 auf Bajor verfügbaren Hochöfen nicht leistungsfähig genug waren, um den Anforderungen an einige der kritischeren Bauteile zu entsprechen. Sie wurden nach und nach aufgerüstet und in manchen Fällen ausgetauscht, was jedesmal mit hohem Verschleiß von bajoranischen Ressourcen und bajoranischem Personal verbunden war.

Die Reihenfolge des Zusammenbaus der wichtigsten Stationsabschnitte sieht wie folgt aus:

- **Montage 1: Mittlerer Kern.** Der Rahmen für den mittleren Kern wird von Frachtern geliefert und in einem Synchronorbit in einer Höhe von 37,576 Kilometern über der Oberfläche von Bajor zusammengeschweißt. Computerkerne, Deuterium-Treibstofftanks und minimale Lebenserhaltungssysteme werden installiert, um erste bewohnbare Bereiche zu schaffen, ein vorläufiges Kommandozentrum am oberen Ende des mittleren Kerns eingerichtet. Die Verkleidung der Außenhülle wird vorgenommen, nachdem der Rahmen des unteren Kerns fertiggestellt war.
- **Montage 2: Unterer Kern.** Der Rahmen wird von Cardassia Prime und von Bajor geliefert und zusammengeschweißt. Interne Arbeitsräume, Wohnräume und Versorgungseinrichtungen werden installiert. Der Bereich für die Aufnahme der Fusionsgeneratoren wird vorbereitet.
- **Montage 3: Oberer Kern.** Rahmen und Außenverkleidung werden von Bajor angeliefert und montiert. Das vorläufige Kommandozentrum wird aus dem mittleren Kern verlegt und an den oberen Kern angeschlossen. Sämtliche Arbeitsbereiche und Systeme werden installiert.
- **Montage 4: Fusionsgenerator.** Die obere Abdeckung

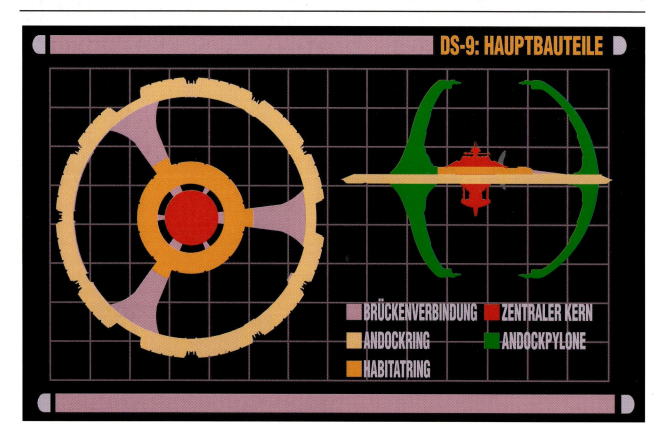

1.0 DEEP SPACE 9 EINFÜHRUNG

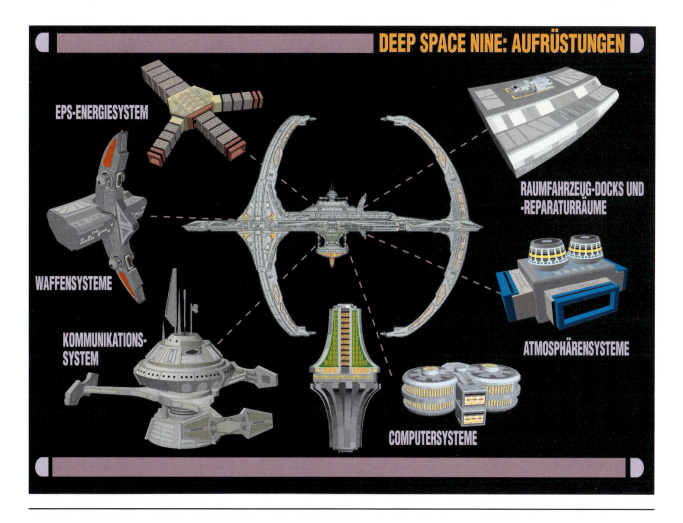

des Generatorgehäuses wird montiert und verkleidet. Die Fusionsreaktoren werden installiert, die untere Abdeckung wird montiert und verkleidet. Kohlenstoffbindende thermale Blöcke und Natrium-Ausstoßventil werden installiert.

- **Montage 5: Promenade und Sicherheitskorridor.** Das vorläufige Kommandozentrum wird zerlegt, damit die Promenade montiert und verkleidet werden kann. Reaktive Schildpanzerung wird installiert. Atmosphärische Integrität wird auf der gesamten Station hergestellt. Alle noch fehlenden Kernsysteme werden installiert.
- **Montage 6: Ops.** Das festeingerichtete cardassianische Kommandozentrum wird (jetzt in Ops befindlich) mit der Kernstruktur verbunden und verschweißt. Die Turbolift-Verbindungen werden hergestellt. Defensivschild-Generatoren und Emitter werden installiert.
- **Montage 7: Habitatring.** Rahmen und Verkleidung werden von Bajor geliefert und montiert. Kleinere Brückenverbindungen und horizontale Turbolift-Wege werden eingerichtet. Die Waffenanlagen werden in der Nähe im Orbit hergestellt und montiert.
- **Montage 8: Andockring und Pylone.** Große Brückenverbindungen werden eingesetzt und verkleidet. Turbolifte und Frachttransportwege werden eingerichtet. Vor der Fertigstellung des Andockrings werden an den Brückenverbindungen die Pylone errichtet. Erzveredelungsanlagen werden in den Pylonen installiert. Die Andockstellen in den Pylonen werden installiert. Der Andockring wird montiert und verkleidet. Alle restlichen Systeme werden installiert.

AUFRÜSTUNG DURCH STARFLEET UND BAJORANER

In den Monaten vor der formellen Annahme der Autorität über Deep Space 9 durch den damaligen Commander Benjamin Sisko handelte Starfleet Command in Zusammenarbeit mit der bajoranischen Übergangsregierung schnell, um den neuen Außenposten mit zusätzlicher Ausrüstung und Personal zu versorgen. Die Hauptaufgabe dieses Personals bestand darin, die bestehenden Systeme an die Föderationstechnologie anzupassen. An oberster Stelle dieser Aufgabenliste stand dabei, dringend benötigte Verteidigungshardware zu installieren, um die Station vor Angreifern beschützen zu können, insbesondere vor den auf dem Rückzug befindlichen Cardassianern. Bei fast allen Systemen war eine energiebezogene, atmosphärische oder duotronische Übersetzung oder Konversion erforderlich. Die Systeme, die in ihrer rein cardassianischen Form als akzeptabel betrachtet wurden, beließ man unverändert.

1.0 DEEP SPACE 9 EINFÜHRUNG

Zu den cardassianischen Systemen, die sich den größten Modifizierungen unterziehen mußten, gehören die folgenden:

- **EPS-Energiesysteme:** Alle Schnittstellen zu Starfleet-Geräten wurden mit stufenweise aufsteigenden Plasma-Phaseninvertern, EPS-Niveau-Ausgleichern und variablen Auto-Input-Kontrollen versehen. Nicht alle Maßnahmen dieser Art waren von Anfang an erfolgreich, aber nachfolgende Reparaturen und Aufrüstungen haben auf der Station zu einem akzeptablen Niveau an Zuverlässigkeit geführt.

- **Atmosphärische Systeme:** Im großen und ganzen haben die Cardassianer Lebensbedingungen geschaffen, die anderen humanoiden Spezies als zu heiß und zu trocken erscheinen. Starfleet und bajoranische Ingenieure haben die Umweltkontrollsysteme für die allgemein zugänglichen Bereiche der Station auf 22 Grad Celsius und 18 Prozent Luftfeuchtigkeit rekonfiguriert, während private Bereiche und gesicherte Arbeitsbereiche individuell eingestellt werden können.

- **Computersysteme:** So wie im Fall der Energiekonversion machten auch die an Bord befindlichen Computersysteme auf Isolinear-Basis eine komplexe Gruppe anpassungsfähiger Interfaces erforderlich, um Starfleet-Systeme und -Programme lauffähig zu machen. In der überwiegenden Zahl der Fälle arbeiteten die Kontrollschaltkreise der cardassianischen Computer, die den Betrieb der Station auf dem Basisniveau regelten, ohne Übersetzungen, da davon ausgegangen wurde, daß der Benutzer der cardassianischen Sprache mächtig ist, den 243-bit-Programmcode beherrscht und sich mit der Funktionsweise der Ausrüstung auskennt (siehe 4.1). Zwar wurde der Großteil der computergesteuerten Systeme nicht sabotiert, dennoch verblieben genügend gefährliche Sicherheitsvorkehrungen, tief im System verborgene Programme und Computerviren, die eine ständige Wachsamkeit vor permanent lauernden Gefahren erfordern.

- **Waffensysteme:** Großräumige Schild-Energiegeneratoren der Starfleet wurden als Ersatzsystem zu den bestehenden Verteidigungsschild-Systemen installiert. Diese Generatoren konnten eine große Bandbreite an Feld- und Partikeltypen erzeugen und wurden über redundante, stufenweise aufsteigende EPS-Kupplungen mit den cardassianischen Systemen verbunden. Neue Phaseremitter wurden in die bestehenden Waffentürme eingebaut, ebenso Magazine und Werfer für standardmäßige Photonentorpedos. Rotierende Phaser und Torpedowerfer wurden später an Stellen installiert, die zuvor Beobachtungs- und Aussichtsfunktionen erfüllt hatten.

- **Docks und Reparaturliegeplätze für Raumschiffe:** Da nicht alle in der Galaxis operierenden Schiffe mit allen Andockplätzen kompatibel sind, müssen an vielen Anlegestellen auf Deep Space 9 Modifikationen vorgenommen werden, um sie an die Starfleet-Schleusen anzupassen (siehe 6.2, 6.3). Die aufwendigsten Arbeiten waren an den Andockstellen der sechs Pylonen, an den drei großen Anlegestellen des Andockrings und an den neuen Startplätzen der Runabouts erforderlich. Für die Runabouts mußten sechs große Freiräume im Habitatring geschaffen werden, um die Stellplätze und die elektrohydraulischen Rampen aufzunehmen (siehe 14.2).

- **Kommunikationssysteme:** Neue Subraumradio-Transceivereinheiten und auf Ops aufgebaute Antennen wurden installiert, um eine gesicherte Sprach- und Datenverbindung zwischen Deep Space 9 und den benachbarten Systemen, Raumschiffen und Starfleet Command zu gewährleisten (siehe 7.0). Außerdem wurden zahlreiche Transceiver in der Station installiert, die entweder eine Schnittstelle zu den cardassianischen Bauteilen darstellen oder aber dem Zweck dienen, eben diese zu umgehen.

2.0 STRUKTUREN DER STATION

2.1 HAUPTRAHMENSTRUKTUR

Die Hauptrahmenstruktur, mit der alle Teile der Station verbunden sind, besteht aus einer Reihe separater Einzelteile, zu denen die Kernsegmente, die Ringsegmente und die Pylone gehören. Jede Rahmenstruktur ist ein offenes Netzwerk aus geformten Trägern, die ein Spannungs- und Drucknetz mit einer durchschnittlichen geometrischen Durchdringung von 7,25 Metern bilden. Insgesamt ist dieses Netz nur ein Viertel der Masse der auf ihm angebrachten Hülle, was Starfleet-Ingenieure zu der Ansicht veranlaßt, daß die Rahmen mehr als Montageunterlage zu betrachten sind, weniger als lastenverteilender Bestandteil. Die Analyse von Vibrationen und kontrollierten Stößen hat tatsächlich auch ergeben, daß die Hülle den größten Teil der Belastung aufnimmt (siehe 2.2).

Der Rahmen weist im wesentlichen die gleichen Materialien und die gleiche Montagetechnologie auf wie alle größeren Bauteile. Oberer, Mittlerer und Unterer Kern weisen ein Materialverhältnis von 31 Prozent Kelindit, 65 Prozent Rodinium und 4 Prozent Toranium-Dicorferrit auf. Habitat- und Andockring bestehen

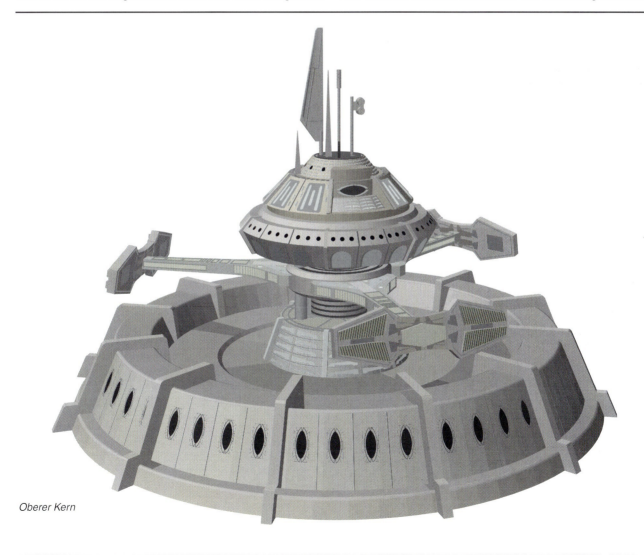

Oberer Kern

2.0 STRUKTUREN DER STATION

aus 45 Prozent Kelindit, 43 Prozent Rodinium und 12 Prozent Toranium. Die Andockpylone und die Brückenverbindungen sind aus 26 Prozent Kelindit, 70 Prozent Rodinium und 4 Prozent Toranium gefertigt. Die Verteilungen lassen die Annahme zu, daß die Ringstruktur weniger Belastungen aufnehmen muß als die Kerne oder die Pylone – eine Annahme, die aus allen bislang vorgenommenen Scans abgeleitet werden kann.

Die Rahmenträger sind alle aus richtungskristallierend geschäumten Metallen gefertigt, wobei zur Entfernung überschüssigen Materials eine Kombination aus Helium und Argon verwendet wurde. Helium und Argon werden als cryogenische Feststoffe in den Hochofen gegeben, um die geschlossene Zellmatrix entstehen zu lassen. Magnet- und Schwerkraftfeldgeneratoren schirmen die sich verfestigenden Verbindungen vor Umwelteinflüssen ab, wobei fast exakt orbitale Mikroschwerkraft entsteht. Sechs der sieben Legierungshochöfen auf Bajor wurden während des Rückzugs der Cardassianer aus dem System hastig demontiert, der verbliebene Hochofen wird seit der „Operation Rückkehr" repariert und aufgerüstet.

Zu den Mitteln, die für die Befestigung der einzelnen Bestandteile des Rahmens zum Einsatz kamen, gehörten Schmelzpistolen, Gamma-Schweißgeräte sowie Montagegeräte zur Matrixbindung. Letztere arbeiten ebenfalls auf hoher Gamma-EM-Energiebasis und umfaßten sowohl mit Robotern als auch mit Crews bemannte ‚Rahmenkriecher', die sich an den Trägern entlangbewegten, um die notwendigen Schweißarbeiten und Plattenmontagen auszuführen. Inspektionen und Reparaturen wurden durch Crews in Schutzanzügen, Shuttles oder durch ferngedierte Sonden erledigt. Zur Rahmenwartung der gegenwärtigen Station Deep Space 9 gehören tief eindringende EM-Scans, Tests zum elektro-chemischen Zug sowie Aufzeichnungen der Zellenbelastbarkeit. Tests bestätigen, daß die Grundstruktur der Station intakt ist und bislang nur zehn Prozent ihrer gesamten Lebenserwartung von 230 Standardjahren erfüllt hat. Der Prozentsatz dieser Lebenserwartung ist aus bekannten Zahlen zur Materialermüdung abgeleitet und kann – abhängig von Einschlags-, EM- oder Ionenschäden, die durch natürliche Weltallobjekte und militärische Aktionen entstehen können – schwanken.

Unterer Kern

2.2 EXTERNE STRUKTURSYSTEME

Die primäre strukturelle Umhüllung von Deep Space 9 variiert je nach Anhäufung der Elemente und Konfiguration von Sektion zu Sektion. Mindestens 30 Legierungen finden sich in den Hüllenplatten, doch die überwiegend vorkommenden Legierungen sind eine einfache Kombination aus Kelindit, Polyduranium, Rodinium und Toranium. Die dichtesten Legierungen, Rodinium und Toranium, sind bei den Bereichen eingesetzt worden, die die größte Belastung aushalten müssen, vor allem an den Stellen, an denen es zu größeren Richtungsänderungen in der Stationsgeometrie kommt. Ein Beispiel dafür sind die Durchdringungen des Andockrings und der oberen und unteren Pylone. Computersimulationen der Spannungs- und Druckverhältnisse auf Deep Space 9, die auf dem bestehenden Sensorennetzwerk und den von Starfleet installierten Belastungsanzeigern basieren, wurden um 2375 durchgeführt. Die Datenanalyse ergab, daß der „Fußabdruck"-Bereich der Pylone fast 70 Prozent seines Spannungswiderstands von den Hüllenplatten erhält, die die Bereiche zwischen den Pylonen und den Brückenübergängen abdecken. Auf diese Weise wird ein Exoskelett geschaffen, das den meisten Konstruktionsmethoden zuwiderläuft. Die interne Rahmenstruktur sorgt für nur weitere 22 Prozent, die verbleibenden acht Prozent werden durch den Feldeffekt der EPS-Leiter erzeugt, die die Funktion eines einfachen Strukturintegritätsfeldes (SIF) erfüllen. Während dieser Bereich von einigen Starfleet-Ingenieuren als „über-konstruiert" betrachtet wird, hat er sich bei den Cardassianern bestens bewährt, vor allem bei der Fähigkeit der Pylone, laterale und Rotationskräfte zu dämpfen, die mit andockenden Raumfahrzeugen und großen, in Bewegung befindlichen Massen im Inneren der Pylone einhergehen.

HERSTELLUNG DER HÜLLENPLATTEN

Der Schichtungsprozeß für die Hüllenverkleidung der originalen Station Terok Nor umfaßte den Einsatz von Legierungshochöfen, einer elektrohydraulischen Schnellwalze sowie von Geräten zur hochenergetischen Plasma-Ummantelung. In einigen seltenen Fällen wurden gerichtete EM-Feld-Geräte eingesetzt, um komplexe Matrizen zu bilden, die für anpassungsfähige Kommunikationssysteme, ionen-absaugende Oberflächen und Verteidigungsschild-Gitter erforderlich sind. Eine typische Hüllenplatte mit den Maßen 2,8 m mal 3,7 m mal 37 cm wurde aus einem richtungsgewachsenen Ein-Kristall-Kern aus Kelindit mit einer Dicke von 15,4 cm hergestellt. Zur Bordinnenseite wurde der Kern mit sechs abwechselnden, je 1,3 cm dicken Schichten aus Toranium und Polyduranium überzogen. Nach außen wurde der Kern mit sechs abwechselnden, je 2,3 cm dicken Schichten aus Rodinium und Toranium gebunden. Die Herstellung der Plattenverbindungen konnte entweder am Fabrikationsort oder im Orbit erfolgen; der Ort hing ab vom Lieferplan bzw. von speziellen Konfigurationsanforderungen der jeweiligen Stationssektion, für die die Teile bestimmt waren. Verbindungen wurden hergestellt durch mikroexplosives Anbinden oder durch thermales EM- oder Gamma-Schweißen oder auch durch eine Kombination der drei Techniken. Bestimmte Bereiche wie beispielsweise der Habitatring erhielten zusätzlich gerichtete EM-Schweißnähte, um die Herstellung eines einzigen, einheitlichen Metallverbundes zu gewährleisten.

Die meisten Hüllenplatten wurden mit einer Schicht zur Strahlungsverminderung versehen, die aus polykristallinem Eisen-Diallosilikat besteht, das mit Kohlenstoff-60-Makroketten angereichert wurde. Jede unerwünschte EM- oder Subraumstrahlung wird vorübergehend im Kohlenstoff-60 festgehalten, um dann in bekannten, kontrollierten Mengen ins All abgegeben zu werden. Der Einsatz dieser Art von Verminderungsschicht ist für die cardassianische Bauweise sicherlich einzigartig, auch wenn vermutet wird, daß die Verwendung der Schicht aus der Raumschiffbau-Technologie der Starfleet übernommen worden ist. Eine abschließende Mikrometeoroid- und Thermalschicht zum Schutz im bajoranischen System wurde in Form von 1,7 cm dickem pyrokeramischen Trianium aufgetragen.

HÜLLENSCHICHTEN

INNENSEITE
- TORANIUM 1,3 CM
- POLYDURANIUM 1,3 CM
- KELINDIT-KERN 15,4 CM
- POLYDURANIUM 1,3 CM

AUSSENSEITE

2.3 INTERNE STRUKTURSYSTEME

In einer Vergleichsstudie der Technik von Cardassianern und Starfleet würde man sofort auf die markanten Unterschiede bei der internen Struktur und der Partitionierung aller anderen Elemente der Station aufmerksam werden. Die Erbauer von Terok Nor haben sich stärker darauf verlassen, daß die äußere Hüllenverkleidung den atmosphärischen Druck hält, nicht so sehr dagegen auf die individuellen Raummodule. Es sind nur wenige bewohnbare Räumlichkeiten als hermetisch vollkommen abschließbar vorgefunden worden, dabei handelt es sich hauptsächlich um Laboratorien, Vorratsräume für Gefahrstoffe sowie um Nutzbereiche. Die Wahrung der zu atmenden Atmosphäre in den normal benutzten Bereichen ist nicht – wie man eigentlich annehmen sollte – ein Thema von oberster Priorität. Im Fall von Hüllenlecks unterhalb einer Größe von 6,5 cm² können die meis-

Orbit Präzisionsschneidegeräte verwendet oder daß alle Leitungssegmente vor der Herstellung des Gitters berücksichtigt wurden. Die primären und sekundären Schotte wurden aus Toranium-Schaum gefertigt, danach aber verdichtet, um stark schwingende Vibrationsbelastungen im gesamten Kern, Ring und den Pylonenbauteilen

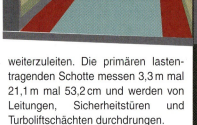

Typischer Korridor mit Zugangstunnel

ten Schweißarbeiten innerhalb von zwei Stunden vorgenommen werden, ohne daß es auf der Station zu einem feststellbaren Druckabfall kommt. Lecks, die über dieses Maß hinausgehen, müssen durch Beschuß, Explosionen oder ungewöhnliche energetische EM-Ereignisse ausgelöst werden. Besondere Notfallmaßnahmen wären dann ergriffen worden, um den Druckverlust auszugleichen, darunter Schotte, Kraftfelder und der Einsatz von Schadenskontrollteams. Die Cardassianer hatten tatsächlich diese Maßnahmen vorgesehen, die nachfolgenden Starfleet-Protokolle haben auf diese bestehenden Konzepte aufgebaut.

Mit dem Hauptstrukturrahmen der Station sind Horizontalgitter, primäre und sekundäre Schotte sowie primäre und sekundäre Versorgungsleitungen verbunden. In dieser Phase kann sich der flüchtige Beobachter noch nicht die endgültige Anordnung der Arbeits- und Wohnbereiche vorstellen, und der vorhandene Raum könnte auf viele verschiedene Weisen aufgeteilt werden. Starfleet ist bislang nur auf eine weitere aufgegebene Raumstation, Empok Nor, gestoßen, die äußerlich Terok Nor ähnlich war. Es ist nicht bekannt, ob die Cardassianer sich die Option für verschiedene Aufteilungen des Stationsinneren vorbehalten hatten, jedoch glaubt die Technische Abteilung von Starfleet, daß diese Optionen existieren.

Die Horizontalgitter wurden aus Toraniumschaum gefertigt, der mit einer Rodinium-Dicorferrit-Beschichtung überzogen wurde, um einen leichten Zwischenverstärker für den Hauptkern und die Ringe zu bilden. Das durchschnittliche Gittersegment mißt 5,3 m mal 6,1 m mal 13,5 cm, wobei Leitungs- und Turbolifteinschnitte nur vorgenommen wurden, wenn sie unbedingt erforderlich waren. Das deutet darauf hin, daß entweder bei der Arbeit im

weiterzuleiten. Die primären lasttragenden Schotte messen 3,3 m mal 21,1 m mal 53,2 cm und werden von Leitungen, Sicherheitstüren und Turboliftschächten durchdrungen.

Die meisten internen Strukturen der Station, die für den Betrachter sichtbar sind, bestehen aus Deckenmodulen, Trennwänden und Bodenplatten. Diese drei Arten von Oberflächenelementen schaffen ausnahmslos die für den Betrieb der Station erforderlichen Wohn- und Arbeitsräumlichkeiten. Die Deckenflächen beinhalten EPS-Benutzerleitungen, Induktionsleuchten, Kommunikationsempfänger und Luftschächte. Die Trennwände sind die weitaus schwersten der drei Raumkomponenten und enthalten EPS-Leitungen, aktive und passive Umweltkontrollschaltkreise sowie Emitterschaltkreise für Kraftfelder. In den Bodenplatten befinden sich EPS-Leitungen, Anschlüsse für das Optische Datennetzwerk (ODN), Kraftfeldgitter mit geringer Reichweite für die Befestigung von Einrichtungsgegenständen und das Schwerkraftnetz der Station. Das Schwerkraft- und das Befestigungsnetz werden über die normalen EPS-Anschluß- und -Kontrollschaltkreise gespeist und sorgen im Falle massiver Bewegungen dafür, daß alle Objekte festen Halt haben.

Das Korridornetzwerk für Besucher und Crew verbindet alle wichtigen Stationsteilen. Die größeren Frachttransfer-Abteilungen sind auf den Andockring und die Brückenverbindungen beschränkt. Bei allen wurde wie bei den Horizontalgittern und den Schotten beschichteter Toranium-Schaum verwendet, die maximale Wandstärke beträgt 7,37 cm. In den Schaum sind Mikro-EPS-Leiter, Kommunikationsempfänger und Sicherheitsscan-Empfänger eingearbeitet. Die Verbindung zwischen den Segmenten wird durch Induktionsknoten-Anschlüsse gewährleistet, die verschlüsselte Signale an ihr Ziel bringen. Die Korridorsegmente werden in regelmäßigen Abständen von Kraftfeldbögen und Trenntüren unterbrochen.

Zugangstunnel verlaufen im rechten Winkel zu den meisten Korridoren und dienen einer Vielzahl von Schiffssystemen. Der typische Zugangstunnel mißt im Querschnitt 1,3 m mal 1,4 m, hergestellt ist er aus einem Toranium-Rahmen und Duranium-Flächen. Aufzeichnungen deuten darauf hin, daß die Zugangstunnel in einem Preß- und Walzwerk auf Bajor hergestellt und mit Transportern in den Orbit gebracht wurden. Zugangstunnel sind mit standardmäßigen EPS-, ODN- und Kommunikationsüberwachungsflächen ausgestattet, außerdem in bestimmten Bereichen mit Wartungskontrollen. Sie sind vor externen EM-Interferenzen und Scanstrahlen wirkungsvoll abgeschirmt, was einige Sicherheitsfunktionen erschwert. Die Tunnel, die eine ähnliche Funktion erfüllen wie die Jefferiesröhren der Starfleet, sind Gegenstand eines speziell cardassianischen Problems gewesen. Zahlreiche Lücken in den Wandverkleidungen haben es einigen Arten der cardassianischen Wühlmaus erlaubt, sich vor ihren Verfolgern in Sicherheit zu bringen. Durch die Vorliebe der Wühlmäuse, sich durch Schaltkreise zu fressen, haben sie die EPS-Funktionstüchtigkeit unterbrochen. Die Gesamtlänge der Zugangstunnel auf der Station beläuft sich auf rund 18,1 km. Die meisten Tunnelschleusen unterliegen strengen Sicherheitsprotokollen, die Sicherheitssysteme sind in die ODN-Leitungen der Korridore integriert.

2.4 KOORDINATENSYSTEM DER STATION

Wiederhergestellte Computeraufzeichnungen, die sich mit den Abmessungen von Terok Nor befassen, legen nahe, daß nur wenige spezifische externe Maßangaben notwendig waren, nachdem die Konstruktionsphase beendet worden war. Starfleet nimmt an, daß ein vereinfachter Koordinatensatz und Komponentenbezeichnungen für alle Wartungs- und Reparaturarbeiten genügten. Anders als beim externen Referenzsystem von Starfleet-Raumschiffen, die bis zu 8,65 Megaquad Computerspeicher in Anspruch nehmen können, füllt das cardassianische System eine isolineare Partition von gerade einmal 505,43 Kiloquad. Alle Bordcomputer sind um ein übersetztes Starfleet-Referenzsystem erweitert worden, um die Koordinationskonversion zu unterstützen. Beide Meßsysteme basieren auf dem durchschnittlichen Schwerkraftvektor der Station.

Das ursprüngliche externe Referenzsystem stellte die Station in die Mitte eines in 729,0 *tarims* aufgeteilten Kreises, womit jeder *tarim* 0,4938 Grad entspricht. Der Nullradius des Kreises fiel mit dem zentralen Vektor des Hauptfensters des Stationscommanders zusammen – betrachtet von einer Augenhöhe von exakt 176 cm über dem Boden. Die Umkreiseinteilungen verliefen – von oben gesehen – entgegen dem Uhrzeigersinn, alle Konstruktionsnummern wiesen die **Subtraktion** von 60,753 *tarims* oder 30 Grad auf. Die Gründe dafür werden in der cardassianischen Geschichte nur angedeutet (siehe 3.2). Die zentrale Linie trifft nach der notwendigen Subtraktion in –X-Richtung mit Andockschleuse 12 zusammen, nicht mit Pylone 1.

Alle Koordinaten der Stationshardware, die angegeben wurden, stellten eine Variation des standardmäßigen Polarachsensystems dar, sie ähnelten Raumschiffpeilungen und -steuerkursen. Zum Beispiel befand sich der Schleusenverschluß an der Spitze von Andockpylone 2 auf **<243+158,42**. Das Winkelsymbol < und die erste Zahl kennzeichnen die Azimuth-Winkelanzeige entlang dem Kreis, das + kennzeichnet die Meßrichtung oberhalb der Augenhöhe des Commanders (ein – würde eine negative Erhöhung bedeuten), die letzte Zahl entsprach der Entfernung vom Ausgangs- bis zum Zielpunkt, gemessen in cardassianischen *korshins* (1,0 *korshins* = 2,732 m). Mindestens drei Meßsysteme existieren in der gegenwärtigen cardassianischen Kultur. Das *korshinische* System wird bei den meisten im Weltall befindlichen Konstruktionen angewendet. Wiederhergestellte Daten lassen bei der Entfernungsmessung auf massiven Einsatz von EM-Technologie zur Festlegung von Koordinaten schließen, sowohl beim virtuellen, computer-orientierten Design als auch bei der tatsächlichen Montage.

Die drei Achsen sind mit X, Y und Z bezeichnet. Die X-Achse läuft durch den Stationskern zur Andockpylone 1, –X ist zur Pylone gewandt. Die Y-Achse verläuft von oben nach unten, +Y befindet sich an der Oberseite direkt über Ops. Die Z-Achse verläuft durch den Kern zum Andockring in einem Winkel von 90 Grad zur Andockpylone 1, +Z befindet sich am Andockring. Durch die Station verlaufende Ebenen werden entsprechend den Stationsachsen bezeichnet. Die X-Y-Ebene erstreckt sich vertikal und seitlich der Andockpylone 1, die X-Z-Ebene erstreckt sich seitlich der Schnittstelle zwischen Mittlerem und Unterem Kern, die Y-Z-Ebene verläuft vertikal und teilt die Station in die +X- und die –X-Hälfte.

Alle übersetzten Starfleet-Koordinaten sind in standardmäßigem cartesschen Format und werden entweder mit $X_S Y_S Z_S$ oder einfach XYZ bezeichnet. Der Ausgangspunkt weicht von dem der Cardassianer ab, er befindet sich unmittelbar auf der Y-Achse, 13 610,84 cm unterhalb von Ops, an der Schnittstelle zwischen Mittlerem und Unterem Kern.

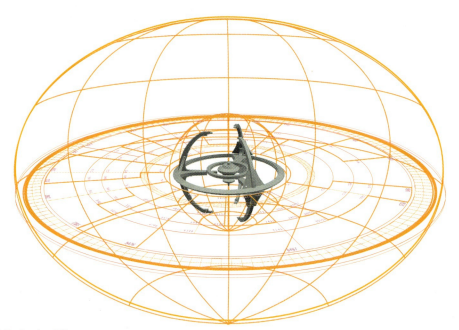

Deep Space 9 mit Perimeter-Gitter

3.0 KOMMANDOSYSTEME

3.1 OPERATIONSZENTRUM

Die primäre Kontrolle aller Aktivitäten auf der Station wird vom Operationszentrum – Ops – geleitet, das die gesamte Fläche der Ebene 1 von Deep Space 9 in Anspruch nimmt. In der ursprünglichen Terok-Nor-Konfiguration wurde Ops formeller als Kommandozentrum bezeichnet, womit der spezifischeren Funktion als Mittelpunkt der Besetzung Bajors und dem erzwungenen Abbau der Ressourcen auf Bajor Rechnung getragen wurde. Wie in 1.6 ausgeführt, wurde das Kommandozentrum im Orbit von Cardassia Prime gebaut und dann mit einem Warp-Frachter über die Strecke von 5,25 Lichtjahren nach Bajor gebracht. Alle zentralen Energie- und Versorgungsverbindungen wurden hergestellt, nachdem die Montage abgeschlossen war. Experten aus den Abteilungen Starfleet-Geheimdienst, Ingenieurskorps und R&D begaben sich während der Übernahme der Verwaltung im Jahr 2369 auf die Station und führten umfassende Scans und Demontagen zentraler Bestandteile des „neuen" Ops-Moduls durch. Für alle Systeme bestand oberste Priorität, sie wieder in Betrieb zu nehmen und auf den Standard der Starfleet-Regulierungsbehörde zu bringen.

Ops arbeitet mit allen nur denkbaren, auf der Raumstation betriebenen Einrichtungen zusammen, eingebettet in exakt definierte Arbeitsbereiche und verbunden mit einem einzigen, mit gewaltigen Kreuzverbindungen ausgerüsteten Computerkern-Interface. Diese abgesenkte Interface-Sektion, die den Spitznamen „Grube" trägt, kontrolliert über zahlreiche Programmierungen der isolinearen Stäbe und Befehlszwischenspeicher-Module die gesamte Basis-Hardware der Station. Alle anderen Sektionen befinden sich auf einer höheren Ebene und trugen wiederhergestellten Aufzeichnungen zufolge die Bezeichnungen Arbeiterkontrolle, Maschinen, Transporter, elektrobetriebene Lifte, Taktik, Erzverarbeitung und Büro des Commanders. Dieser letztgenannte Bereich folgt der Vorliebe der Cardassianer, Machtausübende über alle niederrangigen Individuen zu stellen. Der Basisrahmen für das Ops-Modul konnte an jede beliebige Anordnung der Stationen angepaßt werden, auch auf einer einzigen Ebene. Hinter den meisten nichtstrukturierten Partitionen und den Verkleidungen der Ausstattung steht ausreichend Platz zur Verfügung. Es ist weithin bekannt, daß die cardassianische Architektur auch bei weniger eingeschränkten, schwungvolleren Formen mit der Schichtung von Rängen und Aufgaben spielt, auch wenn Außenstehenden das als sehr subtil erscheinen mag. Eine Analyse vieler interner Strukturen deutet darauf hin, daß zahlreiche der detaillierten, kurvenartigen Formen tatsächlich viele praktische Funktionen erfüllen, die von der Spannungs- und Druckregulierung bis hin zur Abschwächung der EM-Strahlung reichen.

Standort Ops

Teil der Kommunikationseinrichtung, die den Bereich über der Grube dominiert, ist der (2,13 x 1,25 m) große gasgefederte Displayschirm. Diese Technologie ist ausgestattet mit einer geladenen Matrix aus Tolinit-Gas. Die Matrix reagiert auf schwankende Energieniveaus in drei Dimensionen, wobei sie ihre übertragbare Farbe verändert (siehe 7.3). Die Display-Kontrollen sind Teil der Ingenieursstation.

Umweltkontrollen für den begehbaren Bereich von Ops sind im Design vielen anderen rein cardassianischen Segmenten der Station ähnlich (siehe 11.1). Die cardassianischen Herren auf Terok Nor bevorzugten eine warme, trockene Atmosphäre mit einem leicht höheren Anteil an Kohlendioxyd. Modifizierungen von Hardware und Software machten es möglich, über das Netz-

3.0 KOMMANDOSYSTEME

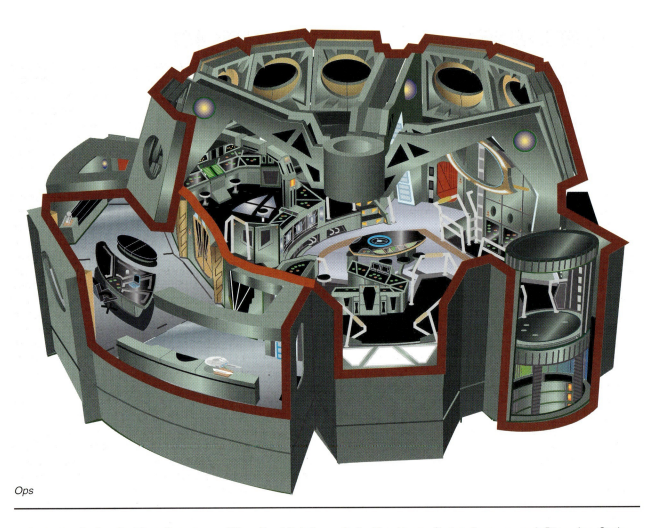

Ops

werk in der Grube die Einstellungen von Hitze, Feuchtigkeit, Helligkeit, Schwerkraft und Atmosphäre zu kontrollieren. Die Ops-Replikatoren sind die cardassianischen Modelle geblieben, die gegebenenfalls gewartet und modifiziert werden.

Die gesamte Station Deep Space 9 ist über die Endpunkte von zwei Turboliften erreichbar, von der Transporterplattform aus sind Routine- und Notfalltransporte möglich. Der Ops-Transporter ist das cardassianische Modell, wurde aber um Musterspeicherkontrollen und Energieregler der Starfleet aufgerüstet (siehe 8.0). Der Zugang zur Station ist auch möglich über eine Treppe nahe den Verteidigungsschildgeneratoren, die zu den Ebenen 2 und 3 führt. Dort findet sich ein weiterer vertikaler Turboliftschacht. Die Zugangstunnel zu den Systemen stellen eine weitere Möglichkeit dar, Ops zu verlassen und sich in den Rest der Station zu begeben. Das Subraum-Kommunikationssystem ist fest mit Ops verankert und ist Teil der Konfiguration der strukturellen Druckschotte, die im wesentlichen das „Dach" des Oberen Kerns im unter atmosphärischen Druck stehenden Modul umfaßt (siehe 7.3).

Das neueingerichtete Ops ging mit zahlreichen Modifikationen der Computersysteme und Interface-Konsolen einher, begleitet von geeigneteren Sektionsnamen. Die gegenwärtigen Arbeitsstationen umfassen den Zentralen Lagetisch, Wissen-schaft, Maschinen, Systemdiagnose und Büro des Stationscommanders. Es folgt die Beschreibung von Form und Funktion der einzelnen Ops-Bereiche.

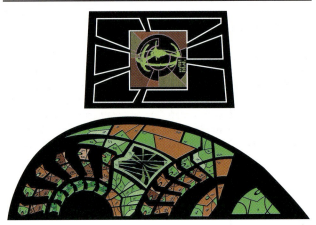

Typisches cardassianisches Interface

3.2 BÜRO DES COMMANDERS

Das Büro des befehlshabenden Offiziers wurde zuletzt von Captain Benjamin Sisko besetzt, der 2369 auf die Station abkommandiert wurde. Davor war diese Räumlichkeit oberhalb der Arbeitsbereiche von Ops das Domizil von Gul Dukat vom cardassianischen Militär. In seiner Funktion als leitender Offizier von Bajor und Leiter der Uridium-Abbauarbeiten befand sich Dukat auf einer erhöhten Plattform hoch über seinen Untergebenen. Das Büro des Commanders ist von verschiedenen am Umbau der Station beteiligten Starfleet-Direktoraten inspiziert worden, außerdem von einer Handvoll vergleichender Ergonomen, Kulturanthropologen, Psychologen und Neuralbiologen. Formen, Abstände zwischen verschiedenen Punkten sowie die Proportionen von Objekten zum Raum haben einige von ihnen zu der Ansicht gelangen lassen, daß die Cardassianer und möglicherweise insbesondere Dukat die Aufteilung von Flächen und die Anordnung von Strukturen als psychologisch oder sogar mystisch bedeutsam erachtet haben. Beispielsweise wird fortwährend über die Gründe diskutiert, warum Ops und das Fenster des Commanders in einem Winkel zueinander stehen, der keinen Bezug zu irgendeiner anderen symmetrischen Einteilung zu haben scheint – nämlich in einem Winkel von 30 Grad zur Mittellinie der Ops-Pylone 3 und von 30 Grad zur Mittellinie der Ops-Pylone 1. Die plausibelste Erklärung betrifft die Beziehung zwischen dem synchronen Orbit von Terok Nor um Bajor und der Thermalkontroll-Rotation der Station. Eine mögliche Erklärung findet sich in der Tatsache, daß Cardassia Prime und der Heimatstern ständig in der Fenstermitte sichtbar sind.

Von diesen Analysen und Annahmen abgesehen ist das Büro des Commanders bestens für die täglich auf Deep Space 9 anfallenden Arbeiten geeignet, da Sitzgelegenheiten, ein großer Schreibtisch, Regale und Schränke, ein Replikator, eine Waschgelegenheit sowie die Kommunikationsausstattung jetzt diese Umgebung bilden. Ein kleiner cardassianischer, gasgefederter Kommunikator ist durch einen Starfleet-Desktopcomputer ersetzt worden, über den der Kontakt zu Starfleet Command und zivilen Adressen möglich ist.

Die Systemverbindungen des Büros für Atmosphären-, Wasser-, EPS-, ODN- und Replikatorversorgung erfolgen über die zentralen Ops-Leitungen. Der Luftaustausch wird durch drei kombinierte Ver-/Entsorgungsgruppen gewährleistet. Das in neun, für den Einsatz in Routine- und Notfallsituationen unter der Bodenverkleidung von Ops befindlichen 5,5m³-Tanks gelagerte Wasser wird durch zwei Abzweigventile in den Waschraum geleitet. EPS-Plasma wird über eine einzige Abstufungsleitung der Stufe 4 transportiert. Das ODN-Netzwerk des Büros ist so konfiguriert, daß es verschlüsselte Kommunikationssignale durch die Starfleet-Hardware in den Computerkernen über das Schaltnetzwerk oder über die Subraum-Transceiver leitet. Rohmaterialien für den Replikator werden von einem einzelnen Ableger der Hauptreplikatorleitung in Ops weitergeleitet.

3.3 KOMMANDOSTATION

Die primäre Kommandostation auf Deep Space 9 befindet sich im Zentrum von Ops am Lage- und Beobachtungstisch. Anders als auf einem Starfleet-Schiff, das über einen Sessel für den Captain und Sitze für die anderen Offiziere verfügt, gibt es auf Deep Space 9 keinen vergleichbar zentralen Ort, von dem aus die Station befehligt wird, abgesehen von dem höher liegenden Büro. Befehle werden vom Commander oder einem anderen hochrangigen Offizier unter vielen verschiedenen Umständen von praktisch jedem Punkt in Ops aus erteilt.

Der Lagetisch (siehe Illustration) hat den idealen Standort für die Anzeige zentraler Stationsdaten und für die Kommunikation über den oberhalb montierten Schirm. Für alle Senioroffiziere stehen Sitzplätze zur Verfügung. Während einer typischen Dienstschicht ist Ops mit der Kernmannschaft besetzt, darunter der Stationscommander, der bajoranische Verbindungsoffizier, der Wissenschaftsoffizier und der Chief of Operations. Der Sicherheitschef der Station und der Chefarzt halten sich für gewöhnlich in ihren Büros an der Promenade auf, jedoch ist bei Lagebesprechungen, Diskussionen und wichtigen Ereignissen ihre Anwesenheit im Ops erforderlich. Neben diesem Tisch befinden sich eine Reihe von cardassianischen Anzeigen, die so konfiguriert sind, daß sie Daten und Subraumkommunikation darstellen.

Die Standardeinstellung des Anzeigeschirms im Tisch zeigt die Echtzeit-Verhältnisse im All rund um die Station. Anzeigeänderungen können jederzeit vorgenommen werden, wozu auch erforderliche graphische Informationen gehören, deren Bandbreite von internen Sensorergebnissen über den Bereitschaftsstatus der Verteidigungswaffen bis hin zu den Frachtvorgängen der angedockten Schiffe reicht. Die Echtzeit-Außenanzeige verschafft dem Seniorstab ein Bild der strategischen Lage, was sich vor allem während der jüngsten Kriegshandlungen bewährt hat. Die Bewegungen von Starfleet und von feindlichen Kräften wurden unter Einsatz aller verfügbaren Geheimdienstinformationen und Sensorresultate dargestellt. Bei der Anzeige handelt es sich um den original Mehrschicht-Schirm und die Subprozessoren von Terok Nor, die mit den Hauptcomputerkernen über eine Co-Prozessoren- und Peripheriegruppe (CPG) der Starfleet verbunden ist, die den Treiber für das standardmäßige optische Starfleet-Interface enthält. Eine Reihe von fünfzehn primären optronischen Übersetzungsspeichern und drei Back-up-Systeme sind in den Tisch eingebaut worden, um ihn an die Datenprotokolle der Föderation anzupassen.

3.0 KOMMANDOSYSTEME

Zentraler Ops-Tisch

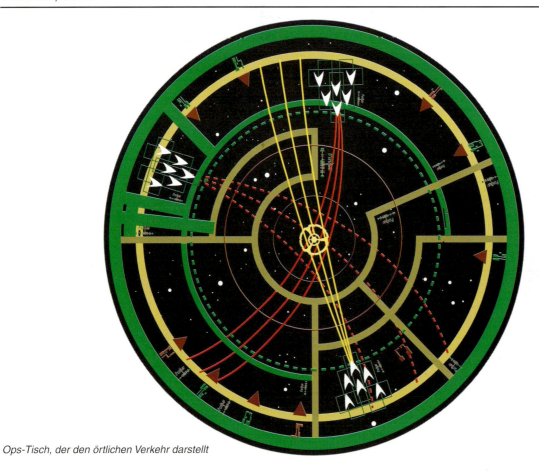

Ops-Tisch, der den örtlichen Verkehr darstellt

3.4 WISSENSCHAFTLICHE STATION

Die gegenwärtige Wissenschaftliche Station erfüllte zuvor die Funktion der Überwachung der Arbeit und der Erzverarbeitung unter den cardassianischen Herrschern. Die Station bietet zwei Systembenutzern Platz und versorgt jeden von ihnen mit einer Vielzahl von Anzeigeschirmen sowie Computerleistungen, die nur vom Ops-Computer in der „Grube" übertroffen werden. Mehrere Durchläufe zur Rekonfigurierung dieser Station haben zu einem erstklassigen Arbeitsplatz zur Feststellung und Analyse bei allen auf Deep Space 9 anfallenden funktionellen und experimentellen wissenschaftlichen Aufgaben geführt.

Die Wissenschaftliche Station wird vom Wissenschaftlichen Senioroffizier überwacht. Abteilungsmitarbeiter sorgen für eine permanente 26stündige Überwachung aller laufenden Experimente auf der Station, sammeln alle internen und externen Sensordaten und assistieren in Krisensituationen bei der Durchführung aller bekannten und aller nicht getesteten hochenergetischen Prozeduren. Übrigens berichten alle menschlichen Offiziere, daß sie im Durchschnitt zwei Wochen benötigen, um sich an das Zeitschema zu gewöhnen. Auf der Ops-Ebene sind die Wissenschaftliche und die Ingenieursstation permanent miteinander verbunden, um gemeinschaftlich zu arbeiten und um als Reserve zu dienen. Die Wissenschaftliche Station ist für alle Datenverarbeitungsanforderungen fest mit dem CPG-Computer der Starfleet und den bestehenden cardassianischen Computerkernen verbunden. Sensordaten werden vom Sensor-Vorprozessor über 2355 spezielle ODN-Leitungen an die Computerkerne geleitet. In einigen Fällen werden Sensordaten direkt an die Prozessoren der Wissenschaftlichen Station und an isolineare Direktspeicherbanken weitergegeben. Die Wissenschaftliche Station ist auch in der Lage, jeden der Partikel/Feldgeneratoren (PFG) auf Deep Space 9 für experimentelle oder defensive Anwendungen direkt zu steuern.

Die Wissenschaftliche Station ist speziell darauf ausgerichtet, immense Datenmengen scheinbar zufälliger Ereignisse und Sensoreingaben miteinander in Beziehung zu bringen, um rasch ein Gesamtbild der Stationsumgebung zu schaffen. Die Datendarstellung kann auf jede Konsole im Ops oder an einem anderen Punkt der Raumstation umgeschaltet werden, oft wird sie an den Monitor des Lagetisches (siehe 3.3) übergeben. Die Geschwindigkeit der Dateneingabe variiert zwischen 4,23 Kiloquads pro Sekunde und 333,65 Megaquads pro Sekunde, dabei arbeiten in den Speicherbanken alle isolinearen Stäbe, um Daten zu komprimieren und an die Hauptkerne zu übertragen. Gleichermaßen hoch ist die Geschwindigkeit der Wissenschaftlichen Station, was ihre Fähigkeit angeht, aufgrund der verarbeiteten Daten zu reagieren und Lösungsvorschläge für Probleme anzubieten. Die permanent laufende Untersuchung und die Sensorabdeckung des Wurmlochs beanspruchen 15 Prozent des gesamten Zeit- und Energieeinsatzes der Wissenschaftlichen Station, sie nutzen fünffach redundante Prozessoranwahl, um für einen permanenten Online-Betrieb sowie für die frühestmögliche Entdeckung und Bestätigung feindlicher Kräfte und gefahrbringender natürlicher Weltallphänomene zu sorgen. Weitere zehn Prozent sind für die konstante Überwachung von ferngelenkten automatischen Sonden vorbehalten, ferner für die Beobachtung möglicher Notfalltricorder-Übermittlungen und Transporter-Erfassungssignale.

Entfernte Geheimdienstsignale werden ebenfalls von der Wissenschaftlichen Station mittels CPG und verschlüsselter Starfleet-Subraumkanäle verarbeitet. Durch die Nähe zu Cardassia und die Kommunikationsverbindungen in den Gamma-Quadranten sammelt und analysiert Deep Space 9 den gesamten Nachrichtenverkehr, sei er unverschlüsselt, verschlüsselt oder in nicht-standardmäßiger Wellenform (siehe 7.6).

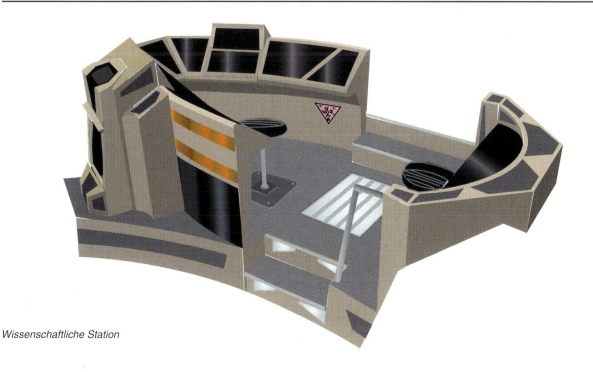

Wissenschaftliche Station

3.0 KOMMANDOSYSTEME

Statusflächen und Kontroll-Interfaces der Wissenschaftlichen Station

3.5 INGENIEURSSTATION

Die Ingenieursstation ist im wesentlichen so geblieben wie während der Besetzung Bajors, auch wenn die Rechner- und Kontrollfunktionen modifiziert worden sind, um mit den Aufrüstungen der Starfleet-Computer arbeiten zu können. So wie die Wissenschaftliche Station kann auch die Ingenieursstation mit zwei Personen besetzt werden. Die beiden Abschnitte der Konsole sind mit zahlreichen Anzeigeschirmen ausgestattet, die eine maximale Flexibilität bei der Beobachtung der Stationssysteme und bei der Eingabe von Kommandoprozeduren erlauben. Jedes stationsweite energiebezogene, mechanische und optronische System fällt zumindest teilweise in die Zuständigkeit des Chief of Operations.

Die Ingenieursstation ist über 1879 spezielle ODN-Leitungen mit den Primärsystemen verbunden, 547 Backup-ODN-Leitungen stehen der Lebenserhaltung und den Defensivwaffen zur Verfügung.

Der Subprozessor der Ingenieursstation ist fest mit der unter Deck liegenden Computer-„Grube" verbunden, die den grundlegenden Verteilerknoten für die meisten Kontroll- und Sensordaten darstellt. Für den Fall einer Unterbrechung des EPS-Plasmaflusses zu den Kontrollkonsolen sorgt eine Reservekapazitäts-Bank, die im Unterdeck untergebracht ist, die 6,7 Minuten lang Reserveenergie bereitstellen kann, damit die wichtigsten Systeme gesichert werden können, darunter auch die Fusionsreaktoren. Neben der Systembedienung haben alle Anweisungen für periodische Wartungen (PW) und Reparaturen in dieser Station ihren Ursprung.

Die folgenden Primärsysteme werden von dieser Station aus überwacht und kontrolliert:

- **Fusionsenergie-Erzeugung:** Alle Aspekte der Energieerzeugung unter Einsatz der sechs Fusionsgeneratoren sowie die Deuterium-Treibstofflagerung und -übertragung werden direkt kontrolliert.
- **Elektroplasma-System:** Die Energieverteilung durch das EPS-Netzwerk wird direkt kontrolliert.
- **Computerkerne und ODN-Netzwerk:** Der störungsfreie Zustand aller cardassianischen und Starfleet-Computerhardware sowie das optische Datennetzwerk werden überwacht.
- **Verteidigungswaffen:** Alle stationsimmanenten Großphaser, Photonen- und Quantentorpedos, Traktorstrahlen und Schildemitter werden in Abstimmung mit der Sicherheitsabteilung der Station direkt kontrolliert und gewartet.

3.0 KOMMANDOSYSTEME

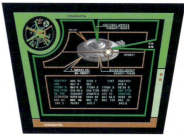

Statusflächen der Ingenieursstation

- **Kommunikation:** Sämtliche hochenergetische Subraumkommunikationsausrüstung wird direkt kontrolliert und gewartet.
- **Lebenserhaltung/Umweltkontrolle:** Die atmosphärischen Gasanteile, Temperatur, Druck, Feuchtigkeit und die Verteilung trinkbarer Flüssigkeiten werden direkt kontrolliert und auf diesem Niveau gehalten.

Zu den anderen Systemen, die von der Ingenieursstation aus bedient werden, gehören die Transporter, spezielle Geschütze, Abfallentsorgungsanlagen, Replikatoren, Andockschleusen und Schwerkraftgeneratoren. Die meisten Instandhaltungs- und Wartungsaufgaben, die die *U.S.S. Defiant* und die der Station zugeteilten Runabouts und Shuttles sowie Work Bees betreffen, können von hier aus durchgeführt werden.

Die gesamte Struktur von Deep Space 9 wird ebenfalls von der Ingenieursabteilung gewartet. Die primären strukturellen Systeme sind der Hauptrahmen und die Hüllenplatten, die von der Ingenieursabteilung, die auch alle notwendigen Reparaturen ausführt, auf Belastung und Strahlenschäden überwacht werden. Sämtliche Lastzellen und Anzeigen über Belastungsmessungen werden analysiert und angezeigt, begleitet von Ergebnissen aus nicht-destruktiven Tests (NDT), die von festinstallierten Mikroscannern und Tricorderabtastungen durchgeführt wurden.

Ingenieursstation

3.0 KOMMANDOSYSTEME

3.6 SYSTEMDIAGNOSE

Unter cardassianischer Kontrolle wurden alle Systeme periodischen Systemchecks unterzogen, um sicherzustellen, daß Ausrüstung und Abläufe den Vorgaben entsprechend funktionierten. Das Grundkonzept unterscheidet sich nur wenig von dem, was unabhängig voneinander von den meisten Kulturen entwickelt wurde, die ins Weltall vorgestoßen sind. Viele der hochenergetischen Systeme wie beispielsweise die Fusionsgeneratoren, Plasmaleitungen, Waffensysteme und Verteidigungsschilde erforderten permanente Beobachtung durch technisches Personal und durch automatische Systeme. Andere Systeme wurden nach einem festgelegten Plan überprüft. Komponenten wurden dabei repariert, Ersatzteile wurden entweder aus dem Stationslager genommen oder neu repliziert. Kontrollsoftware und -abläufe wurden gegebenenfalls umgeschrieben, aber nicht immer dokumentiert.

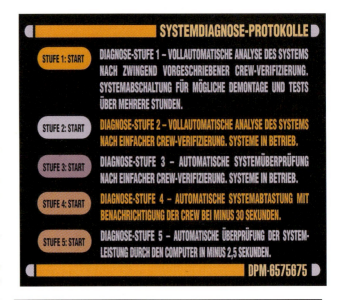

Cardassianische Systemchecks bedienten sich einer Prioritätsskala, die auf Aufzeichnungen über die Leistung der Hardware und auf dem zu erwartenden Zeitpunkt des Ausfalls eines bestimmten Systems, Untersystems oder einer Baugruppe beruhte. Diese Skala reichte üblicherweise von 1 bis 12, wobei 1 die geringste Aufmerksamkeit erforderte, während eine 12 die Einschaltung eines hochkarätigen Ingenieursteams erforderlich machte. Das läuft der Standard-Diagnoseskala der Starfleet zuwider, die von 1 bis 5 reicht. Die 1 steht dabei für eine alles umfassende Untersuchung eines Stations- oder Schiffssystems, während die 5 einer schnellen, automatisierten Reaktion auf einen Systemzustandsabruf bedarf.

Nach sorgfältigen Studien der Wiederaufbauteams auf Deep Space 9 wurde die Starfleet-Skala für die Anwendung auf der Station angepaßt. Die exakten Protokolle und Diagnoseroutinen entsprechen jedoch nicht denen, die an Bord von Starfleet-Schiffen angewendet werden. Stationsspezifische Routinen sind durch Ingenieurspersonal mit Hilfe der GZK-Zwillingscomputerkerne der Starfleet auf der Erde in der Ukraine zusammengestellt worden. Die Spezifikationen für die Diagnose- und Austauschvorgaben werden weiterhin von der Schwere der Situation und der verfügbaren Zeit abhängig sein.

Seit der Übergabe der Station sind die folgenden Systeme diejenigen, die durch automatische Überwachung und Reparaturteams am kritischsten beobachtet werden:

- **Fusionserzeugungsanlage:** Der Fusionsgenerator, das EPS-Leiter-Netzwerk und alle angeschlossenen Kontrollsysteme sind in sechs Jahren nach dem Rotationsprinzip 23 Generalüberholungen der Stufe 1 unterzogen worden. Regelmäßige War-

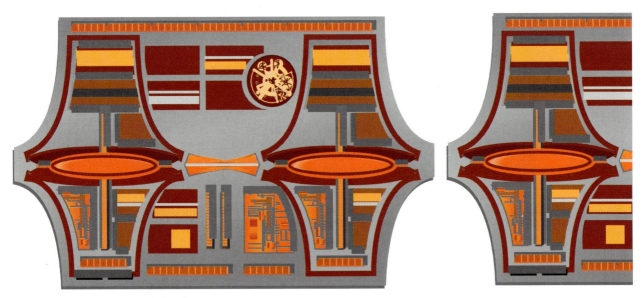

Cardassianisches Kontroll-Interface

tungsanalysen deuten darauf hin, daß die meisten Hardware-Austauschvorgänge routinemäßig erfolgen und nicht auf einen Systemfehler hinweisen, auch wenn sie lästig und bisweilen gefährlich sind.

- **Waffensysteme:** Die Art der Geschütze und Energiewaffen, die auf der Station eingesetzt werden, erfordert eine permanente, 26stündige Überwachung der Stufe 3, da die Spezialisten, die sich um diese Starfleet-Anlagen kümmern, sicherstellen müssen, daß die Systeme arbeiten, wenn sie benötigt werden (siehe 10.0). Bestimmte cardassianische Systeme wie beispielsweise die Verteidigungsschilde werden einmal stündlich durch einen Abruf der Stufe 3 gewartet, es sei denn, daß häufigere Kontrollen angeordnet werden.
- **Kommunikation:** Die meisten überwachten Komponenten der Subraum- und der stationsinternen Kommunikationssysteme werden permanent mit Schnellscans der Stufe 5 gewartet, einmal stündlich erfolgt eine Diagnose der Stufe 3 bei abwechselnden redundanten Transceiver-Sets. Zudem erfolgt der Austausch und die Analyse kritischer Komponenten auf der Stufe 2, um jegliche Kommunikationsstörungen zu vermeiden.
- **Umweltkontrollen:** Computer-Kontrollschaltkreise, mechanische Luftströmungshardware, Wärmeübertragungs- und Wasserdampfschleifen-Systeme sowie andere Lebenserhaltungssysteme werden einmal stündlich mit einem Abruf der Stufe 4 gewartet, außerdem einmal täglich mit Stufe 3, wenn die Umstände nicht eine detailliertere Untersuchung erforderlich machen.

Schaltkreisabzweigung vom Typ 1

4.0 COMPUTERSYSTEME

4.1 COMPUTERKERNE

Das gegenwärtige Computernetzwerk auf Deep Space 9 besteht aus den original cardassianischen Prozessoren und zusätzlicher Starfleet-Hardware. Es überwacht und wartet kontinuierlich die Funktionstüchtigkeit fast aller anderen Stationssysteme. Es unterstützt alle primären Außenverbindungen an die galaktische Umgebung, indem es Sensordaten aufnimmt und analysiert und Radiofrequenzen (RF), optronische und Subraumkommunikation aufrechterhält. Außerdem stellt es umfassende Kommando- und Kontrollfunktionen bereit, wenn die Station in militärische Operationen einbezogen wird.

Das Computernetzwerk besteht aus drei Hauptprozessorkernen, Starfleet-Coprozessor- sowie -Peripherie-Gruppen (CPG), die sich auf den Ebenen 14 bis 21 befinden, tief im Inneren des Mittleren Kerns von Deep Space 9. Die Computerkerne sind durch mehrschichtige Schilde vor dem größten Teil der externen EM geschützt, außerdem bewahren elektrohydraulische, abfedernde Einbettungen am oberen und unteren Ende die Kerne vor Schäden, die durch Stöße verursacht werden können. Die Kerne haben einen Durchmesser von 15,54 m und eine Höhe von 45,11 m. Sie sind auf der X-Z-Achse zu beiden Seiten in geometrischer und architektonischer Hinsicht symmetrisch. Im wesentlichen besteht jeder Kern aus zwei halben, synchron arbeitenden Kernen.

Der Einsatz von drei Hauptkernen entspricht der cardassianischen Neigung, Dreiergruppen zu bilden, die ihnen große Flexibilität bei der Verteilung von Wartungs- und Analyseaufgaben gibt. So wie auf vielen interstellaren Schiffen und Sternenbasen der Starfleet kann ein einzelner Kern alle Basisaufgaben erledigen, zwei Kerne können mindestens 85 Prozent der Rechnerauslastung bewältigen, wenn ein Kern ausfällt. Die Prozessorarchitektur ist jedoch so ausgelegt, daß ein Kern auf einem minimalen Diagnose-Niveau weiterarbeitet, während versucht wird, alle funktionsuntüchtigen Prozessoren für die Fehleranalyse zu isolieren und die Aufgaben auf die verbleibenden Prozessoren umzuverteilen.

In den Kernsektionen kommt es zu keinen superluminalen oder ÜLG-Prozessen. Die Cardassianer haben sich dafür entschieden, der Technologie grober isolinearer Prozesse und der Stabspeicherung treu zu bleiben, die mit Unterlichtgeschwindigkeit arbeiten. In dieser Hinsicht sind keine nennenswerten Nachteile aufgetaucht, die Rechnerzeit liegt deutlich unterhalb der Grenzen, bei denen der Betrieb der Station in kritische Bereiche geraten würde. Die Starfleet-CPG arbeiten mit ÜLG, dafür benötigen sie zwei Generatoren für die Erzeugung von Miniatur-Subraumfeldern und zwei Backup-Einheiten, die mit 3594

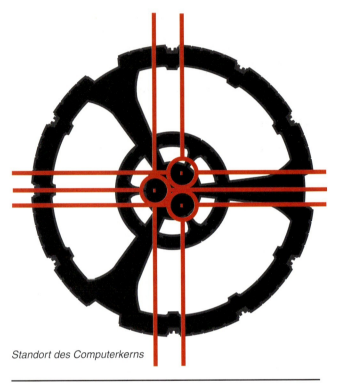

Standort des Computerkerns

Millicochrane betrieben werden. Der Großteil der ÜLG-Aufgaben betrifft die Übersetzung cardassianischer Datenflüsse und taktischer Analysen. Es wird derzeit daran gearbeitet, im Rahmen eines geplanten Aufrüstungsprogramms von Starfleet die Felderzeugung auf ein Minimum von 4325 Millicochrane anzuheben. Standardmäßige ultrahochverdichtete isolineare Chips und Datenwürfel-Speichermedien enthalten ein komplettes Backup aller Stationsdaten, das regelmäßig auf einem gesicherten Subraumkanal an Starfleet Command überspielt oder von einem Kurier überbracht wird. Zusätzliche geheime Übertragungswege werden unter besonderen Sicherheitsvorkehrungen ausgeführt. Die laufenden Interface-Modifizierungen wurden vorübergehend durch die Einnahme der Station durch Cardassianer und Dominion unterbrochen, als die sensiblen Teile der CPG entfernt und zur Sternenbasis 375 gebracht wurden, während alle festinstallierten Komponenten vorsätzlich zerstört wurden. Die CPG wurde während der „Operation Rückkehr" ersetzt. Bei einer vorausgegangenen Übernahme durch die Bajoranische Allianz für Globale Einheit wurden sämtliche geheimhaltungsbedürftigen Ausrüstungsgegenstände unbrauchbar gemacht, aber nicht ausgebaut.

4.0 COMPUTERSYSTEME

Die cardassianischen Kerne setzen sich aus Subwarp-Nanoprozessoren zusammen, die in parallelen Gruppen zu je 27, 81, 243 oder 729 Transtator-Bündeln angeordnet sind. Diese Bündel werden nicht zu höheren Organisationsebenen zusammengefaßt, sie sind lediglich mit einfachen ODN-Verbindungen in die Kernstruktur eingesetzt. Die original Software für den Betrieb der Systeme von Terok Nor sowie Subroutinen, die autonom umschreiben und umschalten können, handhaben die Echtzeit-Abteilungen der Bündel, die für bestimmte Aufgaben benötigt werden. EPS-Anschlüsse sind rund um den Kern angeordnet, um die Prozessoren, die isolinearen Speicherbanken und die Kühlsysteme mit Energie zu versorgen. 828 EPS-Mikroschaltkreise treten aus den 36 Verteilerblöcken aus, die rings um den Äquator eines jeden Kerns angeordnet sind. Die Verteilerblöcke sind zu den EPS-Hauptschaltkreisen aufgeschaltet, die vom zentralen Fusionsreaktor der Station gespeist werden.

KERNDATENSPEICHER

Isolineare Stäbe stellen das vorrangige Datenspeichermedium dar (siehe 4.2). Jeder Kern setzt sich zusammen aus 104 976 isolinearen Stäben der Klasse 4 für die primäre Speicherung, die in 2916 Gruppen zu je 36 Stäben zusammengefaßt sind. Datenzwischenspeicherung erfolgt in 8748 Stäben der Klasse 4, die in 243 Gruppen zu je 36 Stäben angeordnet sind. Die Starfleet-CPG bieten weitere 526 Gigaquad Speicherplatz. Die Speichereinheiten sind umschlossen von Gehäusen aus einer porösen Keramikmischung, außerdem sind sie für optimale Geschwindigkeit und Haltbarkeit von cryogenischem Helium-3 umgeben. In idealisierten heuristischen Testreihen ist die Datenübertragungsgeschwindigkeit mit 827 Kiloquads pro Sekunde ermittelt worden. In der Praxis ist diese Geschwindigkeit etwas niedriger und liegt bei 743 Kiloquads pro Sekunde, was vor allem den Umschaltroutinen der Software zuzuschreiben ist. Die Kerne sind untereinander durch ein spezielles ODN-Netzwerk verbunden, das für den Kerndatentransfer optimiert worden ist. Die chemische Zusammensetzung und Struktur der ODN-Fasern ermöglicht es, daß während des Datentransports innerhalb der Faser eine Fehlerüberprüfung vorgenommen werden kann. In den Starfleet-Systemen ist dagegen eine Fehlerüberprüfung nur auf der Prozessorseite möglich. Ausgewählte Segmente einer jeden ODN-Faser werden wie isolineare Stäbe abgezweigt, erreichen dabei aber extrem große Längen, wobei auf einer Strecke von 322 m das Signal nicht abgebaut wird. Der Verarbeitungsaufbau der Fasern kann bis zu 2955-bit-Wortcodes handhaben, je nach Software-Konfiguration kann er aktiviert oder deaktiviert werden.

BERGUNG VON DATEN

Obwohl Starfleet versuchte, bei der Evakuierung von Deep Space 9 im Jahr 2373 die Computerdaten zu schützen, wurden die meisten Datenbestände der Computer gelöscht, als die Cardassianer Terok Nor erstmals aufgaben. Bestimmte Speicherbänke in Form isolinearer Stäbe fehlten vollständig, was aber nicht überraschte. Da aber der größte Teil der Datenspeicherungstechnologie eine vollständige Löschung aller Quanten-

Computerkern und Verteilerknoten

kennungen in einem speziellen Medium nicht garantieren kann, erwiesen sich große Datenmengen als wiederherstellbar. Die exakten Dimensionen werden vom Geheimdienst der Starfleet geheimgehalten, der Wiederherstellungsprozeß wird auf abgelegenen Starfleet-Einrichtungen weiter fortgesetzt.

Da die Kernarchitektur darauf ausgelegt ist, bestimmte Fälle von Prozessorausfällen zu umgehen, gibt es umfassende redundante Subprozessoren. Alle ODN-I/O-Pfade sind direkt mit den verschiedenen Stationssystemen verbunden, die betrieben werden sollen. Es gibt jedoch eine kleine Anzahl von Backup-RF-Verbindungen zwischen entscheidenden Systemen und einem Satz RF-Transceiver im Computerkern. Vier wichtige Systeme – Lebenserhaltung, Sicherheitssensoren, Waffensysteme und Kommunikation – waren mit diesen Computern und über supraleitende Kabel mit speziellen Backup-Kontrollkonsolen verbunden. Diese Systeme zur Direktkontrolle wurden von Starfleet zur CPG umgeleitet, die damit aber nicht für den routinemäßigen Betrieb notwendig ist. Für den Fall, daß ODN-Verbindungen getrennt werden, waren einzelne Stationssysteme so eingerichtet, daß sie in einen automatischen Sicherungsmodus umschalteten, bis ein Bediener die Kontrolle übernehmen konnte. Insgesamt 13 655 ODN-Bündel verbinden den Computer und die verschiedenen Stationssysteme untereinander, womit sich die optischen Fasern auf eine Gesamtlänge von schätzungsweise 67 000 Kilometern belaufen. Die supraleitenden Kontrollkabel werden auf noch einmal 1300 Kilometer geschätzt.

Kurz- und Mittelstrecken-RF-Verbindungen versorgen die Stationssysteme, die Computer und tragbare Handgeräte wie Tricorder und PADDs mit Daten und kontrollieren die Verbindungen der Systeme untereinander. Führungscodes zur Übersetzung von Daten aus nicht-cardassianischen Geräten werden durch die CPG geleitet, die auch Daten aus bajoranischen Geräten handhabt. Alle Daten, die von Besuchern oder Bewohnern der Station stammen und nicht von Bedeutung für die Station sind, werden durch unabhängige Sektionen der Kerne geleitet, die keine direkte Verbindung – weder physikalisch, noch optronisch, noch über Subraum oder RF – zur Hauptgruppe der Kernprozessoren haben.

So wie andere Stationssysteme sind Kontrollterminals auf der ganzen Station an das ODN und damit an die Kerne angeschlossen. Alphanumerische, graphische und andere visuelle Übertragungsdaten werden in beide Richtungen in der CPG gefiltert. Terminals in allen kritischen Bereichen, darunter Ops, die Umweltkontrolle, die Verteidigungssysteme und die Energieerzeugung, sind über neun redundante optische Schaltkreise verbunden, so daß auch bei Ausfällen oder Störungen bei bis zu sechs Schaltkreisen die Wahrscheinlichkeit dafür spricht, daß ein Signal korrekt weitergeleitet wird.

4.2 ISOLINEARE SPEICHERSYSTEME

Kurz- und langfristige Datenspeicherungen in den cardassianischen Kernen und anderen Computern werden in den abgezweigten isolinearen Stäben vorgenommen. Durchmesser und Länge sind wie folgt aufgegliedert:

- **Klasse 1:** 0,43 x 3,21 cm für Subminiatur-Speichereinrichtungen.
- **Klasse 2:** 1,08 x 6,26 cm für PADD-Anwendungen.
- **Klasse 3:** 1,27 x 9,52 cm für Standardkonsolen und für den Einsatz in Zugangstunneln.
- **Klasse 4:** 7,43 x 31,96 cm für Speicherungen im Computerkern.

Stäbe werden hergestellt, indem man multiaxiale chromopolymere Lithographietechniken anwendet, die in ähnlicher Weise bei der Produktion der isolinearen Chips der Starfleet eingesetzt werden. Sie werden optimiert, um Informationen zu speichern und zu verarbeiten, die über maximal 8357 individuelle Eingabepfade übertragen werden. Diese Pfade werden auf positronische Weise in eine 1,2 mm starke photonenverstärkende Schicht am Ende des Stabs geätzt. Der Stab speichert und liest Daten, indem er polarisierte Lichtimpulse bei 46,238 Nanometer benutzt, was orangefarbenem Licht entspricht. Kleinere Unterschiede in der chromopolymeren Zusammensetzung lassen cardassianische von der Starfleet-Technologie abweichen, was sich auch in der etwas geringeren Datendichte von 5,37 Kiloquads pro cm³ zeigt, die in den Stäben zur Verfügung steht. Im Vergleich dazu können die hochverdichteten isolinearen Chips 6,51 Kiloquads pro cm³ aufnehmen, zudem arbeiten sie mit einem Lichtimpuls von 68,913 Nanometer, was dem blauen Ende des Spektrums näher ist.

Isolineare Bände und Stäbe

4.3 PADDS (PERSONAL ACCESS DISPLAY DEVICES)

Das PADD (personal access display device) ist auch weiterhin das vorwiegend eingesetzte tragbare Werkzeug für die Ausführung von Anweisungen und für die Handhabung von Informationen an Bord von Deep Space 9, wenn nicht sogar im gesamten Alpha-Quadranten. Die physiologischen Grundcharakteristika der Humanoiden, die Teil der kulturellen Mischung auf der Station sind, haben die ähnlichen Formen der PADDs geprägt. Zudem hat Technologietransfer dazu beigetragen, daß diese Geräte mit ähnlichen Funktionen und Fähigkeiten ausgestattet wurden. Sie sind alle tragbar und können mit größeren Computersystemen kommunizieren, allerdings bleiben sie aufgrund verschiedener Datenübersetzungs- und -entschlüsselungsebenen zum größten Teil isoliert. Sicherheitsbedenken in einer Zeit der Feindseligkeiten und der weitverbreiteten Spionage verstärken diese Isolation für die absehbare Zukunft, auch wenn sie die einfacheren Anzeigeinstrumente nicht so sehr betreffen werden wie Tricorder und vor allem wie die kleineren, schwieriger auffindbaren Datenspeichermedien. Aufrüstungen der Anzeige- und Speicherwissenschaften der verschiedenen Kulturen haben sich aufgrund der breiten Verfügbarkeit von Informationen über territoriale Grenzen hinweg als weitestgehend vorhersagbar erwiesen. So wie bei anderen technischen Innovationen in der Galaxis wird das Auftauchen radikal neuer Materialien oder Hardware wohl vorsätzlich verzögert, während heimlich die Anwendungsmöglichkeiten getestet werden.

Zu den PADDs, die den vorrangig auf Deep Space 9 vertretenen Kulturen gehören, zählen die der Starfleet, der Cardassianer, Klingonen und Ferengi. Bajoranisches Personal benutzt üblicherweise den Starfleet-Typ, arbeitet aber auch mit modifizierten cardassianischen Einheiten. In einigen Fällen erfüllen die Anzeigen und Prozessoren der bajoranischen Tricorder ebenfalls PADD-Funktionen (siehe 9.4). Andere Völker haben diese Technologie entweder unabhängig entwickelt oder sie einfach repliziert, doch die Kernelemente sind in diesen vier Typen enthalten. Sie sind alle aus Legierungen oder Materialverbindungen hergestellt, sie unterstützen einen isolinearen oder duotronischen Computerbautyp, sie kommunizieren über RF- oder Subraumkanäle, und sie werden durch Induktions- oder direkte Energieladung betrieben.

Bei der Starfleet-Variante gibt es drei Basisgrößen der PADD-Hardware: 10,16 x 15,24 x 0,95 cm; 20,32 x 25,41 x 0,95 cm; 22,86 x 30,48 x 1,27 cm. Sie werden alle aus mikrogemahlenem Duranium gefertigt und von Sarium-Krellit-Energiezellen betrieben. Das Gewicht variiert zwischen 113,39 g und 340,19 g. Die Größe des Anzeigeschirms variiert zwischen 5,08 zu 7,62 und 20,32 zu 27,94 cm, alle Formate verfügen über eine dynamische Umschaltung der Auflösung, die durch eine Nanopixel-Molekularmatrix erzielt wird. Die Matrix ist das Ergebnis

Starfleet-PADD in Dienstkonfiguration

Cardassianisches PADD in Dienstkonfiguration

4.0 COMPUTERSYSTEME

einer fünffachen Verbesserung früherer PADDs, Tricorder und der Bildschichten von Kontrollflächen. Alle Varianten verfügen über Subraum-Transceiver-Baugruppen (STB) für die Datenübertragung an größere Computerkerne. Die isolineare Speicherkapazität reicht je nach Modell von 15,3 bis 97,5 Kiloquads. In Entwicklung befindliche Einheiten, die umschlossene bioneurale Gel-Mikroplättchen verwenden, sollen ausgeliefert werden, sobald alle Datengeräte die Abteilung Forschung, Entwicklung, Test und Bewertung (FET&B) durchlaufen haben.

Cardassianische PADDs scheinen ein Hybridprodukt aus eigener Entwicklung und geborgter Technologie von anderen Welten zu sein. Das Grundmodell ist eine grobe Einheit, die aus Rodinium-Boronat gefertigt ist, das vorwiegend aus Erzabfällen gewonnen wird. Das Gehäuse hat die Maße 18,41 x 9,53 cm, nach unten hin verjüngt es sich, es wiegt 198,2 g. Für die Anzeige kommt ein gasgefederter Schirm mit einer Fugenbreite von 0,3 mm zum Einsatz, sie kann zweidimensionale und in begrenztem Maß auch Holostereo-Daten abbilden. Isolineare Prozessoren und Speicherchips werden paarweise huckepack in Austauschmodulen untergebracht. Zu den Kontrollen zählen Kapazitätsschieber und Stimmaktivierung. Die für 29,3 Stunden ununterbrochenen Betrieb erforderliche Energie wird von Flüssig-Isotolinium-Phiolen geliefert. In den modifizierten Einheiten an Bord von Deep Space 9 sorgen zwei Sarium-Krellit-Zellen der Starfleet für 37,5 Stunden ununterbrochenen Betrieb.

Die für die Ferengi-Allianz produzierten PADDs zeichnen sich besonders durch ihre Hochgeschwindigkeitsprozessoren aus, die für Finanz- und Inventurberechnungen optimiert wurden. Die Einheit mißt 19,07 x 8,96 cm und wiegt 268,54 g. Das Gehäuse ist aus relativ billigem gesinterten Aluminium-Lithium gefertigt, es wird üblicherweise vom günstigsten Anbieter auf Ferenginar produziert. Der Zentralprozessor basiert auf isolinearer Technologie, wird aber in einem 4-D-Matrixprozeß gegossen, der 73 Stunden benötigt, um komplett auszuhärten. Die Geduld der Ferengi wird belohnt, da ein massiv querverbundener Schaltkreis eine Dichte von 2300 Neuriten pro mm^2 aufweist. Der Speicher wird von einer einzigen, 5,35 cm durchmessenden, gegossenen Disk verwaltet, die direkt auf den Prozessor aufgeschaltet ist. Eine Disk mit einem Durchmesser von 2,13 cm und ein Backup-Prozessor sorgen für eine begrenzte Aufzeichnung, die lediglich die letzten 358 700 Transaktionen umfaßt.

Im direkten Vergleich verfügen klingonische PADDs über nur begrenzte Speicherkapazität und Anzeigeoptionen, allerdings sind sie robust genug, um in einer Schlacht eingesetzt zu werden. Jede Einheit wird aus gepreßtem Tritanium hergestellt, dieser Vorgang stellt einen Nebenbereich der klingonischen Produktionsaktivitäten dar. Sie mißt 19,10 x 6,98 x 0,99 cm und wiegt 45,5 g. Der Anzeigeschirm ist ein unregelmäßiges Sechseck mit den Maßen 8,13 x 5,71 cm und einer Standardauflösung von 250 Einzelelementen pro Millimeter. Daten werden auf zwei isolinearen Chips gespeichert, die eine Gesamtspeicherkapazität von 4,32 Kiloquads besitzen. Durch das Technologietransfer-Abkommen zwischen der Föderation und dem Klingonischen Hohen Rat sind klingonische PADDs für Datenübertragungen standardmäßig mit Subraum-Transceiver-Baugruppen ausgestattet. Es existieren keine alternativen RF-Kanäle. Die Einheit wird von einer einzelnen Thermoelement-Induktionsschleife aus Cäsium-Diferrofluorid gespeist und kann 47,5 Stunden ohne Unterbrechung betrieben werden.

Ferengi-PADD in Dienstkonfiguration   *Klingonisches PADD in Dienstkonfiguration*

Typische Arbeitsstation

4.4 COMPUTERZUGRIFF ÜBER DESKTOPS UND KONSOLEN

Verschiedene alleinstehende und vernetzte Desktopterminals sowie Konsoleneinheiten sind auf Deep Space 9 in Benutzung. Starfleet-Ausrüstung, die über PADD-Größe hinausgeht, umfaßt verschiedene Typen robuster Desktopterminals mit umfassenderer Speicherkapazität und Programmen zur Datenübersetzung. Zur cardassianischen Ausrüstung gehören alle vorhandenen Kontrolloberflächen sowie die festen und beweglichen Konsolen. Die meisten niedergelassenen und zu Besuch kommenden Kulturen betreiben an ihren Arbeitsplätzen und in ihren Wohnquartieren gesonderte Computersysteme – oder sie mieten sich Speicher- und Verarbeitungsplatz in separaten Bereichen eines der Hauptcomputerkerne.

Die Desktop-Einheiten, die üblicherweise vom Starfleet-Personal bedient werden, messen 30,43 x 25,41 x 24,10 cm, sie sind von einem Gehäuse umschlossen, das aus einem Duranium-Verbund gefertigt ist. Die inneren Komponenten sind identisch mit denen, die sich in Starfleet-PADDs befinden, zusätzlich gibt es vom Benutzer konfigurierbare Steuerungsflächen für umfassendere Möglichkeiten zur Datenbearbeitung. Der Hauptanzeigeschirm mißt 20,32 x 26,61 cm und bedient sich über die Nanopixel-Molekularmatrix einer dynamischen Auflösungsumschaltung. Die Energie wird von einer Sarium-Krellit-Zelle geliefert, die entweder über eine Induktionsschleife oder einen Energieverbindungsstrahl aufgeladen wird, wenn sie nicht aktiv ist. Ohne permanente Aufladung kann die Einheit etwa 58 Stunden benutzt werden. Speicher und Datenvorverarbeitung werden durch zwei Gruppen mit je 15 isolinearen Chips erzielt, deren Maße 2,54 x 7,62 x 6,62 cm betragen und die eine Gesamtspeicherkapazität von 1,21 Megaquads besitzen. Verbindungen zu externen Computern und Subraum-Kommunikationssystemen werden vom STA geregelt, das außerdem die Reserve-RF-Kommunikationsverbindungen für graphische, akustische und visuelle Daten steuert.

Die Desktop-Einheit reagiert über das STA auf Sprachbefehl und über manuelle Befehle auf dem Bildschirm und Teile der Steuerungsflächen. Sprachbefehle werden im STA gefiltert, um sie mit gespeicherten Identifizierungsaufzeichnungen zu vergleichen und dann an das graphische Interface, die Sprachreaktionsschaltkreise und den Befehlsprozessor weiterzuleiten. Eingaben über den Schirm und die berührungsempfindlichen Segmente werden auf Geschwindigkeit und Druckwerte hin analysiert und an das graphische Interface und den Befehlsprozessor weitergeleitet. Jede Desktop-Einheit wird üblicherweise für bis zu zwölf verschiedene Benutzer konfiguriert, sie kann sich aber an so viele Benutzer anpassen, wie Identifizierungsspeicher vorhanden ist. Das entspricht rund 18 600 individuellen Dateien.

Von den Cardassianern gebaute Konsoleneinheiten kommunizieren im allgemeinen mit den Hauptcomputerkernen der Station und erhalten ein Interface für graphische Daten und visuelle Übermittlungen aufrecht. Die Anzeigeschirme in den Konsolen sind noch cardassianischer Herkunft, obwohl einige beschädigte Schirme durch Starfleet-Hardware ersetzt worden sind. Die original Anzeigeoberflächen auf Terok Nor waren aus halbstarrem polykristallinen Semacrylit und Duvenit-Filterfilmen hergestellt, wobei jede Schicht als Träger für spezifische isolineare Chromopolymere dient. Insgesamt acht Schichten bilden die Kontrolloberflächen und regeln die Eingaben durch Berührung, das taktile Feedback, die Beleuchtung der graphischen Bereiche,

4.0 COMPUTERSYSTEME

die EPS-Mikrostrom-Verteilung und die Benutzerkonfigurationen. Die maximale dynamische Auflösung ist mit 443 einzelnen Elementen pro Millimeter festgestellt worden.

Eine Vielzahl freistehender Konsolen wird an Bord von Deep Space 9 verwendet, die sowohl cardassianische als auch Starfleet-Anzeige- und -Kommunikationsprotokolle benutzen. In kritischen Bereichen werden die Einheiten typischerweise für beide Arten der graphischen Anzeige konfiguriert, sämtliche Starfleet-Daten werden durch die CPG geleitet, die an die Hauptcomputerkerne angeschlossen ist. Sämtliche cardassianischen Konsoleneinheiten sind mit isolinearen Stab-Vorprozessoren und Datenspeicherbanken ausgerüstet, die normalerweise Platz für 3,65 Megaquads besitzen. Konsoleneinheiten werden neben mit dem Boden verbundenen EPS-Knoten von wiederaufladbaren Flüssig-Isotonium-Energiezellen gespeist. Es überrascht nicht, daß bei cardassianischen Konsolen für jeden Zugriff auf den Hauptkern routinemäßig ein Paßwort-Zugangssystem zwischengeschaltet war (siehe 4.5). Die meisten Sperr-Routinen wurden während der Wiederherstellung durch die Starfleet deaktiviert; Konsolen, die auf die Deaktivierung der Sperren nicht reagierten, wurden ausgeschlachtet und mit nachgebauten cardassianischen Komponenten aufgerüstet.

Freistehende Konsole

4.5 SICHERHEITSERWÄGUNGEN

Der Zugriff auf die Computersysteme macht eine Freigabe erforderlich, die durch eine Reihe voneinander getrennter Identitätsbestätigungen erreicht wird und bei der Stimmüberprüfung beginnt. Abhängig von der Freigabestufe werden weitere Bestätigungsmethoden angewandt, darunter physiognomische Wiedererkennung, Abgleich der Iris- und Retinamuster, Abgleich der Hautoberfläche sowie in der höchsten Stufe Abgleich der DNS- und Neuronalstruktur. Zusätzliche, voneinander getrennte Schichten sind speziell auf benutzerunspezifische Dateiübertragungen und Startprogramme ausgerichtet. Vertreter aus Kommandopersonal der Bajoraner und Starfleet an Bord der Station besitzen die Berechtigung zur Festlegung von Benutzerfreigaben, Paßwörtern und Freigabestufen.

Physischer Zugriff auf Computerhardware wie die Computerkerne und Datenpfade ist auf Kommando- und technisches Personal beschränkt. Zugangscodes und spezielle Werkzeuge sind für den größten Teil der Hardware-Reparaturen und -Installationen erforderlich. Bei angehobenen Alarmstufen muß sämtliche Ausrüstung, die ein- oder ausgeführt wird, gescannt und in kritischen Bereichen verzeichnet werden. Schaltkreisverzweigungen, die isolineare Geräte nutzen, sind die wichtigsten Ziele für Sabotage durch feindliche Kräfte und werden regelmäßig überwacht (siehe Illustration).

Alle Sicherheitszwischenfälle, die die Computersysteme von Deep Space 9 betreffen, sind im Logbuch eingetragen und analysiert worden. Daraus hat sich ergeben, daß viele Sicherheitsmaßnahmen überwunden werden können. Dauernde Wachsamkeit und eine aufgerüstete Sicherheitsmethodik haben auch gezeigt, daß die meisten lokalen und stationsweiten Beschädigungen erkannt und die Verursacher enttarnt worden sind. Häufige Wechsel der Zugangscodes und zufällige Freigabeüberprüfungen haben sich als Mittel bewährt, um ein vertretbares Maß an Computersicherheit zu gewährleisten.

Schaltkreisabzweigung vom Typ 2

5.0 SYSTEME ZUR ENERGIEERZEUGUNG

5.1 AUFBAU UND BEDIENUNG DES FUSIONSSYSTEMS

Die Hauptenergie für alle maßgebliche Stationshardware wird von dem Fusionsgenerator erzeugt, der sich am −Y-Ende des Unteren Kerns befindet. Die Generatorsektion besteht aus sechs Fusionsreaktor-Kammern, die gemeinschaftlich arbeiten, um auf ganz Deep Space 9 für die Verteilung energetisch geladenes Plasma zu liefern. Die original cardassianische Bezeichnung für das EPS lautet *Ionen-Energie-Netzwerk*. Die Starfleet-Nomenklatur ist aber für alle technischen Einrichtungen gültig. Die Reaktionskammer-Gruppe ist das Herz des Generators, der bei Betrieb aller sechs Kammern 790 Terawatt Energie produzieren kann. Seit der Übernahme der Station sind nur vier Kammern permanent in Betrieb, die beiden übrigen werden von Starfleet-Ingenieuren als im Grenzbereich für die Sicherheit befindlich betrachtet und sind normalerweise abgeschaltet.

Die Fusionskammern befinden sich in der Generatorhülle. Diese Konstruktion beherbergt auch die Brennstoffvorbereitungsblöcke, die Brennstoff-Transferleitungen, konzentrierte Nanometer-Laserdetonatoren, peristaltische und elektrohydraulische Pumpmaschinerie, Radiatoreinbettungen und Kühlflüssigkeitsschleifen. Die Kammern haben einen Durchmesser von 25,9 m und sind 30,17 m hoch, sie sind aus vier Schichten Rodinium-Pentakarbit-Legierung gefertigt. Jede dieser Wandschichten ist aus sechs Keilen gefertigt, die unter einem Druck von 203 500 Tonnen pro m² gamma-geschweißt worden sind. Das führt zu einer großvolumigen Kammer, die gegen hochfrequenten Fusionsdruck geschützt ist.

Der allgemeine Betriebsablauf ist in allen Reaktoren identisch. Deuterium-Brennstoff wird in den Vorratstanks aus einem halbfesten Zustand bei 10,3 Kelvin in einen weichen Zustand bei 13,4 Kelvin erwärmt. In diesem Zustand wird er durch den Unteren Kern in eine Reihe von sechs Auffangtanks übertragen und von dort in Neoplesium-Aussparungen in den Brennstoffvorbereitungsblöcken. Die Aussparungen, die sich als verjüngender Kegel mit einem Durchmesser von 7,66 cm und einer Länge von 75,9 cm darstellen und eine 11 mm große Austrittsöffnung besitzen, formen mit Hilfe von Kompressionsrammen den Brennstoff zu langen Stäben. In einem einheitlichen Prozeß werden die Stäbe danach weiter zu 10,3 mm durchmessenden Kugeln geformt und in Zufuhrkanäle geleitet, von wo aus sie in die Reaktorkammer ausgestoßen werden.

Standort des Fusionsreaktors

Die Laserdetonatoren sind konzentrierte Impulswellen-Vorrichtungen, die in der Lage sind, 26,1 Gigajoules Energie auf einen Punkt von 9,3 mm Ausdehnung zu konvergieren, womit die vorgesehene Brennstoff-Kugel komplett umschlossen wird. *V'retellium*-Bezenat-Fenster für die 29 Detonatoren verteilen sich über die Innenwand der Reaktorkammer. Die Mündung für den Ausstoß der Kugeln befindet sich an der +Y-Seite bzw. Oberseite der Kammer. Diese Öffnung wird durch ein kreisendes Kraftfeld vor den nuklearen Reaktionen geschützt. Eine permanente Reaktionsrate von zwölf Detonationen pro Sekunde wird für gute Operationsbedingungen der Station als normal erachtet, sie kann bis auf 83 Detonationen pro Sekunde erhöht werden, wenn große Energiemengen benötigt werden, insbesondere bei EPS-intensivem Phasereinsatz und beim Betrieb der Verteidigungsschilde. Der Zündzyklus ist vom Prinzip her dem ähnlich, der bei den RKS-Steuerdüsen der Station zum Einsatz kommt (siehe 6.6).

Startenergie für die Detonatoren wird in einer großen Reihe von Starterzellen gespeichert. Sobald der Fusionsprozeß beginnt und die freigesetzte Energie das Maß übersteigt, das für die Zündung des Systems erforderlich ist, wird sämtliche überschüssige Energie sofort dazu verwendet, die Starterzellen wieder aufzuladen. Das EPS-Plasma der Kammer wird magnetisch durch eine irisierte Auslaßöffnung in das Energienetz der Station geleitet (siehe 5.3). Auslaßiris und Ausstoß der Kugeln sind normaler-

5.0 SYSTEME ZUR ENERGIEERZEUGUNG

weise auf ein Eins-zu-eins-Abfeuern synchronisiert, obwohl ein Verhältnis von zwei oder drei rasch detonierenden Kugeln für jede Plasma-Auslaßöffnung nicht ungewöhnlich ist. Es besteht die Gefahr, daß beim Auftauchen besonderer Hardware- oder Software-Fehler die Plasmadichte die Strukturintegrität der Kammer übersteigt und eine Überladung auslöst (siehe 5.6, 5.7)

Im normalen Betrieb werden an der Innenwand der Kammer kurzzeitige Spitzentemperaturen von 560 000 Kelvin erreicht. Achtzehn redundante, regenerative Kühlschleifen, die in die drei äußeren Schichten eingebettet sind, nehmen die überschüssige thermale Strahlung mit einer Geschwindigkeit von 1 366 Kelvin pro cm^3 und Minute auf. Der größte Teil der thermalen Strahlung wird ins All abgegeben, ein Teil kann in das EPS-Plasma zurückgeführt oder in sechs mit Polykeiyurium-Dichlorokin gefüllten Tanks gespeichert werden, um zu einem späteren Zeitpunkt in den EM-Kreislauf zurückgeführt zu werden. Bei der Abgabe ins All wird der thermale Fluß in eine Flüssignatriumschleife abgeladen und kreist durch die nach unten weisenden Kühlflächen sowie durch den großen Radiatorkegel am äußersten –Y-Ende des Systems. Der Kegel regelt außerdem die Routine- und Notfallabgabe von Plasma und Brennstoff. In Notfällen wird die Kühlmethode völlig auf das Verdampfen umgestellt.

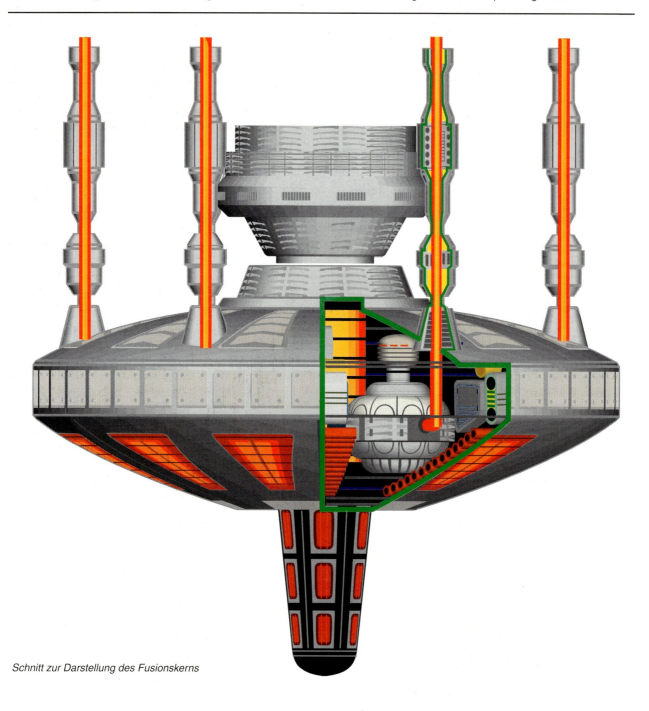

Schnitt zur Darstellung des Fusionskerns

5.0 SYSTEME ZUR ENERGIEERZEUGUNG

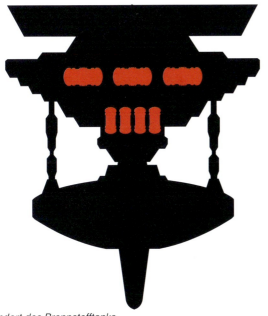

Standort des Brennstofftanks

5.2 BRENNSTOFFLAGERUNG UND -ÜBERTRAGUNG

Die Hauptenergieversorgung auf Deep Space 9 ist unmittelbar abhängig von der Lagerung großer Mengen supragekühlten Deuteriums, also des Isotops im Wasserstoff, das auch die meisten interstellaren Schiffe in der Galaxis mit Energie versorgt. Standardmäßige Wasserstoffatome besitzen ein Proton im Nukleus und ein Elektron in der ersten Hülle. Deuterium weist dagegen im Nukleus zusätzlich ein Neutron auf. Bei dem Deuterium, das auf Deep Space 9 gelagert wird, handelt es sich um cryogenisches, semi-sprödes Material, dessen Temperatur bei –262,35° Celsius oder 10,8 Kelvin gehalten wird. Der verdichtete Zustand des Brennstoffs macht es möglich, pro Kubikmeter mehr Energie verfügbar zu haben als bei dem weicheren Deuterium, das auf Raumschiffen mitgeführt wird. Zwar ist ein höheres Maß an Überwachung der Ausgewogenheit in den Tanks notwendig, aber die Station vollführt nicht so häufig rasche Bewegungen, wie das bei ihren mobilen Gegenstücken geschieht, sieht man von einer größeren Verlegung während ihrer Dienstzeit ab.

Sechs große und sechs kleine Deuterium-Tanks sind im Unteren Kern untergebracht. Die großen Tanks, die entlang der Y-Achse der Station in 60-Grad-Intervallen angebracht sind, haben einen Durchmesser von 9,44 m und eine Länge von 30,17 m. Jeder der abgerundeten Zylinder besteht aus einem dreifachen Gehäuse aus Kevlinit und Hafnium-Arkenit, das sich mit einem plasma-erweiterten Isolierschaum aus Polysilika-Boronit abwechselt. Die gamma-geschweißten Wände messen – von innen nach außen – 3,61 cm, 2,81 cm und 1,76 cm. 581 strukturelle Verbindungen – deren maximale Kontaktfläche 2,01 cm^2 pro Verbindung beträgt – zwischen den Schichten des Tanks sind aus Anodium-Arkenit hergestellt. Das reduziert die thermale Wanderung auf unter 0,000032 Kelvin/Tag und kann problemlos durch Vakuumpumpen und eingebettete thermale Sammelbauteile ausgeglichen werden. Die in jedem der großen Tanks gelagerte Deuterium-Menge beläuft sich auf 2 111,58 m^3, insgesamt also auf 12 669,52 m^3.

Die kleineren Tanks sind ebenfalls abgerundete Zylinder mit einem Durchmesser von 6,09 m und einer Länge von 20,72 m, ihr Inhalt faßt 603,55 m^3. Sie weisen den gleichen Aufbau auf wie die größeren. Sie befinden sich auf der der Bordinnenseite zugewandten Seite der großen Tanks, parallel zur Y-Achse der Station. Alle Tanköffnungen für Zufuhr, Entleerung, Auslaß sowie für Sensorenleitungen sind mit engbandigen cardassianischen Materiedisruptionswerkzeugen hergestellt worden. Doppelt redundante Versorgungsleitungen dienen dem Haupt-Fusionsgeneratorsystem ebenso wie allen kleineren Fusionsreaktoren an Bord der Station, so auch den Steuerdüsen des Reaktionskontrollsystems (RKS).

Ein einzelner großer, kugelförmiger Deuteriumtank mit einem Durchmesser von 30,63 m war zeitweise zum Teil an der Außenhülle des Mittleren Kerns und zum Teil an der Überbrückung 2 befestigt. Dieser Tank faßte insgesamt 119 000 m^3 Deuterium, fiel aber vor Übergabe der Station einer großen Katastrophe zum Opfer. Bemerkenswerterweise beschränkte sich das Versagen durch Überdruck auf einen Bereich im unteren Drittel des Tanks, was den austretenden Brennstoff daran hinderte, andere Teile der Station in Mitleidenschaft zu ziehen. Der Tank ist von Starfleet nicht ersetzt, die Sensorleitungen sind abgeschaltet worden. Man nimmt an, daß dieser große externe Tank montiert wurde, um cardassianische Tankschiffe nicht übermäßig oft Versorgungsflüge machen zu lassen, damit die für die Erzverarbeitung und für die Waffensysteme erforderliche Energie verfügbar bleibt. Der Gedanke, daß die Vernichtung des Tanks ein Sabotageakt war, kann sowohl dem Geheimdienst der Starfleet als auch den Sicherheitskräften, auch wenn bislang keine Beweise für eine Manipulation gefunden werden konnten.

Großer Deuterium-Tank

Kleiner Deuterium-Tank

5.0 SYSTEME ZUR ENERGIEERZEUGUNG

5.3 ENERGIEVERTEILUNGSNETZWERK

Fusionsenergie, die von den großen zentralen Generatoren erzeugt wird, wird in abgestufter Form über 651 EPS-Leitungen in der ganzen Station verteilt, die alle 24 großen und 53 kleinen Subsysteme versorgen. Die Leitungen der ersten Stufe, die aus mehrschichtigem Toranium-Durmanit gefertigt sind, haben einen Durchmesser von 1,89 m und eine Länge von 1 103,62 m. Sie treten aus den sechs Fusionsenergiekammern aus und werden von einer Gruppe von fünf Ein-Richtung-Plasmafluß-Begrenzern kontrolliert. Diese Vorrichtungen dienen der Ablenkung, um häufig auftretende Reaktions-Spannungsstöße im Fusionsgenerator daran zu hindern, sich auf die nachfolgenden Segmente des Systems und damit letztlich auch auf das Benutzernetzwerk auszuwirken. Wenn das Plasma den fünften Begrenzer erreicht hat, hat sich die Temperatur bei 215 000 Kelvin stabilisiert und bleibt während der ersten drei Energiestufen unverändert. Plasmafluß-Controller und Querleitungen verbinden alle sechs Leitungen der ersten Stufe für den Fall miteinander, daß ein Energieverlust oder eine unausgewogene Abnahme auftritt, vor allem bei den Waffen und den Schilden.

An der Außenseite des Gehäuses der Fusionsgeneratoren leiten sechs EPS-Leitungen der zweiten Stufe zum Verbindungspunkt der Struktur mit dem Unteren Kern. Ihr Durchmesser beträgt durchschnittlich 1,09 m, die Länge beläuft sich auf 85,23 m. Es ist bekannt, daß die individuellen Leitungen großflächig verteilt wurden, um Schäden im Fall eines Angriffs oder einer verheerenden Fehlfunktion auf ein Minimum zu reduzieren, die bei einer Anhäufung dieser Leitungen die gesamte Station in Gefahr hätten bringen können. Die Leitungen der zweiten Stufe sind ebenfalls aus Toranium-Durmanit hergestellt und gegen Strahlungsstörungen und strukturelle Schäden verstärkt. Zu den Hauptbestandteilen einer jeden Leitung gehören eine Energiepolarisierungseinbettung, Notfallauslaßöffnungen und Kühlummantelungen sowie Spulen zur Flußbeschleunigung, um den Druck des gerichteten Plasmas in wichtigen Systemen zu gewährleisten.

Die Verzweigungen der Leitungen in der dritten Phase teilen sich in 18 große und 27 kleinere Zweige innerhalb des Unteren Kerns und hinauf bis zum Mittleren Kern auf. Neun der großen EPS-Verzweigungen breiten sich im Mittleren Kern aus und wer-

Schaltkreisabzweigung vom Typ 2

den an den kleineren Brückenverbindungen wieder zusammengeführt, um die Waffentürme und die Verteidigungsschild-Generatoren direkt mit Energie zu versorgen. Weitere neun folgen innerhalb des Mittleren Kerns anderen Wegen, um die Erzverarbeitungszentren in den Pylonen zu betreiben. Die 27 kleineren Verzweigungen, die Niedertemperatur- und Niederdruckplasma transportieren, bilden das Vielzweck-Vorgitter für den Andockring, den Habitatring, die Promenade und Ops. 162 Leitungen der vierten Stufe leiten Energie vom Vorgitter zu den Plasmakreislauf-Kreuzungen, durch eingebettete Wandnetzwerke sowie Zugangstunnel in allen Bereichen der Station. Der größte Teil der Leitungen vierter Stufe mündet in multiphasischen Wechselstrom Anschlüssen, die für die meisten mittleren bis großen industriellen Anwendungen genutzt werden können. Benutzerausrüstung vom Induktionstyp, die Plasma von bis zu 8 192 Kelvin benötigt, greift auf die Leitungen der fünften Stufe in Wohnräumen, Laboratorien, Frachträumen, kommerziellen Einrichtungen und Büros zurück. Holosuiten stellen eine Ausnahme dar, da sie für ihren Betrieb höherenergetisches Plasma von 12 500 Kelvin benötigen.

Brennstoffvorbereitende Ausrüstung der Starfleet wurde früh in den Prozeß der Übernahme eingebracht, um neben anderen Aktivitäten den Betrieb der meisten Computer, Waffen, Werkzeuge und Raumfahrzeuge zu erleichtern, die alle eine stabile, transformierbare Energie benötigen. Obwohl bei 75 Prozent aller Konversionsausrüstung der Starfleet kurz vor der Wiedereinnahme von Deep Space 9 durch die Cardassianer bei Sternzeit 50989,42 die Selbstzerstörung aktiviert wurde, wurden diese Teile nach der „Operation Rückkehr" ausgetauscht. In keinem Fall wurden wichtige Nicht-Starfleet-Systeme in Gefahr gebracht, um so das Leben an Bord der Station zu schützen.

Zu den späteren Aufrüstungen, die entweder im Gange sind oder die von Starfleet Command in Erwägung gezogen werden, gehören die verbesserte Computerkontrolle über alle Hauptleitungen und Verzweigungen, verbesserte Notfallmeldesysteme an den Hochenergie-Verzweigungen sowie verstärkte Sicherheitsmaßnahmen an allen kritischen Energieanlagen. Die Arbeit in diesen Bereichen wird üblicherweise in enger Zusammenarbeit mit strategischen und taktischen Analytikern durchgeführt, um alle Aspekte der cardassianischen Wissenschaft und Technologie weiter zu durchleuchten.

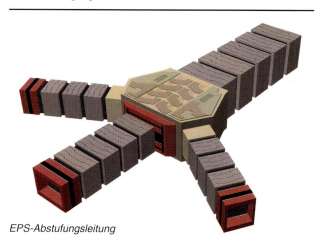

EPS-Abstufungsleitung

5.4 MASCHINENBETRIEB UND SICHERHEIT

Während ein Ingenieursteam der Starfleet damit begann, die Fusionsenergiesysteme umfassend zu analysieren, stellte ein anderes Ablaufprotokolle und Dokumentationen über die Systemsicherheit zusammen. Von dem Tag an, an dem das erste Föderationsschiff an der Station andockte, war klar, daß auf die Wartung und Sicherheitschecks der Fusionsreaktoren viel Zeit aufgewendet werden mußte. Zwei der sechs Reaktoren waren völlig funktionsuntüchtig, ihre Leistung wurde ebenfalls von den verbleibenden vier Kammern erbracht. Das ist normalerweise keine bedenkliche Situation, doch erhöhter Energieverbrauch für die Waffen und auf voller Leistung laufende Schilde hätten mindestens einen weiteren betriebsbereiten Reaktor erfordert, falls ein anderer ausgefallen wäre.

Da es sich beim Energiesystem ausschließlich um laserinduzierte Fusion handelt und die zahlreichen Kammern Wartung-während-des-Betriebs-Prozeduren (MWB) erforderlich machen, erfolgte der Aus- und Einbau der Hardware in ähnlicher Weise wie bei den auf Schiffen installierten primären Impulsreaktoren und Hilfsfusionsgeneratoren. Jeder Reaktor wird auf sein eigenes, in sich geschlossenes Gehäuse partitioniert, damit eine Crew beispielsweise in einem Reaktor den Deuterium-Injektor austauschen kann, während die beiden angrenzenden Einheiten weiterhin EPS-Energie produzieren. Keine Einrichtungen von Sternenbasis-Niveau sind für Reparaturen oder Aufrüstungen dieses speziellen Systems erforderlich. Nach dem Abschalten des Reaktors und einer vorgeschriebenen Abkühlzeit von 35 Minuten kann eine Kammer durch eine magnetisch versiegelte Wartungstür für interne Scans und Hardwareaustausch betreten werden, die sich in der Höhe des Äquatorbandes befindet. Die Laser-Detonatoren und Brennstoffkugel-Injektoren können mit einem ausfahrbaren Kran erreicht werden, der in die Außenhülle jedes Generators integriert ist. Das übliche Wartungsintervall für die internen Komponenten ist auf 550 Betriebsstunden festgelegt worden. Die Schweißnähte an der Kammerinnenseite müssen auf Mikrorisse untersucht werden, außerdem muß eine neue Beschichtung an den Stellen erfolgen, an denen der Rodinium-Abbau eine Quote von mehr als 200 Lücken mit einem Durchmesser von 0,02 mm erreicht. Jeder Kammerdruckverlust, der 600 Kilopascal/m² übersteigt, löst eine automatische Neubeschichtung zum frühestmöglichen Zeitpunkt aus, da das Wirken derartiger Kräfte das Risiko mehrfacher Risse in der Innenbeschichtung in sich birgt.

Die anderen Komponenten, die nach 1 200 Betriebsstunden gewartet werden, sind die Brennstoffvorbereitungsblöcke, Brennstoff-Transferleitungen, peristaltische und elektrohydraulische Pumpmaschinerie und die externen Radiatoreinbettungen. Alle Natrium-Thermaltransferleitungen werden in Intervallen von 1 650 Stunden gewartet, die Neoplesium-Aussparungen in den Brennstoffvorbereitungsblöcken müssen im Generatorwartungslabor mit einer neuen Neoplesium-Schicht überzogen werden. Diese Beschichtung muß wiederhergestellt werden, wenn die optimale Oberflächenkontur um 0,31 cm zurückgeht.

Energieniveaus in den Kammern, die über 100 Prozent liegen, können kurzzeitig toleriert werden, üblicherweise für weniger als 30 Minuten. Ein Energieniveau über 108 Prozent ist nicht empfehlenswert, auch wenn in kritischen Situationen das Protokoll übergangen wird und das Limit für die automatische Abschaltung je nach Reaktor auf bis zu 112 Prozent hochgetrieben werden kann. Über 108 Prozent hinaus können die thermalen Belastungen etwa fünf Minuten lang toleriert werden. Es sollte jedoch angemerkt werden, daß diese fünf Minuten insbesondere bei feindlichen Aktionen für das Überleben von Deep Space 9 entscheidend sein können. Die Funktionsgeschichte des gesamten Generatorsystems nennt für jede Kammer die folgenden Limits:

Kammer	Maximum	Energiestatus
1	103 %	in Betrieb
2	106 %	in Betrieb
3	k. A.	nicht in Betrieb
4	108 %	in Betrieb
5	82 %	nur Reserve
6	112 %	in Betrieb

Standardmäßige Sicherheitsprotokolle für den Umgang mit cryogenischen Brennstoffen werden in allen Phasen der Lagerung und des Transfers von dickflüssigem und flüssigem Deuterium für die Fusionssysteme beachtet. Alle Pumpen und Leitungen werden mit NDT-Mitteln in Intervallen von 3 400 Stunden gewartet. Sekundärtanks, Auslaßöffnungen und Reinigungsleitungen werden alle 6 400 Stunden gewartet. Mikrorisse und nachlassende Isolierungen werden repariert, wenn es notwendig wird.

5.0 SYSTEME ZUR ENERGIEERZEUGUNG

5.5 NOTFALLABSCHALTUNGSPROZEDUREN

Der Systemnotfall, der durch Computersimulationen am häufigsten vorhergesagt wird, ist der einer Überladung in einer Kammer des Fusionsreaktors. Wenn sich die Detonationsrate der Deuterium-Kugeln erhöht, steigen in Verbindung damit auch Temperatur und Druck des eingeschlossenen Plasmas. Zu den vorausberechneten Gründen gehören ein Versagen der isolinearen Prozessoren des Reaktors, unausgewogene Brennstoffversorgung sowie Sabotage. Wenn sich Plasmadruck und Energiedichte in einem Maße erhöhen, daß das EPS-Leitersystem keinen höheren Druck aushalten kann, kann es in einem oder mehreren Reaktoren zu einem völligen strukturellen Versagen kommen, womit die gesamte Fusionsgeneratoren-Sektion der Station vernichtet wird. Die gegenwärtigen Computerkontrollcodes der Starfleet für die Fusionssysteme umfassen aufgerüstete Notfallerkennungs-Subroutinen. Die ‚Künstliche Intelligenz'-Algorithmen (AI-Algorithmen) überwachen 3 470 einzelne Sensoreingaben auf unnormale Werte, der Computer kann die automatische Abschaltung jedes einzelnen Reaktors veranlassen, wenn die Gefahr des Versagens besteht.

Insgesamt 357 540 Zustandskombinationen sind programmiert worden, sie umfassen Anomalien bei Temperatur, Druck, Brennstoffzuleitungsrate, Laserdetonationstiming, EPS-Leiter-Verschlußzeiten, Effizenz des Kühlsystems und mögliche falsche Computerimpulse. Ein gesonderter Satz von 4 556 möglichen Sabotage- und anderen Gefahren von außen, die sich auf die Funktion der Reaktoren auswirken könnten, ist ebenfalls in den isolinearen Prozessoren des Fusionssystems enthalten. Sollten sich bestimmte Bedingungsüberprüfungen als wahr erweisen, werden die Notfallprozeduren eingeleitet.

Für den Fall einer massiven Überladung schalten die Strahlungskühleinbettungen in der unteren Generatorhülle auf volle Leistung, um das EPS-Plasma abzukühlen und gleichzeitig Temperatur und Druck zu reduzieren. Im Fall der schlimmstmöglichen Überladung kann die Belastung für die Radiatoroberflächen zu groß werden, wodurch ihre Struktur versagen kann, während sie gleichzeitig versuchen, die Kammertemperatur auf $8,23 \times 10^6$ Kelvin zu reduzieren. Wie bereits erwähnt, ist die bevorzugte Abkühlmethode das Verdampfen, wobei das supraerhitzte Natrium ins All entweichen kann, gefolgt von einer kontrollierten Entlüftung der Reaktorkammer und des EPS-Systems. Magnetische Iris-Ventile werden vom Computer geöffnet und geschlossen, um zu versuchen, die EPS-Energie der Station aufrechtzuerhalten, während der gesamte Überdruck freigesetzt wird. Wenn der betroffene Reaktor nach der Beseitigung der Überladung wieder mit Flüssignatrium versorgt werden kann, kann ein Neustart innerhalb von acht Stunden nach einer Systemuntersuchung versucht werden.

Die Notfallerkennungs-Subroutinen reagieren auf einen Zwischenfall im Energiesystem innerhalb von 0,00023 Sekunden und alarmieren das Kommandopersonal sowie die auf der Station Anwesenden, während die Hardware gesichert wird. Evakuierungsprotokolle werden in Kraft gesetzt, die Notfall-Ingenieurscrews bereiten sich darauf vor, in Schutzanzügen Reparaturen auszuführen. Für den Fall eines katastrophalen Versagens wird eine höherstufige Notfall-Reaktion ausgelöst (siehe 5.6). Eine manuelle Abschaltung kann durch das Kommandopersonal mit den entsprechenden Zugriffscodes von nahezu allen auf Deep Space 9 befindlichen Konsolen oder in Reichweite der meisten Audio-Empfangseinheiten vorgenommen werden. Wird eine Kommandoentscheidung zur Abschaltung getroffen, gehen die normalen Notfallprogramme auf Stand-by.

5.6 NOTFALLPROZEDUREN IM KATASTROPHENFALL

Bei einem katastrophalen Versagen des Fusionsenergiesystems ist davon auszugehen, daß es sich um ein energetisches Ereignis handelt, das in der Lage ist, Deep Space 9 schwerstens zu beschädigen. Zu den Auswirkungen der Explosion eines oder mehrerer Reaktoren gehören massive strukturelle Beschleunigungen, Freisetzung von EPS-Energie, Freisetzung von Kühlchemikalien sowie massive Energieausfälle. Es ist mit vielen Opfern zu rechnen, die zum Einsatz schneller Rettungs- und medizinischer Teams führen. Nach dem auslösenden Ereignis werden alle Zivilisten mit Hilfe der an Bord verfügbaren Raumfahrzeuge evakuiert (siehe 13.0). Wenn der Ausfall sich auf ein Ausmaß beläuft, so daß eine Wiederherstellung des Systems möglich ist, werden Ingenieurscrews standardmäßige Schadenskontrollaufgaben ausführen, wozu unter anderem die Sicherung aller betroffenen Systeme, die Beurteilung zusätzlicher Struktur- und Systemschäden sowie die Versiegelung von Brüchen in der Hülle der Station gehören, was auch beim Ausfall eines Fusionsreaktors auf einem Raumschiff geschehen würde.

Die Ingenieursteams, die solchen Aufgaben zugewiesen werden, untersuchen die betroffenen Bereiche in Standardarbeitskleidung fürs All (SAKA) und führen Reparaturen aus. In gefährlichen Bereichen, in denen Druckanzüge keinen ausreichenden Schutz bieten, werden Piloten in Work Bees eingesetzt, die mit Hilfe ferngesteuerter Arme Reparaturen ausführen und Trümmer entfernen können. Alle wichtigen Trümmer, die für eine Untersuchung des Vorfalls von entscheidender Bedeutung sein könnten, werden gesammelt, in einem Frachtraum gelagert und beschlagnahmt, bis Ermittler von Starfleet eintreffen.

Wenn möglich, werden alle Hilfsenergiesysteme aktiviert, um den Verlust der EPS-Energie auszugleichen, der durch einen großen Reaktorausfall verursacht worden ist. In einigen Fällen können diese kleineren Fusionsgeräte bei der Evakuierung von Deep Space 9 behilflich sein, danach werden sie abgeschaltet. Die Mikrofusionsreaktoren, die das RKS der Station mit Energie versorgen, können ebenfalls für begrenzte Zeit EPS-Energie liefern. Wenn das Fusionssystem infolge einer feindlichen militärischen Aktion vollständig ausfällt und alle Zivilisten und Händler bereits in Sicherheit gebracht worden sind, werden alle Starfleet-Angehörigen und Bajoraner die Station verlassen und sie aufgeben.

6.0 VERSORGUNGS- UND HILFSSYSTEME

6.1 VERSORGUNGSEINRICHTUNGEN

Die Infrastruktur der internen Versorgungseinrichtungen auf Deep Space 9 besteht aus spezifischen Parallelsystemen, die den Transport von Materie, Energie und Daten auf der Station regeln.

Zum Netzwerk der Versorgungseinrichtungen gehören die folgenden Systeme:

- **Energie:** Energie für die Bordsysteme wird über vier Stufen magnetisch abgeschirmter Übertragungswellenleiter verteilt, die als Elektroplasma-System (EPS) bekannt sind. Sämtliche Energie hat ihren Ursprung in den Fusionsreaktorkammern und den Hilfsfusionsreaktoren und wird mittels des peristaltischen Feldeffekts durch abgestufte Leitungen geführt (siehe 5.3).
- **Optisches Datennetzwerk (ODN):** Das ODN-System von Deep Space 9 besteht aus einer Kombination cardassianischer und Starfleet-Optronikfasern, Starfleet-, cardassianischen und bajoranischen vernetzten Computersystemen sowie aus optronischen Systemen für kommerzielle Teilnehmer. Rund 13 655 ODN-Bündel ergeben insgesamt schätzungsweise 67 900 km Fasern, die sich auf die gesamte Station verteilen, während weitere 1 300 km supraleitender Kontrollkabel als Backup dienen. Das ODN ist maßgeblich für alle primären Stationssysteme, es ist in geschützte Sicherheitszugriffsebenen partitioniert.
- **Schwerkrafterzeugung:** Das Netzwerk der schwerkrafterzeugenden Matten breitet sich über die gesamte Station aus, der Energiefluß wird durch das EPS-Gitter gewährleistet. Gravitonenfeld-Energie kann zurück in das Energiegitter geleitet werden, um wahrnehmbare Oberflächenbeschleunigungen in Bereichen mit verminderter Effizienz auszugleichen.
- **Atmosphärische, atembare Gase:** Gebündelte Leitungen für atembare Gase und wissenschaftliche Gasvorräte sind Teil des Verbrauchsnetzwerks auf der gesamten Station. In einigen Fällen kann eine einzelne Leitung bis zu fünf miteinander verwandte Gase gleichzeitig transportieren, vorausgesetzt, an beiden Enden sind Kondensator- und Trenneinheiten installiert. Spezielle Leitungen dienen dem Transport von Sauerstoff, Stickstoff, Kohlendioxyd, Xenon und Argon, wobei optronisch ausgerichtete Verteilventile und Lagerungsventile in regelmäßigen Abständen in die Leitungen integriert sind.
- **Trinkbare Flüssigkeiten:** Transportleitungen für die meisten trinkbaren und wissenschaftlichen Flüssigkeiten verlaufen nach dem gleichen Prinzip wie die für die atembaren Gase, vorausgesetzt, daß die meisten auf Deep Space 9 gelagerten Flüssigkeiten und Gase nicht über den SFRA-Standard 34.2 d-g hinaus ätzend sind. Peristaltische Magnetpumpen, Verteilventile, Entlastungsventile sowie Druck- und Temperatursensoren sind in regelmäßigen Abständen entlang dem Netzwerk installiert.
- **Festmüllentsorgung:** Das ursprüngliche Abfallverarbeitungssystem von Terok Nor bestand aus individuell trennenden und ultrasonischen Trockenabfallzersetzungseinheiten, die alle an ein Luftumkehrnetzwerk angeschlossen waren, das pulverisierte Materialien zur Trennung und Wiederverwertung in den Unteren Kern leitete. Dieses System ist nun durch eine Reihe von sechs zentralen, flüssigkeitsunterstützten Zersetzungseinheiten der Starfleet ersetzt worden.
- **Replikatorleitungen:** Rohfaser- und Nährstoffmischungen sowie trinkbare Flüssigkeiten und Spurenelemente werden durch vanicrom-beschichtete Edelstahl- und Duraniumleitungen sowie Mikro-EPS-Leitungen der Stufe 4 für Replikatoren an alle Zwischenstufentanks der Stationsreplikatoren transportiert.
- **Transport cryogenischer Flüssigkeiten:** Cryogenische Flüssigkeiten für den Betrieb der Station und für Forschungszwecke werden durch kurze Leitungen mit optronisch ausgerichteten Verteiler- und Druckentlastungsventilen an gesicherte Kontrollstationen übertragen. Cryogenische Flüssigkeiten sind nicht auf der gesamten Station verfügbar; Lieferungen müssen von frachtbearbeitenden Stabsmitgliedern vom Lager bis zur Forschungs- oder Arbeitsstätte begleitet werden.
- **Deuterium-Brennstofftransport:** Mehrwandige isolierte Versorgungsleitungen versorgen das Hauptfusionsgenerator-System sowie alle anderen, kleineren Fusionsreaktoren an Bord der Station – darunter auch die RKS-Steuerdüsen – mit zähflüssigem Deuterium.
- **Transportsystem der Personal-Turbolifte:** Das Netzwerk der Personal- und Frachtturbolifte verläuft auf einer Länge von 9,54 km horizontal, vertikal und in andere Richtungen durch die gesamte Station. In den Turboliftschächten verlaufen parallel viele Versorgungsleitungen, insbesondere das EPS- und das Atmosphärenfluß-Netzwerk sowie das ODN.
- **Zugangstunnel:** Diese Wartungstunnel, die in Größe und Funktion mit den Jefferies-Röhren der Starfleet vergleichbar sind, verlaufen im rechten Winkel zu den meisten Korridoren und neben den inneren Wänden der Station.
- **Hilfsfusionsgeneratoren:** Die von Starfleet eingebauten Fusionsgeneratoren sind mit den primären und den Notfall-EPS-Leitungen verbunden und werden mit Deuterium aus dem Brennstoff-Übertragungsnetzwerk versorgt. Diese Generatoren besitzen etwa ein Sechstel der Größe und Leistung standardmäßiger Impulsenergie-Kraftwerke, die man auf den meisten Starfleet-Schiffen antrifft.

6.0 VERSORGUNGS- UND HILFSSYSTEME

6.2 ANDOCKRINGVERBINDUNGEN

Da die vorangegangenen und auch die gegenwärtigen Einrichtungen auf Deep Space 9 für eine Vielzahl von kommerziellen, wissenschaftlichen und militärischen Raumfahrzeugen ausgelegt sein müssen, sind die Andockstellen so entworfen worden, daß sie sich an viele unterschiedliche Personal- und Frachttransfertunnel anpassen können. Eine Auswahl von Einstellungen der elektrohydraulischen Andockklammern ist – im Rahmen der räumlichen Dimensionen aller drei Docktypen – ebenfalls möglich.

Der Andockring umfaßt zwei der drei Andocksysteme. Die großen primären Andockstellen befinden sich am äußeren Ende der Verbindungsstellen zwischen Andockring, Andockpylone und Brückenverbindungen. Die Andocknischen können Schiffen mit einem Durchmesser von bis zu 167 m Platz bieten. Diese Zahl entspricht der weitestmöglichen Öffnung der Andockklammern. Der Transfertunnel hat einen äußeren Durchmesser von 15,24 m und einen inneren von 13,71 m, womit er für die meisten Frachtcontainer groß genug ist. In ganz bestimmten Ausnahmefällen kann die zentrale Ellipse des Docks, die 81,5 x 36,7 m mißt, geöffnet werden, um spezielle Kapseln oder kleine Raumschiffe für Reparaturen oder Überholungen ins Innere zu holen. In diesem Fall werden die Transitfracht-Inspektionen sowie die angrenzenden Frachträume geräumt und später wieder in ihren ursprünglichen Zustand versetzt.

Die Andockklammern bedienen sich einer Kombination aus elektrohydraulischen Greifplatten und Amplitudenimpuls-Traktorfeldemittern mit kurzer Reichweite. Die Greifplatten, die ursprünglich auf cardassianische Frachter ausgerichtet waren, sind auf eine begrenzte Anzahl anderer Raumschifftypen erweitert worden, die Verbindungen benötigen, die widerstandsfähiger sind als die auf Traktorstrahlen basierenden Vertäuungsstrahlen. Die maximale Leistung der Traktoremitter beträgt 30,32 Megawatt, sie sind unabhängig voneinander auf der X- und der Y-Achse veränderbar.

Spezielle Andockdaten-Kanäle werden zwischen der Station und einem sich nähernden Schiff geöffnet, wenn die Entfernung 2 500 m beträgt, um das Klammertraktor-Subsystem mit Echtzeit-Feedback über strukturelle Verbindungskräfte und Limits der Hüllenverkleidung zu versorgen. Für den Fall einer Dateninkompatibilität schalten die Klammern um auf aktives Strukturscanning, um den vertretbaren Hüllendruck zu bestimmen. Die Transfertunnel bedienen sich von ihrer Position am zylindrischen Halsstück vario-morphologischer Hüllenverschlüsse. Sobald ein Schiff stabilisiert worden ist, passen sich die Verschlüsse automatisch durch magnetische und Kraftfeldriegel an, bis atmosphärischer Ausgleich hergestellt worden ist. Die Andockklammern und die Transfertunnel sind computerkontrolliert, allerdings

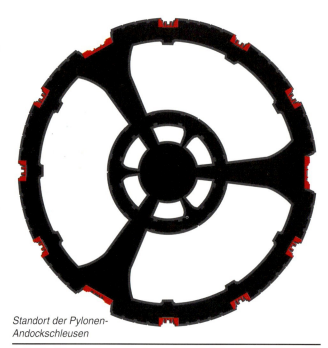

Standort der Pylonen-Andockschleusen

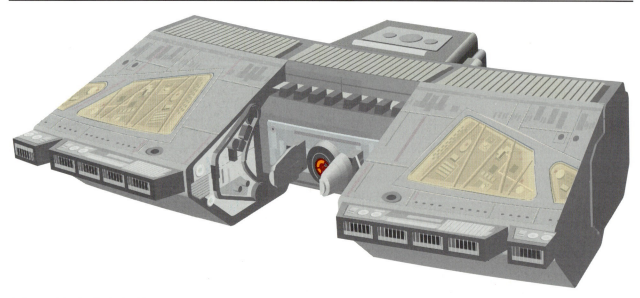

Außenansicht der Andockschleuse

6.0 VERSORGUNGS- UND HILFSSYSTEME

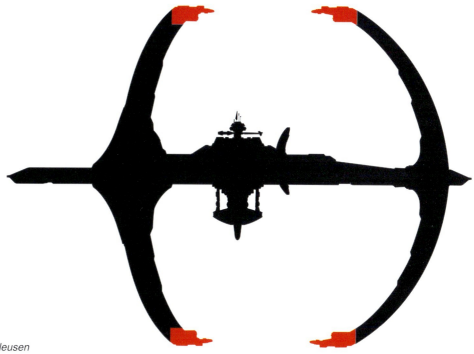

Standort der Pylonen-Andockschleusen

ist für die Notfallentriegelung eine Reihe manueller Widerrufkolben verfügbar.

Die neun sekundären Andockstellen können Schiffe aufnehmen, die an der Ansatzstelle des Tunnels eine Breite von 5,34 m aufweisen, was der weitesten Öffnung der kleineren Klammern entspricht. Die Mechanismen der Greifplatten und Transfertunnel sind insgesamt identisch, eine Ausnahme bildet die zentrale Andocköffnung. Das Traktorfeld der Greifplatte weist eine maximale Leistung von 19,63 Megawatt auf, der maximale innere Durchmesser des Tunnels beträgt 7,62 m. Manuelle Widerrufkolben stehen für Notfälle bereit.

Primäre und sekundäre Docks sind mit Positionslichtern, Subraum- und RF-Andockhilfen ausgestattet. Alle auf sichtbarer Wellenlänge liegenden Beleuchtungsuntersysteme zwischen 4 000 und 70 000 Nanometer können von der Anflughardware kommerzieller Frachter gelesen werden, 95 Prozent der wiederholt anfliegenden Schiffe können das Subraum-Leuchtfeuer lesen. Jede Andockstelle unterstützt mindestens fünf Multifrequenz-Subraumanpassungstransceiver. Die übrigen fünf Prozent der anfliegenden Schiffe können die suprahochfrequenten (SHF) RF-Vektorstrahlen lesen.

Angedockte Schiffe bis zu einer Länge von 325 m können in begrenztem Umfang vom Verteidigungsschild mitgeschützt werden. Von den meisten Raumschiffen wird erwartet, daß sie abgedockt und in Sicherheit gebracht werden, doch die Schiffe, die noch immer mit den Klammern und den Transfertunneln verbunden sind, sind dadurch in der Lage, einem gewissen Maß an Beschuß oder natürlicher EM zu widerstehen, wenn die eigenen Verteidigungssysteme abgeschaltet sind. Wenn die Schilde aktiv sind, können Schiff und Station gleichermaßen davon profitieren, da ein gewisses Maß an Feldverbindung entsteht.

6.3 VERBINDUNGEN DER ANDOCKPYLONE

Die großen, geschwungenen Pylone, die sich vom Andockring fortbewegen, waren das Zentrum der Verarbeitung von Uridium und anderen Erzen auf Terok Nor. Der Strom der eingehenden Erze und der ausgehenden raffinierten Materialien in den Pylonen wurde bereits in einer frühen Designphase der Station festgelegt. Spezielle Andockverbindungen wurden gebaut, um die Schiffsladungen an Mineralien und Legierungen zu bewältigen (siehe 1.4).

Sowohl die Oberen als auch die Unteren Pylone sind mit dem gleichen Basistyp traktor-artiger Andockklammern ausgerüstet wie die Verbindungen am Andockring, nur daß die Ausführungen in den Pylonen nicht beweglich sind. Diese Klammern sind in die inneren Wände der Zwillings-Transportschütten eingebettet, die sich durch die Personaltransfertunnels erstrecken. Die Schüttenschleusen sind auf die meisten cardassianischen Frachter ausgelegt, allerdings ist es einigen Starfleet- und anderen Schiffen bei Tests gelungen, Ladungen durch deren normale Andockschleusen abzuliefern. Der Vorteil des Ent- und Beladens an den Pylonen liegt in der Möglichkeit, auch seitliche Schleusen zu bedienen, was am Andockring nicht so einfach umzusetzen ist. Dadurch konnten große Frachter mit maximal 464,21 m Breite andocken, ohne die Spitze der Nachbarpylone zu berühren. Zwar scheint es so, als würden die nach innen gerichteten Pylonenspitzen das gleichzeitige Andocken von zwei und mehr Frachtern verhindern, jedoch wurde die cardassianische Erzanlieferung in festgelegter Reihenfolge vorgenommen. Eine Obere Pylone war mit einem angedockten Frachter belegt, der seine Ladung ablud, in der nächsten Pylone wurde die Ladung verarbeitet. Während der Wartezeit auf die Ankunft des

6.0 VERSORGUNGS- UND HILFSSYSTEME

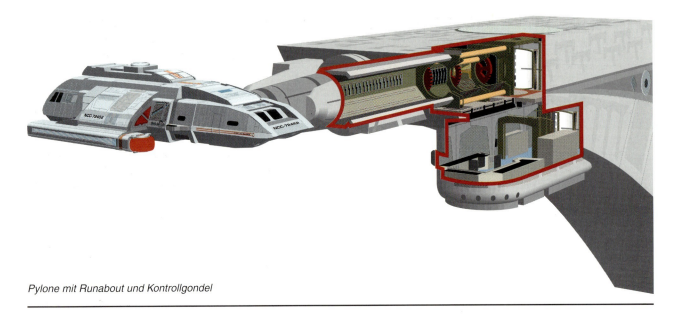

Pylone mit Runabout und Kontrollgondel

nächsten Frachters wurden in der dritten Pylone die Zufuhrleitungen gereinigt und periodische Wartungsarbeiten (PW) vorgenommen.

Bei den Unteren Pylonen wurde nach einem ähnlichen Prinzip verfahren. Eine Pylone lud raffiniertes Uridium auf einen angedockten Frachter, während in der nächsten Pylone die Verarbeitung voranschritt und in der dritten Reinungen und PW vorgenommen wurden. Dieses Prinzip funktionierte bemerkenswert gut, vorausgesetzt, daß Arbeiter verfügbar waren, die die Ausrüstung warten konnten.

Die Frachter lieferten normalerweise den ersten Teil der Ladung für das Erzmahlwerk mit Hilfe von Antischwerkrafttunneln durch die Schütten. Die Antischwerkrafteinheiten wurden mehr aus Gründen der Stabilisierung und seitlich wirkender Kräfte als aus Gründen des Anhebens eingesetzt, um jegliche Synchronisierungsverzögerungen in den Feldern der Schwerkraftmatten zwischen der Station und dem angedockten Frachter zu vermeiden. Sobald die Erzlieferung die Schütten durchlaufen hatte, wurde der Erzstrom durch Kraftfelder partitioniert, während die Stationsschwerkraft half, das Erz in die Prozessoren zu bringen. Im Fall des Versagens der Schwerkraftmatten wurde die Bewegung des Erzes durch die Kraftfelder weitergeführt, wenn auch etwas langsamer (siehe 11.3).

Die Personaltransfertunnel verfügten über die gleichen anpassungsfähigen atmosphärischen Verschlüsse wie die im Andockring, was darauf hindeutet, daß cardassianische Frachter nicht die einzigen Schiffe waren, die diese Tunnel benutzten. Mindestens 2 160 Mannstunden mußten von Starfleet aufgewendet werden, um sicherzustellen, daß alle Subsysteme kompatibel waren und Schiffen der *Galaxy*- und der *Sovereign*klasse das Andocken und der Transfer von Personal und Vorräten ermöglicht wurde.

Visuelle, Subraum- und RF-Andockhilfen sind in allen sechs Pylonen zu finden. Fünf zusätzliche Backup-Subraumleuchtfeuer wurden im Andockbereich jeder Pylone eingebaut, um an- und abfliegenden Schiffen Langstrecken-4-D-Orientierungshilfen zu bieten. So wie bei den Verbindungen des Andockrings bieten die Verteidigungsschilde, die die Verbindungen der Pylone umgeben, begrenzten Schutz. Besondere Vorsicht ist bei Schiffen geboten, die an den Oberen Pylonen angedockt haben, da sie den Schildgeneratoren näher sind. Sie müssen ihre eigenen Schilde entweder deaktivieren oder auf freie Synchronisation mit den Schildfrequenzen der Station einstellen.

6.4 LUFTSCHLEUSEN UND SICHERHEITSTORE

Die primären Druckisolierungsstrukturen auf Deep Space 9 sind die doppelt abgeteilten Luftschleusen, die als komplett einzubauende Einheiten vorgefertigt und aus Modular-Komponenten zusammengesetzt sind. Aufgrund der von den Cardassianern eingeschlagenen Baureihenfolge wurden drei der Luftschleusen auf der Promenade, die ursprünglich ins All führten, als Sicherheitstore beibehalten, nachdem die Konstruktion der reaktiven Schutzwand abgeschlossen worden war. Insgesamt verfügt die Station über 21 Luftschleusen, davon zwölf im Andockring, sechs in den Andockpylonen sowie drei auf der Promenade, die Sicherheitstore darstellen.

Das auffallendste Element der Luftschleusen sind die drei markanten Drucktore, die einen Durchmesser von 2,32 m haben und 544,68 kg wiegen. Die Tore sind aus Toranium- und Kelindit-Verbundmetallen gefertigt und verfügen über Sichtfenster aus transparentem Toranium. Auffallend ist, daß nicht alle Tore aus den gleichen Materialien hergestellt wurden. Acht der zwölf Luftschleusentore im Andockring bestehen zu mindestens 20 Prozent aus Rodinium-Monokristall-Schichten, was die Vermutung nahelegt, daß die Cardassianer mit Strahlung experimentiert haben, um die Türen gegen schweres Phaserfeuer, möglicherweise bei Nahkämpfen, zu härten. Die umgebenden Rahmen- und Wandmodule sind aus gamma-verbundenen Toraniumfolien gefertigt und mit Duranium beschichtet. Integrierte Versorgungsleitungen sind in die Struktur der Schleuse eingelassen worden.

Druckversiegelung wird durch ausdehnbare Delcromin-Toroide erreicht, die an der Innenseite der Türaussparung montiert sind. Backup-Kraftfeldemitter sind in den inneren Rand des kreisförmigen Durchgangs eingelassen. Sollte der normale EPS-Energiefluß ausfallen, so wird für die Backup-Einrichtungen mit einer Lebensdauer von nur 5,21 Minuten gerechnet. Der Druck der Toroid-Versiegelungen wird mit einer Mischung aus Stickstoff und Helium im Verhältnis 72 zu 28 Prozent erzeugt, die mittlere Zeit zwischen zwei Ausfällen von Versiegelung und Drucksystem gleichzeitig wird mit 11 300 Stunden angegeben. Bei der regelmäßigen Wartung des Versiegelungssystems wird ermüdetes Delcromin dem Recycling zugeführt und repliziert.

Die Bewegung der Türen erfolgt durch drei redundante Sätze elektrohydraulischer Aktuatoren, die von EPS-Leitungen der Stufe 3 und einem Backup-System mit einer Einsatzzeit von 5,45 Minuten versorgt werden, was als mittlere Zeit betrachtet wird, um mindestens 100 Crewmitglieder durch die Schleuse in ein wartendes Schiff gelangen zu lassen. Die manuelle Bedienung des Schiffs ist möglich durch ein Freigabe-/Wiedererfassungssystem, das die Aktuatoren abkoppelt und ein ausgewogenes Bewegen der Türen an ihren Platz ermöglicht. Über eine manuelle Pumpe wird eine Backup-Versiegelungs- und -Druckanlage bedient. Auf alle primären Luftschleusensysteme wird über standardmäßige Interface-Kontrollen zugegriffen. Zusätzlich enthalten die 18 Andockschleusen in ihrem Inneren ein manuelles Backup-System für die Vertäuungsklammern und die anpassungsfähigen Andocktunnel. Der Widerruf für die Klammern besteht aus zwei Backup-Systemen elektrohydraulischer Zylinder und Abkopplungsverbindungen, um die Aktivierungsautorisierung von den primären Zwillingszylindern umzuleiten.

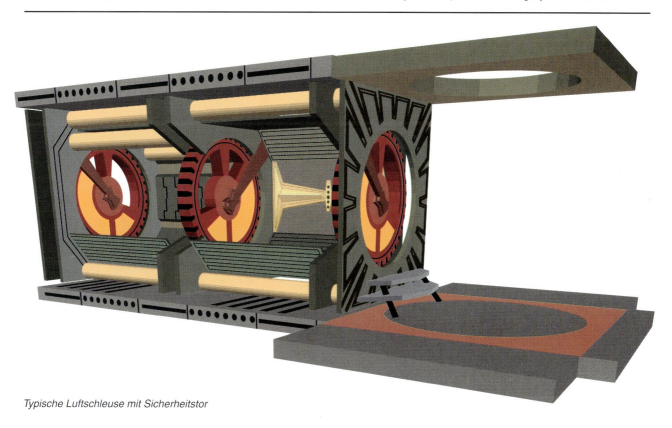

Typische Luftschleuse mit Sicherheitstor

6.0 VERSORGUNGS- UND HILFSSYSTEME

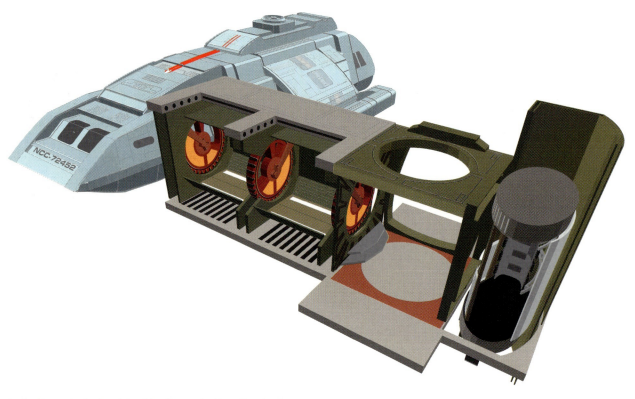

Luftschleuse in der Landebucht; mit angedocktem Runabout

Der Ausgleich atmosphärischer Gase für angedockte Raumschiffe wird von der Subprozessor-Optronik der Luftschleusensysteme gesteuert. Wenn der Typ des eintreffenden Schiffs vor dem Andocken bekannt ist, öffnet der Subprozessor einen Datenkanal zum Schiff und programmiert eine variable Gasmischung sowie einen Druckausgleichsplan. Für rund 560 Atmosphärentypen sind in der Datenbank der Luftschleuse spezielle Programme verfügbar, von denen die meisten eine Variation aus Sauerstoff und Stickstoff sowie nicht-reaktiven Spurenelementen darstellen. Alle atembaren Gastypen, die als „exotisch" eingestuft sind, erfordern eine automatische Sicherheitsüberprüfung durch den Computer, durch Operations- und durch die Stationssicherheit. In diesen Fällen werden die Luftschleusen vorübergehend zu Quarantäneeinrichtungen.

Der Zugriff auf die Subsysteme innerhalb der Luftschleuse erfolgt über alle internen Bedienflächen. Energie, Beleuchtung, Temperatur, Feuchtigkeit und Drucküberwachung können kontrolliert werden. Parallel zu den internen Luftschleusenkontrollen sind Transferleitungen für alle Arten von angedockten Schiffen vorhanden, unabhängig davon, wie viele Verbindungen ein bestimmtes Schiff herstellen kann. Übertragungen von EPS-Energie, Gasen, Feststoffen und Flüssigkeiten sind standardmäßig eingerichtet.

6.5 FRACHTBEHANDLUNG UND -LAGERUNG

Der Strom von Gütern von der Station und zur Station wird durch Protokolle geregelt, die entsprechend den zwischen der Vereinten Föderation der Planeten und der bajoranischen Regierung ausgehandelten Statuten festgelegt worden sind. Logistisch wird er durch spezielles Personal durchgeführt, das in den 253 großen, im Andockring, in den Pylonen und den Brückenverbindungen untergebrachten Frachträumen arbeitet. Kleinere Frachträume, in die nur für den Dienstgebrauch bestimmtes Stationsmaterial gebracht wird, befinden sich im Mittleren und Unteren Kern.

Da die Bewegung und das Lagern von Fracht sowohl kommerzieller als auch militärischer Art sind, wird eine separate Behandlung durchgeführt. Handelsgüter werden vornehmlich von zivilen Crews aus Bajoranern und Angehörigen durch Handel verbundener Sternensysteme bearbeitet. 75 Prozent der Lagerkapazität ist für eingehende Fracht in der Reihenfolge ihres Eintreffens bestimmt, die restlichen 25 Prozent sind festen Kunden vorbehalten, die mindestens 3 000 m³ Fracht pro 26-Stunden-Tag umschlagen. Antischwerkrafteinheiten, Containerhalterungen und Bewachung werden für 2 500 Credits pro Tag für Lagerung und Sicherheitsinspektion gestellt. Die Frachtgröße ist begrenzt auf die Größe des größten Transfertunnels der Andockstellen, die sich auf 3,23 m beläuft. Bewegliche Frachtkapseln mit einer Größe von bis zu 11,21 x 12,35 x 20,13 m können auf Veranlassung des Frachtmeisters durch eine der vier begrenzt einsetzbaren Schleusen an der Oberseite des Andockrings umge-

6.0 VERSORGUNGS- UND HILFSSYSTEME

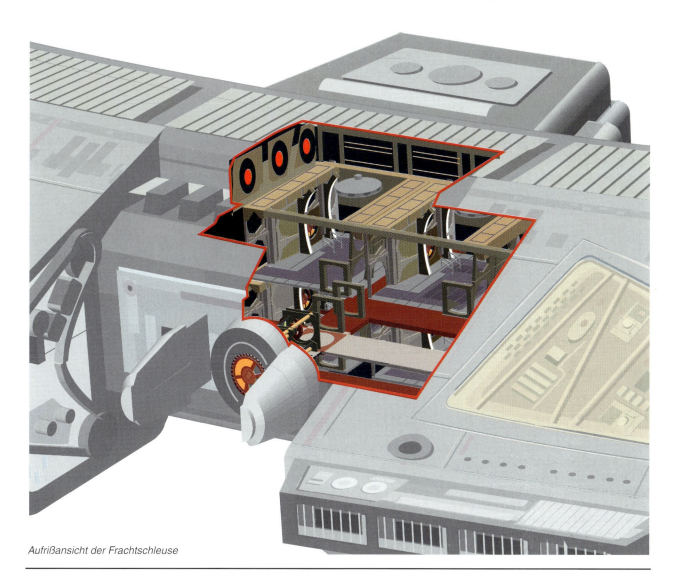

Aufrißansicht der Frachtschleuse

schlagen werden. Die Container, die durch die normalen Andockstellen – entweder durch die angrenzenden, mit Atmosphäre gefüllten Tunnel oder das dazwischenliegende Vakuum – gebracht werden, gelangen in die Abteilung Transitfracht-Inspektion, wo alle Dokumente überprüft und Scans vorgenommen werden, um Schmuggelware oder gefährliche Materialien auszuschließen, die die Möglichkeiten einer sicheren Behandlung auf der Station übersteigen.

Alle Verbrauchsgüter der Station wie beispielsweise atembare Gase, Nahrung und trinkbare Flüssigkeiten werden in spezielle Lager- und Verteilbereiche geleitet und von der raumgreifenden Hardware getrennt gehalten (siehe 11.3). Alle anderen Rohstoffe werden ihrem Typ entsprechend gelagert, wobei automatische Sicherheitsprotokolle in Kraft treten, um unerwünschte Interaktionen zu vermeiden. So wie die Biofilter in Transportern wird die Datenbank für die Sicherheitsprotokolle ständig um bekannte und absehbare Gefahrenquellen aktualisiert. Fertige Produkte werden ebenfalls nach ihrem Typ angeordnet und unterliegen den gleichen Sicherheitsprotokollen.

Alle Frachtcontainer ohne eingebaute Antischwerkrafteinheiten werden je nach Verfügbarkeit mit Antischwerkrafteinheiten der Station bewegt. Die drei Andockschleusen am Andockring sind mit großen Industrie-Antischwerkrafteinheiten ausgerüstet, die 9,75 Tonnen der lokalen Schwerkraftumgebung tragen können. Frachtstücke über 9,75 Tonnen können durch eine vorübergehende Leistungsreduzierung der Schwerkraftmatten leichter handhabbar gemacht werden. Das normale Schwerkraftniveau beträgt im Andockring 0,85 g und kann auf fast 0,15 g reduziert werden. Es müssen aber gegen eine zusätzliche Gebühr von 870 Credits pro Kran und Stunde Lastkräne eingesetzt werden.

Fracht, die innerhalb von zwei Standardwochen abgeholt werden soll, wird im Andockring untergebracht. Eine längerfristige Einlagerung ist in den drei großen Brückenverbindungen in 108 isolierten und EM-abgeschirmten Modulen möglich. Das Lager des Maschinenraums der Station und die Fabrikationseinrichtung im Mittleren und Unteren Kern umfassen insgesamt 3 920,87 m³ an Ersatzteilen, Rohlegierungen, Chemikalien, Werkzeugen und speziellem Konstruktionsgerät. Diese wichtigen

6.0 VERSORGUNGS- UND HILFSSYSTEME

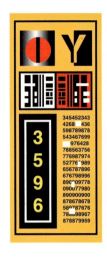

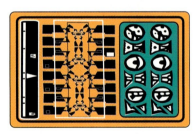

Frachtabzeichen (Auswahl)

Vorräte werden von Sicherheitsteams der Starfleet und der Bajoraner bewacht. Für den Fall von Gefechten oder Naturkatastrophen kann sämtliche auf Deep Space 9 befindliche Fracht gemäß dem überarbeiteten Sektorhandelsvertrag 2372/SD49538.51 als für das Überleben der Station notwendig erachtet werden. Nach der Krisensituation wird man alle erdenklichen Anstrengungen unternehmen, um das beschlagnahmte Material wiederherzustellen, zu ersetzen und zurückzugeben.

6.6 POSITIONS- UND TRANSLATIONSKONTROLLE

Das Hauptsystem, das zuvor benutzt wurde, um die Raumstation in einem stabilen synchronen Orbit um Bajor zu halten, und das nun für die planare Stabilisierung im Denorios-Gürtel sorgt, ist das RKS. Die ursprüngliche cardassianische Bezeichnung lautete *Axiales Vektor-Stabilisierungssystem;* die vertrautere Starfleet-Bezeichnung ist in alle technischen Dokumentationen übernommen worden. Im Synchronorbit-Modus wurden die RKS-Düsen benutzt, um die Ausrichtung der Station in Relation zur bajoranischen Achse beizubehalten. Die durch den Stationskern verlaufende Y-Achse wurde für ein maximales thermales Gleichgewicht, eine Ausrichtung nach dem planetarischen Magnetfeld und eine symmetrische Strahlungsbelastung parallel zum Pol gehalten. Für ihre neue Funktion haben die RKS-Düsen die Station erfolgreich um 200 Millionen Kilometer in den Denorios-Gürtel im Orbit um die bajoranische Sonne verlegt, wo nun die zentrale Achse der Station in Übereinstimmung mit der Ebene des Gürtels gehalten wird. Eine markante Veränderung der Orbitalebene trat bei dieser Verschiebung ein, da die Äquatorialebene Bajors um rund 38 Grad von der des Gürtels abweicht. Das langwierige translationale Manöver hin zum Gürtel wurde mit Hilfe der Verteidigungsschildgeneratoren der Station vollzogen, die die Trägheitsmasse von Deep Space 9 vorüber-

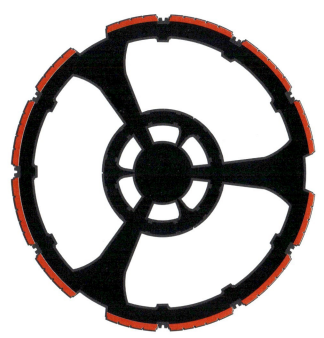

Standort des Reaktionskontrollsystems

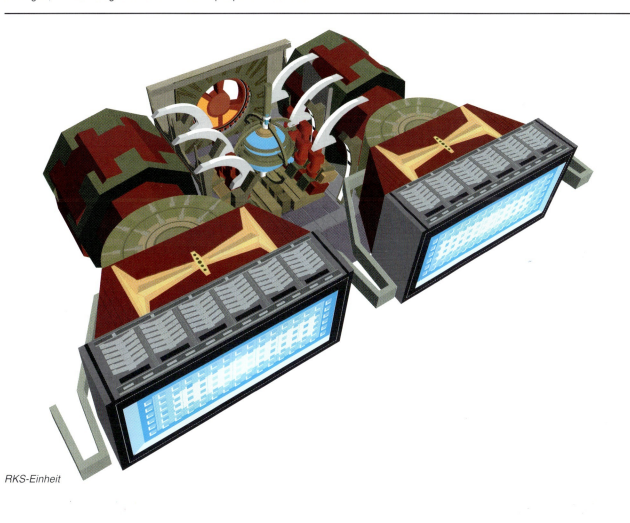

RKS-Einheit

6.0 VERSORGUNGS- UND HILFSSYSTEME

gehend reduzierten und die es den sechs Düsenmodulen ermöglichten, die Station aus dem Orbit zu bewegen.

Eine einzelne, rundum verlaufende Reihe von 54 Proteanzyklus-Fusionsdüsen ist in den äußersten Rand des Andockrings eingebaut, aufgeteilt in sechs Gruppen zu je vier Düsen und sechs Gruppen zu je fünf Düsen zwischen den großen und kleinen Andockschleusen. Jede Düse besteht aus einer Brennstoffsammelleitungs-Baugruppe, einer hexagonalen Zündkammer und einem Beschleuniger sowie einem Auslaßausrichter. Die Technologie ist der Föderationsausrüstung ähnlich, die für Anwendungen mit geringer Antriebskraft zum Einsatz kommt.

Zähflüssiger Deuterium-Brennstoff, der bei 13,8 Kelvin gehalten und durch Übertragungsrohrleitungen mit Rückflußsperre geleitet wird, gelangt in die Sammelleitungs-Baugruppe und in den Kontrollimpuls-Ventilblock. Dort wird er dann auf sechs konvergente Mikrodüsen verteilt, die am Äquator der Zündkammer angebracht sind. Diese Mikrodüsen sind bemerkenswert, weil sie aus 9-5-3-Azurin-Cortenit gefertigt sind, einer transparenten Legierung, die in ihrer Atomstruktur dem Verterium-Cortenit ähnlich ist, das in Warpspulen der Starfleet benutzt wird. Ein ringförmiger Positronenstrahlemitter umschließt jede Mikrodüse, wobei alle Strahlen auf die zentrale Achse der Zündkammer ausgerichtet sind. Die Impulsventile synchronisieren und erzeugen den erforderlichen Zündzyklus 0,05 Sekunden vor der Entladung des Strahls. Die Impulsdauer reicht von 12 bis 1 674 Impulsen pro Sekunde, was einem meßbaren Delta-v zwischen 0,03 m und 1,21 m pro Sekunde entspricht. Anpassungsfähige Subroutinen in den Düsenkontrollprozessoren dienen dem Zweck, gegensätzliche harmonische Verstärkungen in der Feuersequenz auszugleichen. Die letzte Stufe der Fusionsreaktion ist der Auslaßausrichter, in dem jede Düse in sechs voneinander unabhängig drosselbare Abzugsöffnungen aufgeteilt wird, um eine maximale Flexibilität der Vektorkontrolle zu erreichen. Die Abzugsöffnungen können auf unendlich viele Funktionsweisen eingestellt werden, die von ununterbrochenem Feuern (eindirektional treibend) bis hin zu gestreutem Auslaß (alldirektional nichttreibend) reichen, was bei einer raschen Kontrolle von Struktur-, Rotations- und Translationsoszillationen äußerst nützlich ist.

Überschüssige Energie, die beim Fusionsprozeß entsteht, wird in das RKS-System zurückgeführt, um für die Pumpe, den Positronenstrahl und andere Systembestandteile wiederverwendet zu werden. Die Startenergie wird aus dem Plasmaleitungsnetzwerk der Station geholt. Neben der automatischen Sensornetzwerk-Abfrage kann die Funktion der Düsen direkt durch visuelle und Tricorder-Beobachtung der magnetohydrodynamischen (MHD) Nebenkammern überwacht werden, die sich zwischen jedem Düsenpaar befinden.

6.0 VERSORGUNGS- UND HILFSSYSTEME

6.7 TRAKTORSTRAHLEN

In ihrer normalen Rolle werden die Traktorstrahlemitter auf Deep Space 9 unter günstigen Bedingungen eingesetzt, um große Objekte zu bewegen, die sich rund um die Station befinden, darunter auch für Schiffe und Frachtstücke. Diese Standardfunktion muß einer Verteidigungsfunktion in Krisensituationen weichen, wenn die Traktorstrahlen gefährliche Schiffe oder andere Hardware anziehen, halten oder ablenken sollen. Sechs Hauptemitter befinden sich in den Verteidigungswaffentürmen, sechs weniger leistungsfähige, sekundäre Emitter sind in die Hülle der Andockpylonen eingebettet.

Die primären Traktorstrahlvorrichtungen, die auf der Station installiert sind, stellen zum Teil Nachbauten der Hardware von Terok Nor dar. Sie arbeiten nach dem herkömmlichen Subraum-Gravitonen-Prinzip, das die Manipulation der Interferenz-Muster von Energiestrahlen umfaßt. Energien und Subraumgrenzwerte, die an die freigesetzten Gravitonen abgegeben werden, bestimmen den spezifischen Vektor, auf dem das Objekt bewegt werden wird. Die zwei projizierten Felder, die die Interferenzmuster erzeugen, sind von gegensätzlichem Typ, die relative Energie in jedem Typ kann eine höhere Antriebskraft erzeugen, die in die jeweils andere Richtung eingesetzt werden kann. Eine ausgeglichene Energieausdehnung wird das Objekt an einer Stelle halten, während jede Antriebsenergie, die von einem Objekt wie beispielsweise einem Schiff erzeugt wird, eine Verschiebung in der Energieausdehnung erforderlich macht, um das Objekt im Ruhezustand zu halten.

Das Traktorstrahl-System besteht aus sechs phasenvariablen, mit 34 Megawatt polarisierten Gravitonengeneratoren, von denen je zwei zu einer Emittersektion gehören. Jedes Paar arbeitet wie beschrieben in reflektiertem Gravitonenmodus. Ein einzelner Subraumfeld-Verstärker ist in den Strömungspfad jeder der drei Sektionen zwischengeschaltet, was von Starfleet für eine genaue Kontrolle der Interferenzmuster als notwendig erachtet wird. Die End-Emitterblocks bestehen aus Mononkium-Himenit und messen 6,1 x 21,3 m. Energie wird von EPS-Leitungen der zweiten Stufe in den Waffentürmen geliefert, sie kann vorübergehend gespeichert werden, wenn es in einer Kapazitätsbank im mittleren Teil des Waffenturms zu einer Plasmaunterbrechung kommt.

Die strukturellen Verbindungen zwischen den Traktoremittern und der Station finden sich vor allem an der Hüllenverkleidung nahe des Phaserstreifens der Starfleet. Wie erwähnt, nimmt diese Verkleidung den größten Teil einer potentiellen Belastung auf. Es ist berechnet worden, daß die sich auf 10,12 Millionen Tonnen belaufende Masse der Station so groß ist, daß nur wenige Schiffe unterhalb der Größe eines Kriegsschiffs der *Galor*-Klasse darauf hoffen können, sich ohne schwere strukturelle Schäden zu befreien. Die Bewegungskapazität des Traktorstrahls in Tonnen ist umgekehrt proportional zur Entfernung. Auf 2 500 m kann der Emitter eine Last von 2 300 000 Tonnen bewältigen, während auf eine Entfernung von 15 000 km noch eine Tonne beeinflußt werden kann. Beide Beispiele beziehen einen direkt konstanten Delta-v von vier Metern pro Sekunde ein. Die Emitter selbst sind durch Kettenit-Monomer-Dichtungen von der Hüllenverkleidung abgetrennt, um unerwünschte Störungen durch die Phaser oder die Torpedowerfer zu vermeiden. Störungen durch die Verteidigungsschilde stellen ein eigenes Problem dar, da die Wirkung beider Funktionen eingeschränkt wird, wenn sie gleichzeitig in Betrieb sind. In diesem Fall ist eine komplexe Reihe von Sequenzalgorithmen erforderlich, um Feldausfälle zu verhindern.

Die sekundären Emitter scheinen nur für den Zweck installiert zu sein, nahende Schiffe zum Andockring und zu den Andockpylonen zu leiten. Keines dieser 1,03-Megawatt-Geräte scheint leistungsfähig genug zu sein, um aus eigener Kraft ein Schiff vom Typ eines Runabouts ohne eine gewisse Felddriftung zu manövrieren.

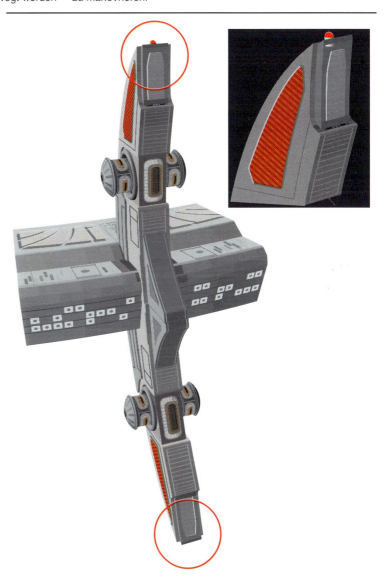

6.8 REPLIKATORSYSTEME

Die Systeme, die erforderlich sind, um unterschiedlich große Materiemengen und -kombinationen auf Deep Space 9 zu erzeugen, sind die industriellen und die Nahrungsreplikatoren. Die industriellen Systeme stammen von Starfleet und sind optimal auf die meisten nichtorganischen Substanzen eingestellt, auch wenn organische Analogstoffe z. B. bei einigen optronischen Geräten, Isoliermaterialien und Kleidungsstücken zum Einsatz kommen. Die Nahrungsreplikatoren sind fast ausschließlich cardassianischer Herkunft und befinden sich in den meisten Wohnquartieren sowie bestimmten kommerziellen Bereichen. Diese Replikatoren für die Crew werden in Abschnitt 12.5 ausführlich behandelt.

Industrielle Replikatoren werden in vielen verschiedenen Größen hergestellt, abhängig von der jeweiligen Anwendung. Die

Industrie-Replikator der Starfleet

bislang größte Einheit der Starfleet wird auf der Utopia Planitia-Flottenwerft auf dem Mars einem Systemcheck unterzogen und besitzt eine Ausgabefläche von 50,3 x 72,6 m. Das Gerät ist dafür vorgesehen, große Bauteile für Raumschiffe zu produzieren. Kleinere, tragbare Einheiten sind auf Sternenbasen und Schiffen der Starfleet installiert worden, sie werden vorwiegend eingesetzt, um Original- und Austauschhardware zu produzieren, die für Arbeiten im All und auf Planeten erforderlich ist.

Zwei industrielle Replikatoren sind der bajoranischen Regierung übergeben worden, um beim Wiederaufbau des Planeten nach dem Rückzug der Cardassianer zu helfen. Die Einheiten wurden mit einer umfassenden Datenbank für Materialien und Konstruktionen sowie mit ausreichendem isolinearen Speicherplatz für alle möglichen bajoranischen Erfordernisse geliefert. Vier industrielle Replikatoren wurden als Geste des guten Willens 2372 der Cardassianischen Union überreicht.

Jede Einheit hat die Maße 2,3 x 4,7 x 6,1 m und wiegt 12,4 Tonnen. Zur kompletten Baugruppe gehören zwei Materieeingabe-Vorbereitungseinheiten, ein Molekularmatrix-Algorithmenprozessor, ein Materiezusammensetzungsfeld-Manipulator, ein Matrix-Strahlemitter, eine zentrale Speicherbank und die Energieversorgung. Die Materie-Vorbereitungseinheiten nehmen Materialien in allen Aggregatzuständen an, Sensoren in diesen Sektionen untersuchen und analysieren die jeweiligen Elemente und Mischungen. Ein Vergleich zwischen Eingabe- und Ausgabematerie hinsichtlich Atomgewicht und -zahl entscheidet über den Energieaufwand, der für die betreffende Umwandlung erforderlich ist. Substanzen, die auf der Periodentafel (Standard, Erweiterung 1 und Erweiterung 2) nahe beieinanderliegen, erfordern weniger Rohenergie als solche, die weit voneinander entfernt sind. Einige Materialien, die sich in den Erweiterungstafeln 3 und 4 befinden, darunter Latinum-Ditensenit, lassen sich aufgrund ihres hohen Fehlvakuum-Energiepotentials nicht replizieren. Es existiert keine Replikationstechnologie (und sie ist auch nicht absehbar), die in der Lage ist, die exakten Proportionen der im Latinum enthaltenen Materialien zu bestimmen.

Der Matrix-Algorithmenprozessor bereitet die mathematische Schablone der Quantenzustände der Atome im zu replizierenden Gegenstand vor und überträgt diese Schablone in Echtzeit zum Materiezusammensetzungsfeld-Manipulator. Wenn die Schablone in der Datenbank existiert, wird sie aus dem isolinearen Speicher eingelesen. Der Feldmanipulator nutzt die zugeteilte Energie, die vom Prozessor festgelegt worden ist, um abwechselnd die Molekül- und Atomverbindungen der Eingabematerie aufzubrechen und neu zusammenzusetzen, bis die endgültige replizierte Form erreicht ist. Die Quantenauflösung variiert. Die meisten nichtorganischen Objekte erfordern eine weniger präzise Rekonstruktion, als dies bei Nahrungsmitteln der Fall ist. Die strukturelle Dichte kann ebenfalls variiert werden, was für Forschungs- oder Testreplikationen nützlich ist.

Der Feldmanipulator arbeitet in Übereinstimmung mit dem Strahlemitter, um auf der Ausgabefläche die endgültige molekulare Zusammenführung abzuwickeln. Wenn die Grundform des Objekts bestimmt ist, werden die umgewandelten Elemente und Mischungen so lange hinzugefügt, bis die richtige Dichte erreicht ist. Die ersten Phasen der Zusammenführung erfolgen in einer räumlich begrenzten Subraumdomäne, die dann zum endgültigen Auftauchen im normalen Vier-Raum geführt wird.

Die Einheiten, den Bajoranern geliefert wurden, verbrauchen im Durchschnitt 3,41 kg Deuterium für jede Minute Betriebszeit. Das System wartet sich durch interne Diagnosen und Testläufe in erster Linie selbst. Größere Hardware-Neueinstellungen und Austauschvorgänge können von bajoranischen Technikern vorgenommen werden, während Starfleet-Personal einmal jährlich eine Überprüfung durchführt. Das Eintreffen der Replikatoren hat die bajoranische industrielle Grundlage nicht spürbar verändert, und es hat auch nicht zu einem sprunghaften Anstieg replizierter Produkte geführt, auch nicht zu der oft angenommenen Einsetzung weiterer Replikatoren. Der gesamte Energieaufwand für den Betrieb ist hoch genug, um von einem ununterbrochenen Einsatz der Technik abzuschrecken. In vielen Fällen erweisen sich traditionelle Herstellungsmethoden sogar als wirtschaftlich sinnvoller.

7.0 KOMMUNIKATION

Zur Kommunikation auf Deep Space 9 gehören viele der gleichen Typen von Systemen und Verbindungen, die auch auf mobilen Einheiten wie Raumschiffen notwendig sind. Zum größten Teil kann die Station in die gleiche Kategorie eingeordnet werden wie ein Außenposten auf einem Planeten, da die Auswirkungen hoher Warpgeschwindigkeiten und die Anzahl in der Hülle eingebetteter Antennen keine wichtigen Faktoren darstellen. Sprach- und Datenverkehr innerhalb der Station, zwischen Station und Schiff sowie zwischen Schiffen untereinander und ferne Subraumpaket-Übermittlungen sind alle für den tagtäglichen Betrieb der Station äußerst wichtig – in Anbetracht des gegenwärtigen bedrohlichen Klimas sind sie vielleicht sogar überlebensnotwendig. Es soll an dieser Stelle darauf hingewiesen werden, daß zwar alle Kommunikationshardware-Pfade aufgezeichnet und gegen Sicherheitsverletzungen geschützt sind, dennoch sollten bei für den Betrieb maßgeblichen Informationen Vorsichtsmaßnahmen getroffen werden (siehe 7.6).

7.1 STATIONSINTERNE KOMMUNIKATION

Kommunikationen innerhalb von Deep Space 9 werden in zwei Hauptsysteme unterteilt, eines für kommerzielle und eines für Zwecke der Starfleet. Das kommerzielle System wird von einem alleinstehenden isolinearen Prozessor/Umschalter gesteuert und kann nicht zum Starfleet System querverbunden werden, ausgenommen, vom letzteren werden geschützte Kanäle geöffnet. Das Starfleet-System kann aber das kommerzielle Netz überwachen und regulieren und sogar abschalten, wenn RF- und Subraum-Funkstille erforderlich sind. Ein Großteil der Starfleet-Kommunikation wird von den Zentralcomputerkernen über das CPG geregelt. Beide Systeme werden regelmäßig aufgerüstet um sicherzustellen, daß Signale schnell und zuverlässig bearbeitet werden.

Bajoranischer- und Starfleet-Kommunikator

SYSTEMKONFIGURATION

Die Hardware-Konfiguration speziell für die stationsinterne Kommunikation besteht aus 4750 dafür ausgelegten ODN-Datenleitungen und Terminalknoten, die über die Station verteilt sind. Zu 43 Prozent handelt es sich hierbei um cardassianische Bauteile von Terok Nor, 57 Prozent sind von Starfleet ersetzt worden, wobei es zwischen beiden Typen ausgetriebener ODN-Fasern zu geringen Datenübersetzungen kommt. Das kommerzielle Netz läuft fast ausschließlich über die cardassianischen Knotenpunkte. Eine Reihe von RF-Leitungen dienen als Backup, sie sind aber beschränkt auf 395 langsamere Datensignalpfade und Audioempfangseinheiten im Ops, den Waffentürmen, im Habitatring, im Fusionskraftwerk sowie in den Erzverarbeitungsbereichen. Bislang ist keine zweite Lage supraleitender Reserveleitungen für den Einsatz auf der Station angepaßt worden.

Die Einheit des cardassianischen Terminalknotens ist ein hexagonales Plättchen mit einem Scheitel-zu-Scheitel-Durchmesser von 6,23 cm und einer Dicke von 1,31 cm. Das Gehäuse besteht aus mehrschichtigem Kupfer-Boroferrenit und ist mit einem kombinierten Sprach- und Datenschaltkreis aus Kupfer-Uridinit-Astatinat versehen. Die kombinierte Sektion für atmosphärische Übertragung ist ähnlich aufgebaut, weist aber einige Unterschiede auf. Das Plättchen für die Analog-digital-Stimmaufnahme und den Lautsprecher, der Unterschaltkreis für den Input und Output der Optikfaser-Modulation sowie der Digital-analog-Umkehrprozessor unterscheiden sich ein wenig von der Starfleet-Technologie. Ein einzelner Subraum-Transceiver und konstanter Verstärker sind kennzeichnend dafür, daß die Cardassianer zunächst auf einen robusten STA-Typ für Subraum-Datenflüsse vertrauten und dann das Signal im gesamten Schaltkreis verstärken, wenn das erforderlich ist. Das macht beim Kommunikationsnetzwerk einen geringeren Energieaufwand erforderlich als bei vergleichbarer Starfleet-Ausrüstung. Handgroße und größere tragbare Geräte, die nicht mit dem Fasernetzwerk verbunden sind, senden und empfangen Daten über die Terminalknoten. Die Energie für die Knotenschaltkreise wird als optischer Blitzimpuls in Intervallen von 78,5 Minuten übertragen und in einer Ringfeld-Schicht gespeichert.

7.0 KOMMUNIKATION

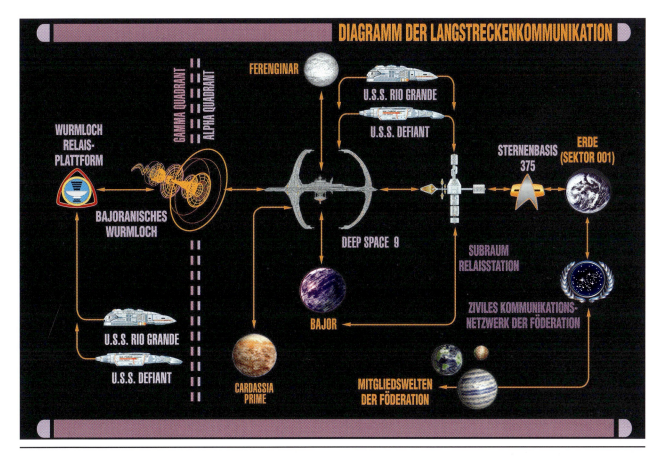

DIAGRAMM DER LANGSTRECKENKOMMUNIKATION

Der modifizierte Terminalknoten der Starfleet ist eine aufgerüstete Scheibe die auf 7,53 cm Durchmesser und eine Stärke von 1,2 cm reduziert worden ist. Das Gehäuse besteht weiterhin aus gegossenem Polykeiyurium, eine interne Anordnung umfaßt gesonderte Sprach- und Datensektionen. Die Datenrelais-Sektion enthält nun drei eingelassene Schaltkreise mit einem Standard-STA für erhöhte Kapazität und Übertragungsgeschwindigkeit.

BEDIENUNG

Die Sprachbedienung greift auf standardgemäße verbale Kommunikationsprotokolle der Starfleet zurück, die aus Variationen der Sequenz des Namens des rufenden Crewmitglieds und des Namens des Gerufenen bzw. der Abteilung bestehen. Die AI-Algorithmen in der CPG leiten den Ruf exakt an den gewünschten Ort, normalerweise anhand der Koordinaten des Combadge, oder sie führen einen allgemeinen, stationsweiten Ruf durch. Stationsweiter Audio-Alarm durch Individuen ist auf Starfleet- und bajoranische Offiziere und Crewmitglieder beschränkt, ausgenommen, dies wird für andere Besucher oder Bewohner angewiesen. Spezieller Audio-Alarm für den kommerziellen Handel, für diplomatisches Personal und Personal von wissenschaftlichen Missionen wird erforderlichenfalls aktiviert, bevor die Vorbereitungen für militärische Maßnahmen ergriffen werden, gefolgt von einer Datenübertragung im Sprungmodus an alle angedockten Schiffe, die Informationen über Evakuierungswege innerhalb der Station und über Fluchtwege im All enthält sowie über die Subraumfrequenzen für eine Aufrechterhaltung des Kontakts mit Starfleet oder Regierungen im Quadranten für die Dauer der Krise.

Datenübertragungen, die über das kommerzielle Netz geschickt werden, werden normalerweise verschlüsselt, um Eigentümerinformationen der Handel treibenden Parteien zu schützen. Normalerweise werden auch keine Daten während der Terminal-zu-Terminal-Bewegung gespeichert. Wie aber zuvor erläutert, steht Händlern Speicherplatz im Computerkern zur Verfügung (siehe 4.2). Starfleet-Kommunikationen, die zwischen Combadges, Terminalknoten, Handgeräten und Desktop-Einheiten ausgetauscht werden, werden durch die Benutzereinheit verschlüsselt und durch die CPG geleitet. Alle bordinternen dienstlichen Übertragungen werden mindestens sechs Monate lang gespeichert, komprimiert und auf isolineare Blöcke kopiert und zu Starfleet Command entweder in materieller Form oder per Subraumradio übertragen.

Systemausfälle werden entweder durch die Prozessoren des kommerziellen Netzes oder durch die Starfleet-CPG ausgeglichen, um Kanäle mit Priorität für den Stationsbetrieb aufrechtzuerhalten. Verbale oder automatische Optionen können beide Systeme rekonfigurieren. Das kommerzielle Netz wird üblicherweise vom Fracht- oder Dockmeister einer auf Deep Space 9 ansässigen Handelsvereinigung in enger Zusammenarbeit mit den Behörden von Starfleet und Bajor überwacht. Das Starfleet-Netz kann vom ranghöchsten Ops-Offizier bis hin zu einem Starfleet- oder bajoranischen Junior-Lieutenant bedient werden.

7.2 PERSÖNLICHE KOMMUNIKATOREN

Miniatur-Subraum- und RF-Kommunikationsgeräte werden von fast jeder Kultur benutzt, die auf oder in der Nähe von Deep Space 9 tätig ist. Die wichtigsten Spezies oder Einrichtungen im Alpha-Quadranten, die persönliche Kommunikator-Badges an der Bordkleidung und an Raumanzügen einsetzen, sind Starfleet, Bajoraner, Klingonen und Romulaner. Andere Spezies haben Geräte entwickelt, die im Kern dem STA ähnlich sind, um sie in anderer Hardware für Sprach- und Datenübermittlung einzusetzen.

Zu den Hauptaufgaben des gegenwärtig von Starfleet ausgegebenen Kommunikators gehören nach wie vor die Aufrechterhaltung des Audiokontakts zwischen Crewmitgliedern an Bord von Schiffen und während Missionen außerhalb des Schiffs sowie die Zielerfassung für den Transporter. Audiokontakt mit den Computern von Deep Space 9 und denen anderer Raumschiffe wie z. B. die *Defiant* oder das *Runabout Rio Grande*, ist ebenfalls bei diesem System berücksichtigt worden. Das Gehäuse besteht aus mikrogemahlenem Duranium mit veränderten Anteilen an plasmagebundenen Gold- und Silberlegierungen und stellt das jüngste Starfleet-Emblem dar.

Das STA, das in Combadges, PADDs und Tricordern benutzt wird, ist hinsichtlich Reichweite, stimmdekodierender Schaltkreise und effizientem Energieverbrauch ausgerüstet worden. Stimmeingaben, die von der Monofilm-Aufnahme festgestellt werden, sind aufgrund zusätzlicher, in das Gehäuse gegossener Vibrationsleitungen in ihrer Audioqualität verbessert worden. Der Sprachprozessor ist mit zusätzlich installierten AI-Algorithmen verbessert worden, um eine schärfere Schallwellentrennung zu erreichen: Er leitet die Schallwellen-Impulse durch einen Satz benutzerdefinierter Filter, um Wort- und Satzgültigkeit zu kontrollieren. Diese AI-Schaltkreise arbeiten direkt mit dem integrierten Universaltranslator (UT) zusammen, einer kleinen Ausführung des normalerweise großen Handgeräts. Der Universaltranslator-Schaltkreis des Combadge ist mit den grundlegenden Konversationslexika von 253 galaktischen Zivilisationen sowie einer linguistischen Analyse für einfache Übersetzungen ausgestattet.

Die Subraumradio-Reichweite des Combadge ist auf 1200 km bei direkter Verbindung und auf 780 km durch geologische Strukturen mit einer Dichte von 7,54 g pro m^3 erweitert worden. In Verbindung mit leistungsfähigeren Kommunikationsvorrichtungen wie beispielsweise Notfall-Subraumbaken können Combadges untereinander bis annähernd 60 000 km Kontakt halten. Im Relais-Modus kann durch eine Bake das STA Sprache und Daten über eine Entfernung von bis zu 3,72 Lichtjahren geschickt und empfangen werden.

Die Transportererfassung des Combadge wird immer durch Störfelder und -partikel eingeschränkt, auch wenn die STA-Schaltkreise permanent versuchen, einen klaren Transponder-Impuls an die rufende Einheit zurückzusenden. Anpassungsfähige Wellenform-Algorithmen im STA filtern automatisch das Subraumsignal, auch unter fluktuierenden Umständen. Wenn die Schwelle für einen sicheren Transport überschritten ist, gibt das Combadge eine Negativmeldung.

Energie wird aus einer verdichteten Sarium-Krellit-Zelle geliefert, die eine ununterbrochene Leistung drei Wochen lang ermöglichen kann. Die Wiederaufladung erfolgt über eine standardmäßige Induktionsschleife. Hörbare Kristall-Oszillation zeigt an, daß die Einheit kurz vor dem Ausfall steht.

BAJORANISCHER KOMMUNIKATOR

Das bajoranische Combadge spiegelt das Abzeichen der planetaren Verteidigungsstreitkräfte Bajors wider und wird sowohl zu militärischer als auch zu ziviler Kleidung getragen. Die Matrixschaltkreis-Technologie ist ein Hybride aus bajoranischer und Starfleet-Technik, wobei letztere ihren Schwerpunkt auf die Verbindung zur und die Kontrolle der kompakteren als der in Starfleet-Kommunikatoren eingesetzten Version der Sarium-Krellit-Energiezelle legt. Die bajoranische Einheit ist normalerweise auf die Kommunikationsfrequenzen der Starfleet konfiguriert und arbeitet nach den gleichen Sprach- und Datenübertragungsprotokollen.

Das Gehäuse ist aus einer 2,43 mm dicken Hülle aus druckgegossenem Hafnium-Beretit gefertigt, einer Variation der Legierung, die bei bajoranischem Schmuck benutzt wird. Die Legierung selbst ist farblos, zeigt aber nach dem Guß eine leicht rötliche Färbung. Eine stabilisierte Mikrobrechungsschicht ändert die Wellenlänge des reflektierten Lichts. Der bajoranische STA-Typ beinhaltet die notwendige Audioaufnahme mit Lautsprecher, Sprach- und Datenprozessorschaltkreis sowie die Universaltranslator-Komponente. Der UT ist geringfügig leistungsschwächer als die Starfleet-Version, da sie nur über 198 linguistische Bibliotheken verfügt, dafür ist die Realzeit Übersetzungs AI um 155 Prozent schneller. Die verdichtete Sarium-Krellit-Zelle kann 2,3 Wochen ohne Unterbrechung betrieben werden und ist per Induktionsschleife wiederaufladbar.

KLINGONISCHER KOMMUNIKATOR

Das momentane standardmäßige Kommunikatorbadge der Klingonischen Verteidigungsstreitkräfte wird an alle Crews ausgegeben, darunter auch an die Truppen, die Anfang 2374 Deep Space 9 zugeteilt sind. Das Gehäuse besteht aus Polyduranium, ist mit *Baakonite* gehärtet und mit dem Abzeichen der jeweiligen klingonischen Militärdivision versehen, an die der Kommunikator ausgegeben wird. Der Subraum-Transceiver ähnelt dem bereits beschriebenen und verfügt über eine bemerkenswerte Kontrolle entfernt liegender Transportsysteme. Die Reichweite von Einheit zu Einheit beträgt 960 km. Die UT-Bibliothek ist noch eingeschränkter als bei der bajoranischen Einheit, der Echtzeit-Übersetzer ist hinsichtlich seiner Geschwindigkeit vergleichbar. Die Energie wird aus einer miniaturisierten, gesinterten Therminium-Zelle geliefert, die Strom aus kontrolliertem Radioisotop-Zerfall erzeugt. Eine neue Zelle kann ununterbrochen 4,65 Wochen lang arbeiten.

ROMULANISCHER KOMMUNIKATOR

Der romulanische Kommunikator ist typischerweise in Form eines Bird-of-Prey-Symbols in die Militäruniform eingearbeitet.

Dieser Kommunikator verfügt normalerweise nicht über einen Dermalsensor. Wenn der Kommunikator einmal aktiviert ist, bleibt er in Betrieb, bis die Zelle verbraucht ist. Es wird angenommen – obwohl es weder von den Romulanern noch vom Geheimdienst der Starfleet bestätigt werden konnte –, daß die Einheiten während einer Mission auf einem Warbird, Scout- oder einem anderen Schiff weitergegeben werden. Das Gehäuse ist aus einem einzelnen, aus S'ephelnium-Calmecit bestehenden Kristall gefräst, einer Legierung, die für ihre Härte und Widerstandsfähigkeit gegen Risse bekannt ist. Die Spezifikationen des Subraum-Transceivers sind in keiner frei zugänglichen Datenbank gespeichert, es ist auch nicht bekannt, ob Einheiten für eine Analyse verfügbar geworden sind.

FERENGI-TRANSLATOR-IMPLANTAT

Die Ferengi haben einen kleinen, implantierbaren Universaltranslator hergestellt, der bei Verhandlungen helfen kann, der aber nicht über Subraum- oder RF-Funktionen verfügt. Die Einheit hat einen Durchmesser von 2,3 cm und eine Höhe von 2,54 cm und wird ununterbrochen zwei Wochen lang von einer integrierten Sarium-Krellit-Zelle betrieben. Muskelimpulse im Ohrläppchen kontrollieren die Aktivierung des Implantats. Es gibt einige wohlbekannte Probleme, darunter EM-Interferenzen, Daten-Ausfälle und Aussetzer im Betrieb, die durch unkontrollierbares Nervenzucken verursacht werden, das durch Krankheit oder Überstimulierung ausgelöst wird. Die Einheit verfügt über eine aufrüstbare Datei von 756 linguistischen Bibliotheken und einer entsprechenden Anzahl von Währungsumrechnungstabellen.

ANDERE KOMMUNIKATIONSGERÄTE

Die meisten Kommunikationsgeräte, die nicht als Teil der Bekleidung getragen werden, besitzen die Größe von Handgeräten für 50 Prozent der Humanoiden. In Reichweite, Bandbreite, Energieverbrauch und Übersetzungsoptionen weisen sie große Unterschiede auf. Abgesehen vom Ferengi-Translator eignen sich die meisten subdermalen Implantate und kleineren STA-Komponenten nicht für den täglichen Gebrauch und fallen eher in die Kategorie des Zubehörs für verdeckte Operationen als in die der typischen Kommunikatoren. Aufsatz- und größere tragbare Einheiten existieren ebenfalls, doch auch sie fallen in die Kategorie spezialisierter Sprach- und Datensysteme.

7.3 STATION-ZU-BODEN-KOMMUNIKATION

Kommunikationsverkehr zwischen Deep Space 9 und Bajor wird als Station-zu-Boden bezeichnet. Jeder andere Verkehr zwischen der Station und mobilen Einheiten fällt unter Schiff-zu-Schiff, während Übertragungen an ferne planetarische oder Orbitalbasen Teil des Subraum-Netzwerks sind (siehe 7.4, 7.5). Alle Kommunikationsformen laufen über die Subraum- und die eingeschränkteren RF-Systeme der Cardassianer und der Starfleet. Die grundlegenden Unterschiede zwischen den beiden Systemen betreffen die Reichweite und die Geschwindigkeit.

Der Subraum ist auch weiterhin die wichtigste Umgebung für Hochgeschwindigkeitsübertragungen, während RF nach wie vor als Backup-Übermittlungsmethode auf kurzen Strecken eingesetzt wird, gefolgt von modulierten Versionen des Standardphasers, des Röntgenstrahlen-Lasers und der Infrarot-Emitter (IR). Die meisten Subraum-Radiowellen bewegen sich mit Warp 9,9997, die gesamte RF-Energie ist auf Lichtgeschwindigkeit (c) begrenzt. Neue Methoden zur Steigerung der warp-äquivalenten Geschwindigkeiten modulierter Subraum-Energiewellen werden gegenwärtig erforscht. Dazu gehört die Anpassung spiralenförmiger Verteronen-Membranen, die denen gleichen, die am Wurmloch-Interface zu finden sind, womit im wesentlichen ein Mikro-Wurmloch geschaffen werden soll, das den Kommunikationsstrom umschließt. Kommunikation auf Soliton-Basis könnte die selbsterhaltende Art dieser Wellenenergie-Felder nutzen, möglicherweise kann die Reichweite verständlicher Nachrichten über das Limit von 22,65 Lichtjahren für die Standard-Subraumübermittlungen hinaus erhöht werden.

INSTALLIERTE HARDWARE

Die gesamte Hardware für externe Kommunikation der Raumstation besteht aus 21 RF- und 24 Subraumtransceiver-Baugruppen, wie sie ursprünglich von den Cardassianern installiert worden waren, außerdem Starfleet-Aufrüstungen in Form von zwölf RF- und sechs Subraumtransceivern. Die Energie für alle Transceiver wird durch EPS-Leitungen der Stufe 3 geliefert, wobei mehrfache Backup-Sicherungen durch Leitungen der Stufe 3 gewährleistet werden, wie sie normalerweise bei Turboliften zum Einsatz kommen.

Jede cardassianische RF-Einheit ist ein flaches und gedehntes doppeltes Trapezoid mit den Maßen 0,45 x 1,27 x 0,31 m. Sie enthält eine soft-partitionierte Sprach- und Datensubprozessor-Sektion, drei Breitfrequenz-Analysatoren, zwei Vario-Signalkompressionsisolinearbänke sowie drei querverbundene Verschlüsselungssubprozessoren auf Hardware-Niveau. Vor der Re-Initialisierung der RF-Knoten im Jahr 2369 wurden alle Verschlüsselungseinrichtungen von den Haupt-Signalwegen getrennt, komplett gesäubert, um dann mit neuen Querverbindungen zum Computer-CPG der Starfleet versehen und wieder in Betrieb genommen zu werden (siehe 7.6). Zwar ist sämtliche RF-Ausrüstung auf Übertragungen mit Lichtgeschwindigkeit begrenzt, dennoch haben Starfleet- und bajoranische Kommunikationsspezialisten empfohlen, diese Systeme in Betrieb zu halten. Hauptgründe sind unter anderem Subraum-Instabilitäten, die

7.0 KOMMUNIKATION

rund um die Station aufgrund von Wurmloch-Energiefluktuationen auftreten können, aktive Störung durch feindliche Kräfte und andere, auf Gefechte bezogene Kommunikationsprobleme. Die brauchbare Übermittlungsentfernung ist von 778 Millionen km bei mittlerem Energieeinsatz auf 1,6 Milliarden km und bei hohem Energieeinsatz auf 3,4 Milliarden km erhöht worden. Diese größere Distanz entspricht mit Lichtgeschwindigkeit einem Zeitraum von drei Stunden in einer Richtung, wird aber für Notrufe, Übertragung vertraulicher Daten und andere Krisenkommunikationen als akzeptabel erachtet.

Der typische cardassianische Subraum-Transceiver ist eine vertikale Einheit in Form eines Trichters, die in Beziehung zur X-Y-Symmetrie des Computerkerngehäuses montiert ist, er ist durch integrierte Wellenführung direkt mit der Verkleidung der Außenhülle verbunden. Das Objekt hat einen Durchmesser von 0,98 m und eine Höhe von 2,41 m, es enthält Sprach- und Datenprozessoren, EPS-Energievorbereiter sowie zwei separate Subraum-Feldgeneratoren/Modulatoren für die eng- und breitgestreuten Antennenphalanxen. Jegliche Rauschunterdrückung bei akustischen und optischen Datenströmen erfolgt über die ODN-Inputsubprozessoren des Kommunikationssystems, bevor das Signal den Transceiver durchläuft. Die effektiv abgestrahlte Energie der Antennenplatte beträgt 15,3 Megawatt, was bei allen 24 Knoten zu einer Gesamtleistung von 367,2 Megawatt führt, die allerdings nur in Krisensituationen voll genutzt wird. Bei den meisten, einen hohen Energieaufwand erfordernden Übermittlungen wurden üblicherweise nur drei Transceiver einbezogen, die auf Cardassia Prime gerichtet waren. Eine Serie von Subraum EM-Sensoren ist in jede Antenne integriert, um das Erlangen der optimalen Übertragung zu unterstützen.

An die gleichen CPG-Signalumschaltblöcke wie die cardassianischen Transceiver sind auch die RF- und Subraum-Aufrüstungen der Starfleet angeschlossen. Bei beiden Einheiten handelt es sich um wiederverwendete Komponenten, die während des normalen Hardware-Austauschs auf Raumschiffen anfallen, die sich aber noch in ihrer MTBF-Periode befinden. Sämtliche Hardware-Überholungen sind für Nicht-Warp-Installationen als raumtauglich erklärt worden, da es im Orbit um Bajor nicht so rasch zu Materialermüdungen kommt. Die RF-Einheiten sind kleine standardmäßige, hexagonale Bauteile mit einem Durchmesser von 1,1 m und einer Dicke von 0,23 m. Bei der Installation auf Deep Space 9 sind die meisten RF-Einheiten in Zugangstunnel der Station nahe der Hülle montiert worden, doppelt redundante Wellenleiter führen dabei zu den externen Antennen. Drei sind in der Ops-Antennengruppe installiert.

Die Subraum-Transceiver der Starfleet stammen alle von Raumschiffen der *Soyuz*-Klasse, deren Hauptdienstzeit sich dem Ende näherte. Jedes dreifach redundante Objekt ist von einem oktagonalen Bauteil umschlossen, das einen Durchmesser von 1,33 m und eine Dicke von 0,56 m aufweist. Da der jüngste Austausch von Subraum-Ausrüstung der *Soyuz*-Klasse erst acht Jahre zuvor durchgeführt wurde, wird die vorgesehene Nicht-Warp-MTBF sie bei regelmäßiger Wartung weitere 25 Jahre betriebsfähig halten. Die internen Komponenten, die dem Ingenieursstab zur Verfügung stehen, umfassen unter anderem bekannte Sprach- und Datenprozessoren, EPS-Energievorbereiter, Subraumfeld-Spulen und optronisch steuerbare Fokussierungsphalanxen. Eine Einheit ist im Unteren Kern installiert, zwei weitere in der Ops-Antennengruppe, die übrigen drei in Intervallen von 120 Grad entlang des Andockrings, jeweils zwischen zwei Pylonen. So wie die RF-Einheiten sind die Subraum-Vorrichtungen im Inneren des Andockrings geschützt untergebracht und mittels ummantelter Wellenleiter mit den Oberflächenplatten verbunden.

Die Subraum- und RF-Antennengruppe, die sich auf dem Dach des Ops-Moduls befindet, stammt aus der Konstruktionsphase von Terok Nor und ist nach wie vor in diensttauglichem Zustand. Die beiden RF-Antennen sind langgestreckte Tetraeder aus Niobium-Kupfer-Disellenit auf einem Duranium-Substrat. Bei den Subraumantennen finden sich zwei verwandte Typen. Der erste ist ein zylindrischer Allrichtungsemitter, der aus Niobium-Yttrium-Toranit hergestellt und auf einen aus Duranium-Kelendit bestehenden Mast montiert ist. Der zweite ist ein großer, einer hochaufragenden Klinge ähnlicher, steuerbarer Emitter/Receiver, der aus sieben Schichten Kupfer-Borokin-Feldelementen aufgebaut ist, die von einem Toranium-Graphit-Gehäuse umschlossen sind. Die 32 673 einzelnen energiegeladenen Elemente sind per Computerbefehl steuerbar, was mehrere Übermittlungen in verschiedene Richtungen ermöglicht. Ein fünfter Mast enthält eine Notfall-Subraumbake sowie eine Notruf-Übermittlungsreceivereinheit.

ANWENDUNGEN

Die ursprüngliche Station-zu-Boden-Kommunikation verband Terok Nor mit den cardassianischen Einheiten auf der Oberfläche Bajors. Nachdem die Station verlegt worden war, konnten die mit niedriger Energie arbeitenden Kommunikationseinrichtungen auf dem Planeten nicht länger Deep Space 9 erreichen. Als Mindestmaßnahme waren hochenergetische RF-Transceiver erforderlich, damit die Verbindung zur Station aufrechterhalten werden konnte. Schließlich wurden Subraumrelais auf Bajor installiert, um eine Vernetzung des Sprach- und Datenverkehrs von Combadges, PADDs, Tricordern und Raumschiffen mit der Station herzustellen.

So wie bei den meisten Kommunikations- und anderen optronischen Systemen auf Deep Space 9 sind Frequenzen und Hardware streng zwischen Starfleet und bajoranischer Verwaltung auf der einen Seite und dem kommerziellen Sektor auf der anderen Seite aufgeteilt. Energieverteilung und Transceiver-Amortisation, die sich auf Übermittlungen nach Bajor beziehen, werden errechnet und den Bewohnern und Händlern entsprechend in Rechnung gestellt. Kommerzielle Kunden können ihre eigenen Verschlüsselungscodes benutzen, dabei sind sie für öffentliche oder private Verschlüsselung lediglich beschränkt auf $1,25 \times 10^9$ Ziffern. Notfall-Kommunikationen von Bajor oder von der Station werden ohne Verzögerung vom Computer an den jeweiligen Empfänger geleitet, vorausgesetzt es werden die korrekten Zugangscodes benutzt. Sämtliche militärische Kommunikation zwischen Starfleet und Bajor unterliegt strengen Sicherheitsprotokollen und wird in der CPG (siehe 7.6) gefiltert. Alle routinemäßigen Übermittlungen zwischen Starfleet-Personal und Bajor laufen ebenfalls durch die CPG, um dann zur Komprimierung und Übertragung an das Starfleet-Headquarter vorbereitet zu werden.

Alle nicht standardmäßigen Kommunikationssignale oder modulierte EM, die zwischen Bajor und Deep Space 9 entdeckt werden, werden aufgezeichnet und auf mögliche Notrufe oder andere bedeutsame Inhalte hin analysiert. Zum Zeitpunkt der Stationsübergabe waren zwischen Starfleet und Bajor alle Signal- und linguistischen Übersetzungsroutinen festgelegt worden, erforderlichenfalls wurden den Kommunikationsprotokollen Algorithmen angehängt. Die meisten unbekannten Signale, die in den letzten Jahren registriert wurden, hatten ihren Ursprung bei neuen Kulturen, Flüchtlingen und feindlichen Mächten, darunter auch die Eindringlinge aus dem Spiegeluniversum. Diese EM-Muster wurden katalogisiert und analysiert, um dann in die allgemeine Kommunikationsdatenbank übernommen zu werden.

7.4 SCHIFF-ZU-SCHIFF-KOMMUNIKATION

Langstrecken-Kommunikation zwischen den meisten Raumschiffen, Sternenbasen und Planetensystemen erfolgt weiterhin über die ultrahochenergetischen Subraumtransceiver unterschiedlicher Herkunft und Leistungsfähigkeit. Sprach- und Datenübertragungen zwischen Deep Space 9 und Raumschiffen fallen in die Kategorie der Schiff-zu-Schiff-Kommunikation, da die Station in einigen Fällen als mobile Anlage betrachtet wird.

Die Subraumradio-Hardware, die auf der Station installiert ist, ist mehr als ausreichend, um Kontakt mit fernen Schiffen aufrechtzuerhalten, da die cardassianischen Einheiten mit ihrer Heimatwelt kommunizierten und die Einheiten der Starfleet von funktionstüchtigen Raumschiffen stammten. Schiffe, die Deep Space 9 zugeteilt sind, darunter die *U.S.S. Defiant*, die *Runabouts Rio Grande* und *Rubicon* sowie Schiffe der Klingonischen Verteidigungsstreitkräfte wie die *I.K.S. Rotaran*, bleiben über ihre primären Subraumsysteme untereinander und mit der Station in Kontakt, wobei niedrigenergetische RF-Transceiver als Backup dienen. Sämtliche Kommunikationsdaten werden gegenwärtig mit einer maximalen Leistung von 53,45 Kiloquad pro Sekunde übertragen, was Komprimierungsalgorithmen und höherfrequenter Subraumenergie zu verdanken ist. Diese höheren Frequenzen entsprechen einer tieferen „Schicht" des Subraums, in der sich die Übermittlungswellen bewegen, bevor sie wiederauftauchen und zu langsamerer, abgebauter EM-Strahlung werden.

So wie bei der Station-zu-Boden-Kommunikation umfaßt die Schiff-zu-Schiff-Kommunikation ebenfalls die Starfleet- und bajoranische Administration sowie kommerzielle Sprache und Daten. Unter günstigen Bedingungen beginnen beide Typen üblicherweise mit dem Standard-Rufsatz für die Computerweiterleitung und für den Start des Universaltranslators. Die Starfleet-Kommunikation zwischen Schiffen und der Station wird über gesicherte Kanäle und Aufzeichnungsprotokolle abgewickelt. Kommerzieller Verkehr kann ähnliche Maßnahmen erforderlich machen, muß es aber nicht.

Standort der Antennengruppe

7.5 SUBRAUM-KOMMUNIKATIONSNETZWERK

Allen Anstrengungen der Starfleet zum Trotz, die Subraum-Kommunikationsreichweite zu verbessern, hat kein gegenwärtig in Entwicklung befindliches technologisches Experiment eine Möglichkeit ergeben, um ein Energiesignal über das Limit „97/22" hinauszubringen, womit die Warpgrenze von Faktor 9,9997 als Trägergeschwindigkeit und die Reichweite von 22,65 Lichtjahren als die Grenzen gemeint sind, über die hinaus ein Signal einen nicht wiederherstellbaren Datenverlust erleidet. Die Notwendigkeit unbemannter Relaisstationen besteht weiterhin.

Anhaltende Gefahren bestehen aber für das gegenwärtige Relaissystem. Starfleet hatte einen Anstieg um 250 Prozent von 500 auf 1250 Baken vorgesehen, der 2370 beginnen sollte. Der Anstieg in der Installationsrate sollte ursprünglich durch die normale Ausbreitung im Subraum eintreten, doch nach nur zwei Jahren wurde aus diesem Hauptgrund der Ersatz von Einheiten erforderlich, die von feindlichen Kräften im Alpha-Quadranten zerstört worden waren. Das Subraum-Kommunikationsnetzwerk war besonders anfällig, da die Cardassianer und später auch die Jem'Hadar von den Grundgesetzen des Subraums wußten, daß jeder Einheit, auf die sie trafen, in einer Entfernung von 22,65 Lichtjahren eine weitere folgen mußte. Alle wichtigen Kommunikationsverbindungen zwischen Starfleet-Einrichtungen konnten so unterbrochen werden. Um cardassianische Streitkräfte daran zu hindern, die Relais zu benutzen, die ihnen während der Besetzung in die Hände gefallen waren, begann Starfleet mit einer eigenen Aktion, um sicherzustellen, daß alle cardassianischen Einrichtungen in einem Radius von 30 Lichtjahren rund um Bajor mit Schwerpunkt in Richtung auf den Sol-Sektor entweder zerstört oder geborgen wurden.

Starfleet erkannte, daß eine massive Vervielfachung der Relaismenge verwirren und eine feindliche Aktion verhindern konnte, Deep Space 9 vom Sol-Sektor abzuschneiden. Jedoch wurde ein Rückzug der meisten nicht zerstörten Baken und bemannten Relaisstationen als strategisch sinnvoller eingeschätzt. 2371 wurden 80 Prozent aller Einheiten geborgen, um im Sektor 001 gelagert zu werden, weitere 10 Prozent wurden vorsätzlich vernichtet, damit sie nicht in feindliche Hände fallen kon-

7.0 KOMMUNIKATION

nten. Die verbliebenen 10 Prozent wurden in zufällige Formationen aufgeteilt, fernab von Versorgungskonvoirouten, sie werden von gut bewaffneten Verteidigungskräften der Starfleet gewartet. Der Zugriff auf das Netzwerk in den umstrittenen Gebieten wird genau überwacht (siehe 7.6). Andere Ketten von Subraum-Relais, die von auf der Station ansässigen Kulturen eingerichtet wurden, existieren im bajoranischen Sektor, auf sie kann durch Organisationen, die sie kontrollieren, zugegriffen werden. In einigen Bereichen ist die Flächendeckung nicht gegeben, so daß Übermittlungen über Umwege geleitet werden müssen, um die Lücke zu entfernten Sternensystemen zu schließen – vor allem zu Systemen nahe den Gebieten der Klingonen und Romulaner.

WURMLOCH-RELAISSYSTEM

2371 wurde eine verstärkte Subraum-Relaisstation am Idran-Ausgang des Wurmlochs eingerichtet. Dieses Gemeinschaftsprojekt der Bajoraner, Cardassianer und der Föderation basierte auf dem Rahmen eines standardmäßigen stellaren Observatoriums und wurde mit speziellen hochenergetischen Transceivern und Energiesystemen ausgestattet. Eine Gruppe von Verteronen- und Neutrinoscannern sowie Felderzeugungsvorrichtungen half der Relaisstation, Datenströme durch das Wurmloch zu schicken und zu empfangen. Der Ausbruch der Feindseligkeiten des Dominion führte zur Zerstörung des Relais und zum Ende der Hardware-basierenden Kommunikation zwi-

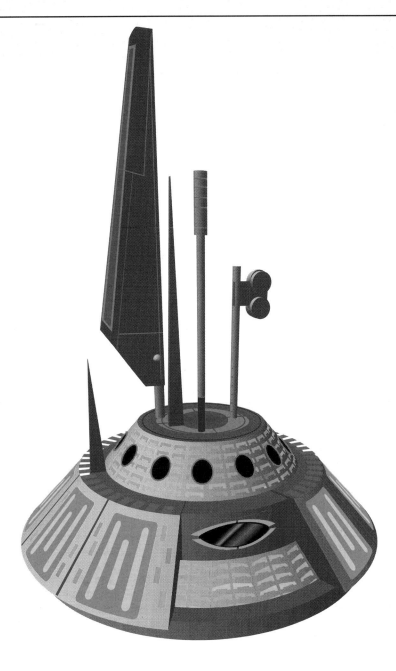

Antennengruppe

7.0 KOMMUNIKATION

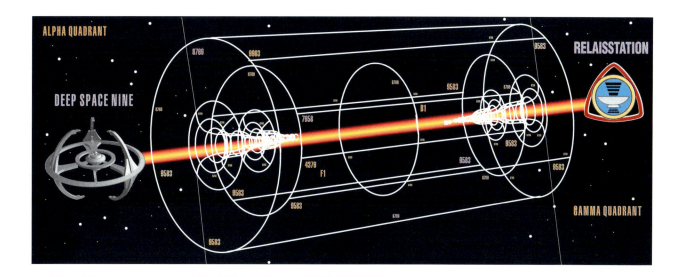

schen beiden Seiten des Wurmlochs. Unter bestimmten Umständen können Silizium-Infusionen in die Wurmlochöffnung auch weiterhin einen temporären Kontakt durch den Verteronenkern des Wurmlochs ermöglichen, indem ein Subraumfaden entsteht.

7.6 SICHERHEITSERWÄGUNGEN

Alle Kommunikationseinrichtungen und organisatorischen Systeme im Zusammenhang mit Deep Space 9, vor allem die der Starfleet vorbehaltenen, müssen strengen Sicherheitsprotokollen unterworfen werden. Das kleinste Combadge kann zu einer Gefahr für die Politik der Föderation und für das weitere Überleben von Deep Space 9 werden. Die internen Kommunikationssysteme auf Deep Space 9 sind durch wechselnde Zugangscodes für Combadges, PADDs, Tricorder, Konsolen und andere Datenflußsysteme für einen sicheren Betrieb konfiguriert. Wie ausgeführt, sind die Codes für das Starfleet- und das kommerzielle System voneinander getrennt und können unabhängig voneinander eingestellt werden. Die gesamte Hardware, die mit der Starfleet-Seite verbunden ist, kann Code-Aktualisierungen per Fernsteuerung oder über ihre jeweiligen Induktionsaufladungsbasen erhalten. Andere kommerzielle Kommunikationsausrüstung kann auf ähnliche Weise in ihrer Wirkung eingeschränkt werden, abhängig von den damit verbundenen besonderen Handelsabkommen und Hardware-Vereinbarungen.

Starfleet- und bajoranische Kommunikation, die die Station verläßt, ist durch eine Reihe von tiefergehenden Verschlüsselungscodes und durch nichtstrahlende Hardware-Schutzvorrichtungen gesichert. Diese Codes werden regelmäßig nach dem Zufallsprinzip verändert, um feindliche Kräfte abzuschrecken, die darauf hoffen, etwas aus dem Subraumverkehr in Erfahrung zu bringen. Entfernte feindliche Antennenphalanxen haben Kommunikationsenergien und Raumschiffbewegungen beobachtet, doch in den meisten Fällen haben sich die massiv verschlüsselten Daten als extrem schwer dechiffrierbar erwiesen. Die Privat-zu-Privat-Verschlüsselungscodes der Starfleet bestehen üblicherweise aus $2{,}38 \times 10^{12}$ großen Ziffernfolgen für alle ÜLG- und Unterlichtgeschwindigkeit-Verschlüsselungen. Starfleet Command gibt alle neuen Verschlüsselungscodes in Form von Subraum-Übermittlungen oder isolinearen Stapelspeichern heraus, die per Kurier überbracht werden. Im Fall übermittelter Codes wird die neue Sequenz automatisch vom vorherigen Codierungssatz entschlüsselt. Diese isolinearen Stapelspeicher sind dadurch vor Diebstahl gesichert, daß sie auf sechs oder mehr Teile aufgesplittet sind. Überwiegend wird ein kompletter Satz Codes zum Teil als Subraum-Übermittlung und zum Teil als Stapelspeicher geliefert. Bio-neurale Gelpacks werden derzeit auf ihre Speicherzuverlässigkeit für die ‚Nonfuzzy Logic'-Speicherung von Codierungsdaten getestet.

Man weiß seit langem, daß auch die besten Sicherheitsmaßnahmen von einer festentschlossenen Macht geknackt werden können. Computeranalysen der Nutzung der Kommunikationssysteme, Verwendung von Codierungstypen und Zugriffshäufigkeit können benutzt werden, um ungewöhnliche Sprach- und Datenaktivitäten auf und rund um Deep Space 9 aufzuspüren. Nach jedem Eindringen in das Kommunikations- und Computersystem werden sämtliche Dateien gescannt, die Systemschutzmauern werden überprüft und erforderlichenfalls um weitere Verschlüsselungsebenen verstärkt. Alle aktuellen Codes werden durch den nächsten Satz Codierungen oder durch eine vorübergehende Backup-Codierungsreihe ersetzt, die durch die CPG der Starfleet erzeugt wird.

Personal kann nach dem Zufallsprinzip ausgesucht werden, um Kommunikationseinrichtungen zu reinigen und neu zu konfigurieren. Das gilt für Starfleet- und bajoranische Offiziere genauso wie für den technischen Stab, die Bewohner und die Händler. Interne Scans nach geheimdienstlichen Informationsspeichervorrichtungen sowie angezapften optronischen Fasern werden nach dem Zufallsprinzip vorgenommen. Scans für andere feindliche Vorrichtungen und Sabotageversuche werden in ähnlicher Weise gehandhabt (siehe 12.3). Externe Scans der Stationsstruktur und der angedockten Schiffe werden gleichermaßen zufällig durchgeführt. Sowohl intern als auch extern werden alle gefundenen Geräte neutralisiert und vom Sicherheitspersonal nach Möglichkeit bis zur Quelle zurückverfolgt.

8.0 TRANSPORTERSYSTEME

8.1 EINFÜHRUNG IN DAS TRANSPORTERSYSTEM

Der primäre Subraum-Transporter, der sich auf Deep Space 9 befindet, ist das cardassianische System, das 2369 zurückgelassen wurde. So wie bei anderer Transportertechnologie der bekannten Spezies im Alpha- und Betaquadranten ist die Reichweite der Subraum-Materieübertragung auf wenig mehr als 40 000 km begrenzt. Verschiedene experimentelle Programme sind gestartet worden, um die Reichweite zu erhöhen und die Musterspeicher-Erhaltungszeit zu erweitern. Viele dieser theoretischen Erkenntnisse werden nun allmählich praktisch genutzt.

Der Transport des Stabs und aller Bewohner von Deep Space 9 kann über 25 Personal- und Frachttransporter abgewickelt werden, die über die Station verteilt sind. Zehn Transporter, die sich im Ops, im Zentralen Kern und im Habitatring befinden, sind Personen vorbehalten. Die übrigen fünfzehn Einheiten sind im Andockring verteilt und können Personen und Fracht transportieren. Der Ops-Transporter bewältigt normalerweise drei Personen gleichzeitig, jedoch können auch sechs Personen sicher transportiert werden, wenn das System in der Lage ist, zwei Personen für die Materiestrom-Zerlegung als ein einzelnes Masseinterval zu betrachten. Drei Einheiten befinden sich auf der Promenade in Abständen von 120 Grad. Die Einheiten im Habitatring sind in drei Paare bei 180-Grad-Intervallen aufgeteilt, ein Paar befindet sich auf Ebene 12, ein weiteres Paar 60 Grad weiter auf Ebene 13 und das dritte Paar weitere 60 Grad entfernt auf Ebene 14. Die Transporter im Andockring befinden sich entweder auf einer Linie mit den Transfertunneln oder unmittelbar neben jedem Hauptfrachtraum einer Andockstelle.

Sowohl die Personen- als auch die Frachttransporter arbeiten bei Lebensformen mit hoher Quantenauflösung. Starfleet-Analytiker nehmen an, daß die Frachttransporter während der Besetzung auch als Truppentransporter dienten, da die Station in ihrem Orbit um Bajor stets innerhalb der Reichweite blieb. Die Auflösung ist umschaltbar, hängt aber von bekannten Massegrenzen ab und verlangt höheren Energieaufwand bei höheren Auflösungen. Jede Personaleinheit kann 1 894,5 kg transportieren, jede Frachteinheit bewältigt bis zu 1,23 Tonnen. Der Frachttransport beschränkt sich auf Schiff-zu-Schiff-Vorgänge, da sich ein planetarer Zielpunkt nicht länger in Reichweite befindet.

Die Notfallevakuierung war von der Verlegung ebenfalls betroffen, so daß jeder Transport in einer Krisensituation nur auf

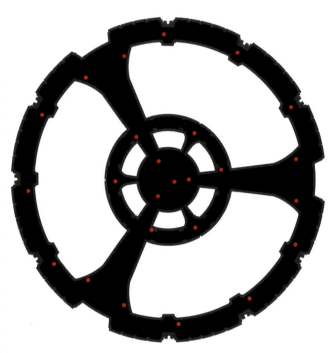

Standort der Transporter

der Basis Station-zu-Schiff ausgeführt werden kann. Jedes Starfleet-Schiff mit einer weniger als 500köpfigen Crew und zwei funktionierenden Transportern kann die gesamte Bevölkerung auf Deep Space 9, die sich auf fast 7 000 Personen beläuft, innerhalb von 45 Minuten aufnehmen. Keine der cardassianischen Einheiten ist so ausgelegt, daß sie Beamvorgänge in großen Mengen und mit hoher Geschwindigkeit durchführen kann. Durch den Einsatz speziell modifizierter Computerkontrollprogramme kann die Scan-Geschwindigkeit allerdings auf 104 Prozent erhöht werden. Zusätzliche Kapazitäts- und Transferoptionen stehen in den auf Raumschiffen installierten Transportern zur Verfügung, vor allem auf der *Defiant*, den Runabouts und jedem Starfleet- oder verbündeten Schiff, das zu der Zeit angedockt ist.

Die meisten Leistungsangaben gelten für die cardassianische Einheit als das aktive Gerät für Subjekte, die sich unmittelbar auf der Transporterplattform befinden. Die Leistung fällt etwas geringer aus, wenn die Einheit ein Ziel außerhalb der

Plattform erfassen muß, vor allem in weit entfernten Bereichen der Station. Der effektivste Transport verläuft zwischen zwei Plattformen gleichen Designs und auch zwischen Plattformen unterschiedlichen Designs, also beispielsweise bei einem Beamvorgang von der Ops-Plattform zu der an Bord der *Defiant*. Da bei Transporten mit lebenden Wesen die Fehlertoleranz bei Null liegt, ist mit einer verminderten Systemleistung zugleich auch eine geringere Masse verbunden, die pro Zeiteinheit transportiert werden kann. Transporter, die geringer auflösende Scans bei nichtbiologischen Subjekten anwenden, können Lücken im Nanometerbereich sowie eine 0,001 prozentige Fehlerquote bei der Wiederzusammenführung der Moleküle tolerieren.

8.2 BEDIENUNG DES TRANSPORTERSYSTEMS

Jede Benutzung des Transporters erfolgt nach Freigabe durch den Starfleet- und den bajoranischen Sicherheitsstab, sowohl für offzielle Personentransporte als auch für kommerzielle Frachttransfers. Alle 25 Transporterstationen werden von der Starfleet-CPG-Gruppe kontrolliert, die an den cardassianischen Computerkern angeschlossen ist. Sie können von der jeweiligen Station oder vom Ops aus bedient werden. Kommerzielle Frachtübertragungen werden abhängig von Masse und insgesamt aufgewendeter EPS-Energie in Rechnung gestellt. Da einige Substanzen und Lebensformen wie beispielsweise Antideuterium sowie Gestaltwandler nicht sicher transportiert werden können, müssen andere Methoden zur Anwendung gelangen.

SYSTEMKOMPONENTEN

Das cardassianische Transportersystem unterscheidet sich in wichtigen Punkten von der vertrauten Starfleet-Hardware, auch wenn beide das Zerlegen von Materie, ihren Transport an einen entfernten Ort und ihre Wiederzusammenführung zum Ziel haben. Die nachfolgenden zentralen cardassianischen Komponenten stellen die Bestandteile eines typischen Personentransporters dar, zugleich werden sie mit der Starfleet-Ausrüstung verglichen.

- **Transporterkammer:** Dieser umschlossene Raum ist umgeben von facettenförmigen Feldenergie-Erhaltungsgittern und ist über drei oder vier flache Stufen zu erreichen. Innerhalb des Plattformgeländers werden alle ringförmigen Eingrenzstrahlen (RES) auf die Kammer beschränkt.
- **Bedienerkonsole:** Alle Standardkonsolen erlauben Zielerfassung, Energieaktivierung, Zielangabe, Musterspeicher-Präferenzen und Notfallabschalt-Optionen.
- **Transporter-Controller:** Kein spezieller Computer-Controller wird als Teil der Transportereinheit verwendet. Alle Kommandosignale werden durch die CPG geleitet.
- **Molekularbild-Scanner:** Ein einzelner Satz aus drei 0,0009-Mikrometer-Scannern ist in die Decke der Transporterkammer eingelassen. Quantenstatus-Informationen werden über die Molekularstruktur lebender Wesen abgegeben und an die Energiespulen weitergeleitet. Über 0,17 cm^3 biologischer Materie ist keine Datenspeicherung des Quantenstatus möglich, die Scanner sind für sofortige Reaktion durch die kürzestmöglichen Mikro-Wellenleiter mit den Energiespulen verbunden.
- **Primäre Energiespulen:** Sie sind an der höchsten Stelle der Transporterkammer untergebracht. Einer der Hauptunterschiede liegt in den ABC-Spulen, die eine einstufige, sich bewegende Spiralwelle erzeugen, um die dreidimensionale Position des Subjekts mit zu fixieren. Starfleet-Spulen senden eine zweistufige, gleichgerichtete Raummatrixwelle aus, die mindestens 1,21 Sekunden benötigt, bevor der Entmaterialisierungsprozeß beginnen kann. Die Spiralwelle kann die Materiefluß-Trennung nach 0,94 Sekunden in Gang setzen.
- **Phasentransitionsspulen:** Sie sind in der Plattform der Kammer untergebracht. Das System benutzt eng-fokussierte Quarkmanipulationsfeld-Vorrichtungen, um selektiv die Bindeenergie sub-

8.0 TRANSPORTERSYSTEME

atomarer Partikel aufzulösen. Diese Spulen ordnen die Partikel zudem neu an, damit sie eine fortlaufende Kette bilden – den sogenannten Materiefluß –, die im Musterspeicher verarbeitet werden kann.

- **Musterspeicher:** Diese Einheit besteht aus sechs kleinen, untereinander verbundenen supraleitenden Speichertanks, die eine Kapazität von jeweils 4,13 m³ besitzen. So wie die Starfleet-Einheiten halten die cardassianischen Musterspeicher den durchströmenden Materiefluß für eine kurze, aber bekannte Zeitspanne, die es den Doppler- und Heisenberg-Kompensatoren ermöglicht, Quantenkorrekturen des Materieflusses vorzunehmen. Die maximale Speicherzeit für einen intakten biologischen Strom ist nicht getestet worden, aber Computersimulationen lassen den Schluß zu, daß die äußerste Sicherheitsmarge bei 285 Sekunden liegen dürfte. Die magnetischen Iriden können angewiesen werden, den Materiefluß von einem Tank zum anderen zu leiten, allerdings ist das exakte Designgrundprinzip dafür nicht vollständig bekannt.

- **Biofilter:** Ein rudimentäres Biofilter-System war bei Übernahme der Station in Betrieb, in dessen Datenbank gerade einmal 52 Prozent der bekannten biogefährlichen Organismen und verwandter Elemente gespeichert waren. Zusätzliche Bioscanner und CPG-Verbindungen wurden eingerichtet, bevor ein breitangelegter Einsatz der Transporter begann.

- **Zielscanner:** Zwei bedeutende Sensorsysteme wurden verwendet, um Zielinformationen für den Zweirichtungstransport zu erhalten, eines davon war mit den internen Scannern von Terok Nor verbunden, das andere mit den orbitalen Umgebungssensoren, die rund um Bajor verwendet wurden. Da die internen Scanner in den Zuständigkeitsbereich des Sicherheitschefs fallen, ist anzunehmen, daß sie den Transport von cardassianischem Personal an jeden Punkt innerhalb der Station ermöglichten oder daß sie eingesetzt wurden, um aufständische Arbeiter zu entdecken. Die externen Sensoren, die nun im Denorios-Gürtel nach Schiffen und Aktivitäten des Wurmlochs Ausschau halten, waren in der Lage, Transportzielkoordinaten auf Bajor exakt zu bestimmen und Personal zu lokalisieren, das heraufgebeamt werden sollte.

- **Emitterflächen:** Die Materiefluß-Wellenleiter, die von EPS-Leitungen der Stufen 2 und 3 mit Energie versorgt werden, enden in den elektroporösen Beschleunigerflächen, die in die +Y- und –Y-Hüllenplatten des Habitatrings und des Andockrings eingebaut sind. Die Überreste einer Emitterfläche finden sich in der Antennengruppe über dem Ops, die Wellenleiter wurden allerdings nie angeschlossen.

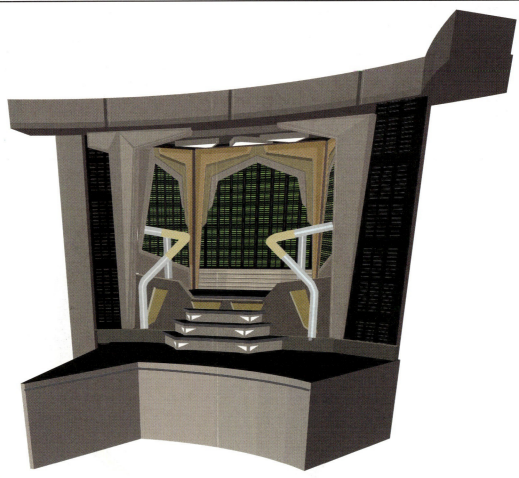

Cardassianischer Transporter

9.0 WISSENSCHAFTLICHE- UND FERNSENSORENSYSTEME

9.1 SENSORSYSTEME

Die Anzahl und die Typen der externen Sensoren, die auf Deep Space 9 installiert sind, haben in ihrer langen Geschichte drastische Veränderungen erfahren. Auf Terok Nor ist wissenschaftliche Forschung nur in relativ geringem Umfang betrieben worden, die meisten Sensorsysteme waren darauf ausgerichtet, sich mit der Orbitalumgebung von Bajor und mit Raumschiffbewegungen zu befassen. Hochauflösende Sensorsysteme, die sich der planetaren Bergbauaktivität widmen, wurden typischerweise in Shuttles oder bajoranischen Impulsschiffen eingebaut und hatten die Aufgabe, Bajor und die Nachbarwelten nach Rohstoffen zu scannen, die ausgebeutet werden konnten.

Alle primären Sensoren auf Terok Nor waren in unregelmäßigen Paletten eingebaut und in abgeflachten Bereichen der Hüllenverkleidung untergebracht. Diese Bereiche wurden typischerweise durch ockergelbe oder rötlichbraune Hafnium-Duranit-Antistrahlungsbeschichtung vor den Wirkungen des Weltalls geschützt. Die Sensoren teilten sich die Bereiche mit zahlreichen Versorgungszugängen und Entleerungsventilen. Andere Sensoreinrichtungen, die rund um das Ops-Modul und in den Waffentürmen integriert waren, hatten unmittelbar mit der Verteidigung der Station zu tun. Die meisten dieser Einrichtungen sind weiterhin in Betrieb, die Verbindungen zur CPG sind rekonfiguriert worden.

Viele der von der Starfleet und den Bajoranern vorgenommenen Modifikationen an den wissenschaftlichen und Sensorsystemen wurden nach der Verlegung der Station entweder entfernt oder für die Untersuchung verschiedener Phänomene rekalibriert. Nachdem festgestellt worden war, daß das Wurmloch ein maßgebliches Objekt wissenschaftlicher Forschung sein würde und daß die Station auf absehbare Zeit im Denorios-Gürtel verbleiben würde, wurden alle wissenschaftlichen und Ingenieursaufgaben so modifiziert, daß die veränderte Situation zu optimalen Ergebnissen führen würde. Seit dem Ausbruch des Krieges mit den Cardassianern und dem Dominion ist ein erheblicher Teil der wissenschaftlichen und der Sensoreinrichtungen weiter verlagert worden, um die Verteidigung von Deep Space 9 zu unterstützen und die Entwicklung feindlicher Kräfte aufzuklären.

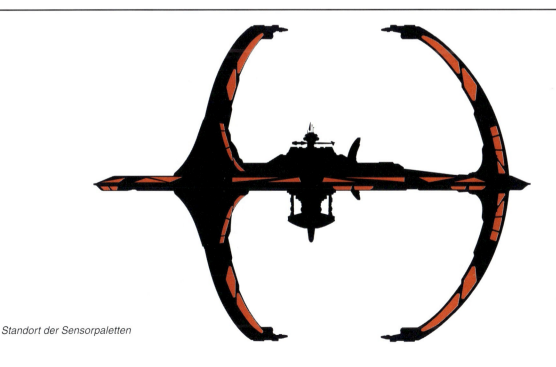

Standort der Sensorpaletten

9.0 WISSENSCHAFTLICHE FERNSENSORENSYSTEME

9.2 LANGSTRECKENSENSOREN

Der gegenwärtige Bestand an aktiven und passiven Langstreckensensoren umfaßt 473 cardassianische Subraumscanner sowie 109 Starfleet- und bajoranische Instrumente verschiedener Typen. Die meisten von ihnen sind ÜLG-Einrichtungen, die im aktiven Scan-Modus mit Warp 9,9997 arbeiten und im passiven Scan-Modus mit etwas niedriger äquivalenter Warpgeschwindigkeit scannen, die von Entfernung und Signalstärke abhängt. Breitgestreute aktive Scans werden nur im Rahmen besonderer Krisensituationen autorisiert, um Geheimdienste auf Cardassia und im umliegenden Gebiet keine Signale entdecken zu lassen (siehe 10.8, 10.9). Es muß immer wieder darauf hingewiesen werden, daß Cardassia nur 5,25 Lichtjahre entfernt ist. Enggefaßte aktive Scans, die von der Station ausgehen, sind so ausgerichtet, daß sie feindliche Gebiete meiden. Alle anderen Ziele werden zunächst durch die strategischen und taktischen Prozessoren gefiltert, um eine standardmäßige Risiko-Nutzen-Beurteilung vorzunehmen. Das ist auch bei Zielen erforderlich, die aus rein wissenschaftlichen Gründen ausgewählt werden.

Zu den primären Langstreckeninstrumenten zählen:

- Breitgestreuter aktiver Subraumscanner
- Enggefaßter aktiver Subraumscanner
- Passives Rundum-Subrauminterferometernetzwerk
- Tunnelähnliches Neutrinoemissions-Auffindungsnetzwerk
- Warp-auf-Unterlicht-Ionenverlangsamungs-Detektor
- Niederfrequenter Subraumseismik-Sensor
- Warpaktivitätsdetektor/Gefahrenanalyse-Vorprozessor

Alle Geräte arbeiten mit EPS-Anschlüssen der Stufen 3 und 4 und werden von der Wissenschaftlichen Station im Ops kontrolliert. Die meisten auf Verteidigung bezogenen Sensoren, vor allem der Warpaktivitätsdetektor und der Subraumseismik-Sensor, sind dreifach redundant und arbeiten rotierend nach dem Prinzip „zwei eingeschaltet, einer abgeschaltet", um eine 26stündige Funktionstüchtigkeit und zugleich Abschaltzeit für erforderliche Wartungsarbeiten zu gewährleisten. Im Fall der vernetzten mehrfachen Sensoren sind die jeweiligen Netzwerke in Fünftel-Rotationen aufgeteilt, wobei ein Fünftel aller funktionstüchtigen Einheiten jederzeit in Betrieb ist. Die meisten vernetzten Sensoren befinden sich in semipermanenten externen Anlagen, die EVA-Austauschvorgänge schwierig machen. Diese Rotationen garantieren, daß eine dauernde flächendeckende Leistung zur Verfügung steht. Als zusätzlicher Schutz für alle cryogenisch gekühlten oder aus seltenem Oberflächenmaterial bestehenden Sensoren sind kleine, EPS-betriebene Kraftfeldgeneratoren installiert worden, um Sensorerblinden oder eine Zerstörung im Rahmen feindlicher Aktivitäten auf ein Minimum zu beschränken.

9.3 INSTRUMENTIERTE SONDEN

Der Normalbestand instrumentierter Sonden, die auf Deep Space 9 vorhanden sind, umfaßt Raumfahrzeuge der Klassen 1, 4 und 5. Zusätzlich sind in ausreichendem Umfang Geräte und Ersatzteile gelagert, um Sonden der Klassen 8 und 9 herzustellen, deren Basis das Standardgehäuse für Photonentorpedos ist (siehe 10.2). Experimentelle Versionen der Sonden der Klassen 8a und 9a sind von Starfleet getestet und für vorläufig einsetzbar erklärt worden. Sie basieren auf dem Gehäuse für Quantentorpedos und nutzen eine höhere Delta-v-Rate des Erhaltungsantriebs (siehe 10.3).

Alle Sondenklassen sind vom Entwicklungslabor für Verteidigungswaffen der Starfleet in regelmäßigen Abständen aufgerüstet worden. Systeme, die Deep Space 9 zugewiesen wurden, wurden entweder komplett montiert oder mit einer verschlüsselten Montageanleitung für den Zusammenbau auf der Station versehen. Komplette Sonden werden von Raumschiffen oder kommerziellen Frachtern abgeliefert. Montageanleitungen umfassen Programme für den Bordcomputer, numerische Maschinenalgorithmen und Replikatorformeln. Sämtliche Daten werden über gesicherte Kanäle übertragen oder in Form geschützter isolinearer Speicherblöcke geliefert.

Die aktuelle Sonde der Klasse 1 ist das am häufigsten verwendete Mittel, um interplanetarische und interstellare Phäno-

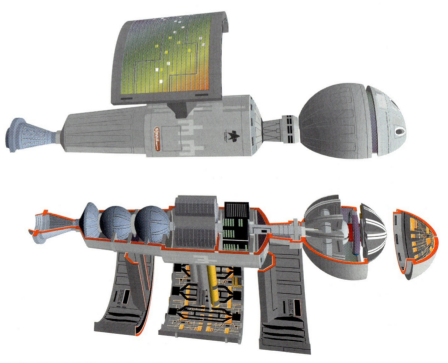

Starfleet-Sonde in Dienstkonfiguration

9.0 WISSENSCHAFTLICHE FERNSENSORENSYSTEME

Cardassianische Sonde

mene zu untersuchen (siehe Illustration). Sie ist mit einer Serie von RF-, Subraum-, chemischen, biologischen sowie astrophysikalischen Sensoren ausgestattet. Diese sind mit einem 24,3 Kiloquad starken, isolinearen Hochgeschwindigkeitsvorprozessor-Kern zur Datenanalyse sowie mit einem Mehrkanal-Subraumtelemetriesystem für das Übertragen von Daten und das Empfangen von Arbeitsanweisungen verbunden.

Der Antrieb erfolgt durch eine vektorisierte Deuterium-Mikrofusionsantriebsdüse, er ist in der Lage, mit cryogenischem Brennstoff betrieben zu werden, wie er an Bord der Station oder auf Starfleet-Schiffen zu finden ist. Die Höhen- und Translationskontrolle erfolgt durch die Antriebsmündung, die um 360 Grad entlang der X-Y-Achse, um 180 Grad entlang der Y-Z-Achse (-Z) und um 180 Grad entlang der X-Z-Achse (-Z) bewegt werden kann. Das macht im Ergebnis bei sämtlichen +Z-Beschleunigungen eine vollständige radiale Antriebskontrolle möglich. Reaktionskontrolle am +Z-Ende der Sonde wird durch vier Kaltgas-Stickstoff-Antriebsdüsen nahe der Verbindung zum Sensorkopf durchgeführt.

Die effektive Reichweite der Klasse 1 beläuft sich auf $3,2 \times 10^7$ km, der Gesamt-Delta-v beträgt $0,6\,c$. Die Philosophie für den Einsatz dieser Geräte ist die, sie so rasch wie möglich an ihr Ziel zu bringen, umfassend Resultate zu sammeln und die Telemetrie zu übermitteln. Die effektive Transceiverleistung liegt bei 15,7 Megawatt für über 18 650 Kanäle. Für die Einsatzprogrammierung steht umfassende Kontrolle zur Verfügung, so für die Datenspeicherung und die Rückkehr der Sonde für eine spätere Datenübertragung, wenn Subraumfunkstille erforderlich ist. Das Gehäuse der Klasse 1 ist auch mit Beschichtungen und Hüllenmaterialien lieferbar, die sie nur schlecht erkennbar machen. Das Standardmodell besteht allerdings aus einer Duranium-Tritanium-Mischung.

Die Aufrüstungen für die Klassen 4 und 5 sind zu einem einzelnen neuen Gehäuse für die Klasse 5 zusammengeführt worden. Die vorherige Hauptaufgabe der Klasse 4 beschränkte sich auf nahe stellare Kontakte bei mittleren Impulsgeschwindigkeiten. Das ist geändert worden, so daß nun auch Untersuchungen von Subraumanomalien und anderen Phänomenen, denen man im Normalraum für gewöhnlich nicht begegnet, mit hohen Impulsgeschwindigkeiten möglich sind. Die effektive Reichweite beläuft sich auf $7,23 \times 10^7$ km, der Gesamt-Delta-v beträgt $0,98\,c$. Der Antrieb erfolgt nach wie vor durch eine vektorisierte Mikrofusionseinheit mit Fast-Warp-Erhaltungsspule. Zu den Sensoren gehören allumfassende Subraum-EM- und Seismikdetektoren, Null-Punkt-Vakuumenergiedetektoren sowie geschützte Temporalstörungs-Sensoren. Die Datenverarbeitung an Bord wird von einem 15,9 Kiloquad starken isolinearen Computer geleistet, die Telemetrie erfolgt mit 20,6 Megawatt für über 14 776 Kanäle.

Die Sonde der Klasse 5 verfügt weiter über ihre Warperhaltung und behält ihre Rolle als Raumfahrzeug für heimliche Aufklärungsmissionen. Die effektive Reichweite beläuft sich auf $8,42 \times 10^{10}$ km, der Gesamt-Delta-v beträgt 2,6 Warp. Der Zwei-Wege-Materie/Antimaterie-Antrieb (M/A) ist durch einen direkten M/A-Spulenreaktor ersetzt worden, der die Notwendigkeit einer zwischengeschalteten EPS-Energieübertragungsleitung (EÜL) überflüssig macht. Die Sensoren umfassen eine komplette passive Signalpalette, autonome astrophysikalische Detektoren sowie eine Serie zur Analyse von Subraumwellen. Datensammlung und Aufzeichnungsleistung werden von einem 54,7 Kiloquad starken isonlinearen Computer geleistet. Detektorsubroutinen gegen fremden Zugriff sowie EM-Manipulationen lösen eine sofortige Detonation der an Bord befindlichen M/A-Brennstoffvorräte aus. Verschlüsselte Telemetrie wird nur innerhalb sicherer Territorien ausgelöst und beläuft sich auf 3,4 Megawatt für 5 482 Kanäle.

Die Warpsonden der Klassen 8 und 9 sowie ihre Ausführungen mit Quantentorpedogehäuse besitzen weiterhin ihre etablierten Missionsfähigkeiten, was die Reichweite zwischen 100 und 900 Lichtjahren sowie die Geschwindigkeiten von Warp 9 und darüber betrifft. Alle vier Typen können aus vorhandenen Komponenten innerhalb von 15 Minuten zusammengesetzt werden, alle sind in der Lage, viele verschiedene Missionen auszuführen. Standard-Torpedowerfer werden für alle Sonden benutzt, wobei es je nach Typ Variationen bei der Anfangsbeschleunigung gibt.

Vergleiche zwischen Starfleet- und cardassianischer Technologie konnten anhand einer geborgenen cardassianischen Sonde gezogen werden.

9.0 WISSENSCHAFTLICHE FERNSENSORENSYSTEME

9.4 TRICORDER

Die anhaltende Weiterentwicklung von in der Hand zu haltender Sensor- und Analyseausrüstung hat zur Ausgabe des TR-590 Tricorder X an alle Senioroffiziere und angeschlossenes Personal an Bord von Deep Space 9 geführt. Die bajoranischen Behörden haben an ihre Sicherheitskräfte und wissenschaftlichen Mitarbeiter ähnliche Sensorgeräte ausgegeben. Auch eine cardassianische Version wird benutzt. Sensorgeräte der Klingonen, Romulaner und Ferengi finden in einer großen Anzahl von Variationen tragbarer Geräte Verbreitung, die alle für genau umrissene Aufgaben konfiguriert worden sind.

STARFLEET-MODELL

Der Standardtricorder ist das vorrangige tragbare Sensor-, Computer- und Datenkommunikationsgerät, in das Miniaturversionen standardmäßiger wissenschaftlicher Instrumente integriert worden sind. Die Benutzung erfolgt über Tasten oder Sprachbefehle. Der medizinische Tricorder besteht aus einem Standardtricorder sowie ergänzender medizinischer Peripherie (siehe 12.2, 13.3).

Das aufgerüstete Gerät hat die Maße 15,81 x 7,62 x 2,84 cm und wiegt 298,3 g. Das Gehäuse besteht aus gamma-verstärktem Polyduranit. Die Bedieneroberfläche ist das vertraute Benutzerinterface mit einem 3,5 x 2,4 cm großen Anzeigeschirm. Zu den wichtigsten optronischen Unter-Baugruppen zählen die Energieschleife, Sensorbaugruppen, Primärprozessoren, Kontroll- und Anzeigeinterface, Subraumtransceiver-Baugruppe und Speichereinheiten.

Energie wird von einer per Induktion wiederaufladbaren Sarium-Krellit-Energiezelle geliefert, die bei Aktivierung aller Untersysteme 36 Stunden ununterbrochen arbeitet. Sind weniger Untersysteme aktiv, erhöht sich dieser Wert. Das typische Energieniveau liegt bei 16,4 Watt.

Die verfügbaren Sensorbaugruppen sind auf 315 mechanische, EM- und Subraum-Vorrichtungen erhöht worden, die auf einem Innenrahmen montiert und ins Gehäuse eingebettet sind. 189 davon sind im vorderen Ende für Richtungsanzeigen untergebracht, das untere Limit für das Blickfeld liegt dabei bei 52,3 Bogensekunden. Die übrigen 126 Mehrrichtungsbauteile nehmen Messungen in der Umgebung vor. Der vorangegangene Hand-

Starfleet-Tricorder

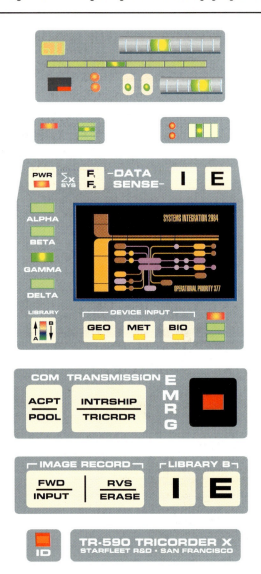

Typisches Kontrollinterface eines Tricorders

9.0 WISSENSCHAFTLICHE FERNSENSORENSYSTEME

sensor des Standardtricorders wird nicht länger verwendet, da er durch verbesserte Auflösung der Haupteinheit überflüssig geworden ist.

Die abgestimmten Hauptberechnungssegmente vom Typ TR-590, die primären Datenprozessoren, sind auf die fünf inneren Gehäuseflächen aufgeteilt und erreichen 275 Gigafluß-Punktberechnungen pro Sekunde (siehe Illustration). Die Datenspeichersektion umfaßt acht Plättchen verdichteter, chromopolymerer isolinearer Kristalle mit einer Gesamtkapazität von 9,12 Kiloquad. Das Kontroll- und Anzeigeinterface (KAI) leitet Befehle von den Tasten und vom Anzeigeschirm zu den abgestimmten Hauptberechnungssegmenten, um die Tricorderfunktionen ausführen zu lassen (siehe Illustration). Die undurchsichtigen Kontrolloberflächen sind aus dünnem Kupfer-Dilefinat gefertigt, das mit metallischen Farben angereichert wurde, um die graphischen Inhalte zu fixieren. Zum Anzeigeschirm gehört eine standardmäßige Nanopixel-Matrix, die ähnlich den bei PADDs und Konsolen verwendeten ist. Kommunikation mit anderen Dateneinheiten erfolgt über das STA, die Reichweite ist so wie beim Kommunikator-Badge auf 40 000 km begrenzt.

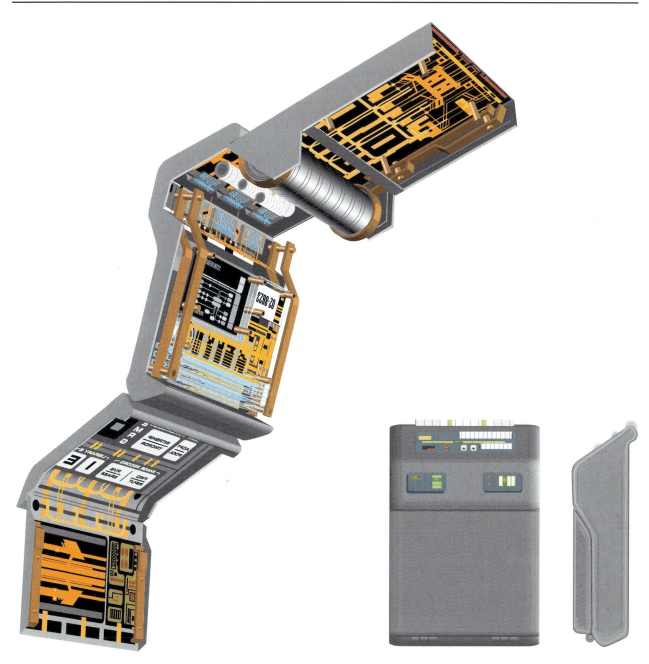

Tricorder in Dienstkonfiguration   *Tricorder im Profil*

STAR TREK – DEEP SPACE NINE: DAS TECHNISCHE HANDBUCH

9.0 WISSENSCHAFTLICHE FERNSENSORENSYSTEME

BAJORANISCHES MODELL

Der bajoranische Tricorder ist für das Aufspüren und Analysieren einer kleineren Anzahl physikalischer Phänomene als der der Starfleet optimiert worden. Die von der Crew auf Deep Space 9 verwendete Einheit wird vorrangig für forensische Aufgaben, das Aufspüren anomaler Energiefelder und -partikel, die Identifizierung und Auffindung von Waffenkennungs-Restspuren sowie das Auffinden von Schmuggelware in den Frachträumen der Station und an Bord angedockter Schiffe benutzt.

Die Einheit mißt 15,23 x 8,28 x 5,33 cm und wiegt 262,1 g. Das Gehäuse besteht aus gegossenem Toranium-Tetraborat und stellt sich als einzelnes Objekt ohne markante Kennzeichen dar. Die optronischen Unter-Baugruppen ähneln denen der Starfleet-Version. Die Energie wird von einer Sarium-Krellit-Zelle oder von einer austauschbaren isolinearen Ampulle geliefert; beide können die Einheit annähernd 23 Stunden lang ununterbrochen mit Energie versorgen.

Die 154 Sensorbaugruppen umfassen Breitband-RF- und Subraum-EM-Detektoren, atmosphärische und Verdampfungsanalysatoren, die alle auf austauschbaren Karten im Gehäuse befestigt sind. 90 davon befinden sich am vorderen Ende, das durchschnittliche Blickfeld liegt bei drei Bogenminuten. Sechs von ihnen sind lateral fokusiert, die restlichen 49 decken alle Richtungen ab.

Die Rechnersektion besteht aus einem Block mit sechs gestapelten isolinearen Prozessoren aus Starfleet-Chromopolymer, sie erreichen 230 Gigafluß-Punktberechnungen pro Sekunde. Die Datenspeicherung erfolgt in zehn verdichteten isolinearen Plättchen mit einer Gesamtkapazität von 12,1 Kiloquad. Die Kontrolle sind festverbundene, erhöhte Schalter, die Drück- und Schiebebewegungen kombinieren. Der Anzeigeschirm ist eine einzelne Nanopixel-Matrix mit den Maßen 1,10 x 6,79 cm, er kann in begrenztem Maß auf Berührung oder Stiftkontakte reagieren. Der normale bajoranische, aus Combadges bekannte Subraumtransceiver – ohne die Energiezelle – ist eingebaut, um den Datenfluß zu Basisgeräten zu regeln.

Bajoranischer Tricorder in Dienstkonfiguration

CARDASSIANISCHES MODELL

Der cardassianische Tricorder ist aufgrund geborgener sowie über andere Wege zugespielter Einheiten analysiert worden. Im Gegensatz zu den Modellen der Starfleet und der Bajoraner ist die cardassianische Version in ihren Funktionen deutlich eingeschränkter, sie kommt eher einem Notfall- und Gefechtsbereitschaftsscanner gleich. Eine der untersuchten war mit einer Ladung Triltihium-Sprengstoff gegen unbefugten Zugriff gesichert. Die Sprengladung wurde jedoch während des ersten hochauflösenden Tiefenscans entdeckt und vor der Zerlegung entschärft.

Die Einheit mißt 15,678 x 10,16 x 5,71 cm und wiegt 248,34 g. Das Gehäuse besteht zum Teil aus veredeltem Toranium-Boronat und präsentiert sich als einzelnes Handgerät. Die optronischen Unterbaugruppen sind in ihrer Technologie denen des bajoranischen Modells ähnlich. Die Energie wird von einer einzelnen, wiederaufladbaren Isotolinium-Ampulle geliefert, die etwa zwölf Stunden lang ununterbrochen funktioniert.

Die 40 Sensorbaugruppen enthalten nur RF- und Subraum-EM-Detektoren, die am Kopfteil montiert sind. 31 nach vorne gerichtete Sensoren besitzen ein Blickfeld von 2,3 Grad. Die verbleibenden neun messen in alle Richtungen.

Die Datenverarbeitung erfolgt durch zwei isolineare Stäbe vom Typ 1, die 230 Gigafluß-Punktberechnungen pro Sekunde leisten. Die Datenspeicherung ist auf vier Speicherstäbe vom Typ 1 mit einer Gesamtkapazität von 2,5 Kiloquad begrenzt. Die Kontrollen bestehen überwiegend aus elektrosensitiven Anschlüssen, die Drück- und Schiebebewegungen erlauben. Der Anzeigeschirm besteht aus einer einzelnen Nanopixel-Matrix und mißt 3,2 x 2,3 cm, es ist nicht erkennbar, daß er auf Berührung oder Stiftkontakte reagiert. In den analysierten Einheiten fanden sich keine Subraum- oder RF-Transceiver, allerdings legten Hohlräume in den Gehäusen die Vermutung nahe, daß sie installiert werden können.

Cardassianischer Tricorder

10.0 TAKTISCHE SYSTEME

10.1 PHASER UND IHRE BEDIENUNG

Ende 2369, nachdem Deep Space 9 offiziell als Orbitaleinrichtung unter Starfleet-Verwaltung gestellt worden war, waren nur 25 Prozent der geplanten Aufrüstungen an den Verteidigungssystemen ausgeführt worden. Mangel an Ersatzteilen, begrenzte Zuweisung von verarbeiteten Materialien und lange Produktionsvorlaufzeiten trugen zu einer Verzögerung des Programms bei. Die vorrangigen Systeme, die Verteidigungsschilde und erste Phaserpakete für die Waffentürme, wurden installiert und rechtzeitig in Betrieb genommen, um die Öffnung des bajoranischen Wurmlochs zu schützen. Für Starfleet und Bajor war es dabei ein Glücksfall, daß die Cardassianer nicht wußten, daß die Einrichtung aller Waffensysteme da noch in weiter Zukunft lag. Taktische Analysen zeigen, daß die Station einem massiven Angriff von gerade einmal zehn Kriegsschiffen der Galor-Klasse nichts hätte entgegensetzen können.

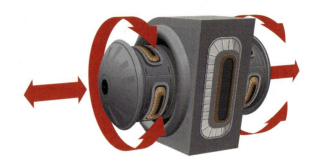

Rotierende Phaser und Mikrotorpedo-Werfer

Das gegenwärtige gesamte Phasersystem auf Deep Space 9 besteht aus zwei Haupttypen, den standardmäßig verbundenen Emittersegmenten vom Typ 9, wie man sie normalerweise am Rumpf eines Raumschiffs antrifft, sowie einer neueren Version des planetarischen Verteidigungsemitters vom Typ 11. Die grundlegende Wirkungsweise des Phasers ist die bekannte Methode der Freisetzung einer starken nuklearen Kraft, die man im Rapid-Nadion-Effekt (RNE) vorfindet. Jüngste Laborentwicklungen in der Tokioter Forschungs- und Entwicklungsabteilung der Starfleet haben die Produktionsrate für Nadionpartikel um 8,35 Prozent steigern können; der vorrangige Vorteil davon liegt in einer Verringerung der Ausstoßenergie für die Emitter-EPS-Schächte, was eine Reduzierung des Wartungsaufwands nach sich zieht.

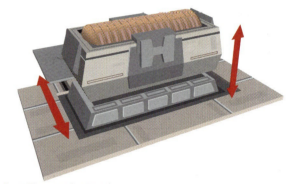

Starfleet-Phaseraufsatzpack

Die Standardemitter vom Typ 9 wurden ursprünglich an den nach außen gerichteten Seiten der Waffentürme installiert, exakt an den Stellen, an denen zuvor die tetraedrischen cardassianischen Phaseremitter eingebaut waren. Die sechs Haupt-Tetraeder waren in aller Eile demontiert worden, die EPS-Leitungen der Stufe 1 hatte man unbrauchbar gemacht. Die Flächendeckung aller drei Waffentürme beträgt fast 360 Grad in alle Richtungen, ein „Schatten" entsteht lediglich durch den Andockring und die Pylonen bei Entfernungen unter 100 Meter. Die EPS-Leitungen wurden ausgetauscht und umgeleitet, wodurch mehr Raum für neue Photonen- und später Quantortorpedowerfer sowie für Ladeaufzüge oberhalb der +Y- und unterhalb der –Y-Phaseremitter (siehe 10.2) geschaffen wurde. Jedes der Emittersegmente vom Typ 10 verwaltet eine Leistung von 4,8 Megawatt, die aufgerüsteten Feuerkontroll-Algorithmen ermöglichen es mehreren Segmenten, die Strahlleistung von bis zu sechs Segmenten auf sich zu vereinen. Das führt zu einer vielfach verstärkten Feuerkraft, was sich positiv auf die Zeit auswirkt, die ein feindliches Schiff gefechtsfähig ist, da die Schilde früher versagen, ohne eine möglicherweise eintretende Zerstörung des Schiffs zu beabsichtigen.

Bei den Standardeinheiten handelte es sich um Heck-Phaserstreifen von Raumschiffen der *Soyuz*-Klasse, deren Dienstzeit sich dem Ende näherte. Keine dieser Einheiten war hohen MTBF-Ausstoßenergien ausgesetzt, und sie eigneten sich alle für einen Einbau in den Waffentürmen. Ein vertretbares Maß an Legierungsmatrix-Anpassung war notwendig, um die Phaserrahmen aus Duranium mit der cardassianischen Rodinium-Hüllenverkleidung zu verschweißen, da in den Türmen fast keine

10.0 TAKTISCHE SYSTEME

inneren Verstrebungen existieren, die für eine stabile strukturelle Verbindung sorgen können. Die Kühlung erfolgt durch modifizierte Flüssighelium-Schleifen, die Thermalenergie an die bestehenden Turmradiator-Einbettungen und während Phasen hoher Belastung auch an die Fusionsgenerator-Radiatoren leiten.

Die EPS-Leitungen der Stufe 1 werden direkt durch die Querverbindungen der Fusionsgeneratoren, durch Ebene 15 des Habitatrings und von dort in die Türme geleitet. Sie enden in den Vorphaser-Energievorbereitern und den Magnetiris-Ventilen zur Feuerkontrolle, die das Energieniveau und die Plasmafrequenzen anpassen. Plasmakontakt mit dem Emitterkristall erfolgt nach jeder Sicherheitsschleuse, die Feuerkontrollcodes werden autorisiert und an die Irisventile übermittelt. Alle Zielerfassungs- und Feuersignale müssen von Senioroffizieren gegeben werden, sie werden von der Computer-CPG verarbeitet, um die tatsächlichen Richtungs- und Sequenzberechnungen durchzuführen.

Die ursprünglichen cardassianischen Waffenkontrollräume wurden 2372 in große rotierende Phaserkanonen und Mikrotorpedo-Werfer umgewandelt, die sich bei den kurzlebigen Angriffen der Klingonen gegen die Föderation als maßgeblich für die Verteidigung der Station erwiesen. Die rotierenden Einheiten bestehen aus Emittersegmenten des Typs 9 aus Raumschiffen der *Ambassador-Klasse,* die ähnliche MTBF-Werte aufweisen wie die stationären Turmemitter. Die EPS-Verbindungen erfolgen durch Sonodanit- und Rabium-Tritonit-Drehleitungsanschlüsse. Schwankungen im Plasmadruck werden durch eine Reihe von vier Überspannungstanks ausgeglichen, die in das Gehäuse der rotierenden Kanonen eingelassen sind. Die Kühlung wird durch ein standardgemäßes supersonisches, regeneratives Flüssigstickstoff-System erzielt, überschüssige Energie wird an die Waffentürme abgegeben.

Zur letzten Aufrüstung gehörte die Anpassung der planetaren Phaser. Die Segmente des Typs 11 wurden so ausgelegt, daß ein atmosphärisches Ausbreiten des Strahls minimal gehalten wird. Im All ist diese Energiesequenz in der CPG verändert worden und hilft nun dabei, den Strahl fokussiert zu halten. Drei der neuen Einheiten sind gegenwärtig in Betrieb. In jeder von ihnen sind 16 dichtgepackte Emitter vom Typ 11 auf einem beweglichen Schlitten montiert, der von elektrohydraulischen Kolben nach oben und unten bewegt wird. Die gesamte Baugruppe tritt aus ihrer verstauten Position im Habitatring hervor und ist auf einer Seite von der vergrößerten Runabout-Wartungshalle geschützt. Das EPS-Plasma wird durch sechs verbundene Leitungen der Stufe 2 zu einer Speicherbank im Schlitten geleitet. Energie der Stufe 1 steht nach einer zweiminütigen Ladephase bereit. Die Kühlung erfolgt durch eine flexible regenerative Flüssigstickstoff-Schleife, die überschüssige Thermalenergie wird an die Fusionsgenerator-Radiatoren geleitet. Alle Feuerbefehle werden durch die CPG ausgeführt.

PHASERBEDIENUNG

Die Stationsphaser stellen im Vergleich zu ihren mobilen Gegenstücken, die auf Schiffen an der Front installiert sind, einige besonders große Herausforderungen an den Benutzer. Während man sagen kann, daß die relative Geschwindigkeit der Station und die eines feindlichen Schiffs den Eindruck zweier sich bewegender Objekte ergeben, hat die Station den Nachteil, daß sie kein Verfolgungsmanöver einleiten kann und statt dessen auf wiederholte Angriffswellen warten muß. Die Quasi-Bewegungslosigkeit von Deep Space 9 – verglichen mit einer Bedrohung, die hohe Impulsgeschwindigkeiten fliegt – ist vergleichbar mit der Situation, der sich klassische Flugzeugträger auf der Erde gegenübersahen, die bis 2051 das Ziel bemannter Bomber und ballistischer Marschflugkörper waren.

Gefahren werden von Subraum- und Lichtgeschwindigkeitssensoren erfaßt und von den Verteidigungsmaßnahmen-Subsystemen innerhalb des Computerkerns der Station verfolgt. So wie bei der Schiff-zu-Schiff-Phaserzielerfassung werden mehrere Ziele erfaßt, nach ihrer Priorität geordnet und dann entsprechend unter Beschuß genommen. Stationsspezifische Programme ziehen verdeckende Strukturen in ihre Berechnungen mit ein und wechseln von einem Emitter zum anderen, um das Ziel maximaler Phaserenergie auszusetzen. Beim umhüllenden Verteidigungsschild kann es, wenn er auf höchster Leistung läuft, durch ausgehendes Phaserfeuer zu einem Energieabbau von einem Prozent kommen. Durch eine Wellensynchronisation kann dieser Verlust auf die Hälfte reduziert werden.

Zusammen mit den planetarischen Phaserphalanxen sowie der mobilen Waffenplattform in Gestalt der *U.S.S. Defiant* ist es nicht länger möglich, auch nur ein Drittel der Verteidigungsanlagen von Deep Space 9 mit weniger als 15 Schiffen der Galor-Klasse zu durchdringen. Zudem können nach den jüngsten Reaktionen der Starfleet auf die Krisensituationen im bajoranischen Sektor auch alle bekannten Gruppen von Jem'Hadar-Kämpfern sowie größere Kriegsschiffe mit der gegenwärtigen Waffenbestückung auf absehbare Zeit zurückgeschlagen werden.

Verteidigungssegel von Deep Space 9

10.2 PHOTONENTORPEDOS UND IHRE BEDIENUNG

Es ist gemeinhin eine akzeptierte Tatsache, daß ein Photonentorpedo die Waffenwahl für Schiff-zu-Schiff-Konflikte bei Warpgeschwindigkeit und außerdem auch das Überbringungssystem für nicht standardgemäße Sprengkopftransporte ist. Schiffsphaser sind seit jeher bei Warpflügen nutzlos, was an der Lichtgeschwindigkeitsbarriere der EM-Energie liegt. Jüngste Entwicklungen in der Subraumtechnologie haben den Phaser in den ÜLG-Bereich verschoben, vor allem bei den ACB-ummantelten Strahlvorrichtungen (siehe 14.1). Der Photonentorpedo ist als kleines, multifunktionales Raumfahrzeug in Dienst gestellt worden, gefolgt von dem leistungsstärkeren Quantentorpedo (siehe 10.3)

Die externe Grundkonfiguration des Photonentorpedos, das auf Deep Space 9 und den zugewiesenen Raumschiffen verwendet wird, hat sich von 2271 bis 2375 nur wenig verändert. Das Gehäuse ist ein langgestreckter, elliptischer Körper, der aus gegossenem gamma-angereichertem Duranium und einer plasmagebundenen Tritanium-Außenhülle besteht. Das aktuelle Gehäuse mißt 2,1 x 0,76 x 0,45 m und wiegt leer 186,7 kg, also etwas weniger als das Vorgängermodell. Phasergeschnittene Öffnungen für Sprengkopf-Reaktionsladungen sind vorhanden, feste ODN-Verbindungen und Auslaßgitter des Antriebssystems. Die internen Standardkomponenten umfassen Deuterium- und Antideuterium-Vorratstanks, den zentralen Mischtank und die jeweiligen magnetischen Haltekomponenten, Zielerfassung, Leitsystem und Sprengbaugruppen sowie den Warperhaltungsantrieb. Die Hülle des Vorratstanks und des Mischtanks bestehen aus Hafnium-Titanit und besitzen eine um fünf Prozent erhöhte Kapazität, was zu einer leicht verstärkten Sprengkraft führt, die sich nun auf 18,5 Isotonnen beläuft. Eine reduzierte optronische Komponentenkomplexität hat das Tankvolumen ansteigen lassen. Der Warperhaltungsantrieb profitiert im Sinne einer größeren Reichweite ein wenig von dem vergrößerten Tankvolumen, da sie nun eine Obergrenze von 4 050 000 km erreicht, was im Einzelfall von der Manövrierfähigkeit in Relation zur konstant betriebenen Flugzeit abhängt. Dies gilt aber nur für den Fall, daß der Abschuß von einem Raumschiff im Warpflug erfolgt. Bei einem Start von Deep Space 9 aus bewegt sich die Anfangsgeschwindigkeit im hohen Impulsbereich, erreicht aber nie Warp 1. Das soll allerdings nicht bedeuten, daß der Torpedo für die Verteidigung der Station unpraktisch ist. Es hat sich gezeigt, daß der Standardtorpedo sogar bei geringer Impulsgeschwindigkeit gegen nahe feindliche Schiffe Wirkung erzielt.

BEDIENUNG DES PHOTONENTORPEDOS

Photonentorpedos werden aus Zwillingswerferschächten abgefeuert, die sich in jeder Hälfte eines Waffenturms befinden und sich insgesamt auf zwölf Stück belaufen. Die Beladung mit den Materie- und Antimateriereaktionsstoffen erfolgt vor der Verriegelung des Schachtverschlusses und nach dem Transport des vorbereiteten Gehäuses aus dem gesicherten Magazin. Das Magazin befindet sich auf halber Höhe des Waffenturms, im Inneren des jeweiligen Waffenkontrollraums. Deuterium- und Antideuteriumvorräte für die Torpedos werden in Tanks ober- und unterhalb der Magazine gelagert. Die Materietanks werden aus dem allgemeinen Fusionstank der Station gespeist, die Antimaterie wird magnetisch in Position gehalten und aus Antimateriekapseln der Starfleet gespeist.

Befehlsautorisierung und Zieldaten aus den taktischen Prozessoren der CPG werden an den Torpedo und den Werfer geleitet. Je nach Umfang der Salven werden der Reaktionsstofflader und der Gehäuselift in akutem Standby-Betrieb gefahren, stets bereit, aktualisierte Daten und sequentielle Feuerinstruktionen zu empfangen. Die Reaktionsstoffe können wie auf Raumschiffen in vier Torpedos gleichzeitig geladen werden, innerhalb von 2,3 Sekunden können Salven mit sechs Torpedos abgefeuert werden, die Nachladezeit kann 15,3 Sekunden betragen.

Alle Unterlichtgeschosse von der Station können Subraumverbindungen zum Torpedoleitsystem benutzen, um das Objekt auf das ausgewählte Ziel zu lenken. Fällt die Befehlsverbindung aus, wird sich der Torpedo dem erfaßten Ziel unter eigener Kontrolle nähern. Verschiedene Faktoren können sich auf die Zielerfassung auswirken, darunter aktive Schildenergie, Subraumseismik und Sensorblendung durch feindliche Vorrichtungen. Für den Fall, daß die Zielerfassung ausfällt, wird der Torpedo anhand der letzten bekannten Umstände und der Zielflug- und physikalischen Charakteristika versuchen, ein Ziel zu erfassen. Wenn bestimmte AI-Kriterien für eine Wiedererfassung nicht erfüllt werden, wird der Torpedo seine Systeme vorübergehend sichern, den betreffenden Bereich verlassen und sich dann selbst zerstören, bevor er dem Feind in die Hände fallen kann.

Standardmäßige Raumfahrzeug-Kampfmanöver (RKM) gelten nicht für die stationären Abschußplattformen. Deep Space 9 ist mit speziell modifizierten Verteidigungssubroutinen versorgt worden, die ursprünglich für Nahkampfsituationen mit Torpedos und Phasern entwickelt wurden.

Photonentorpedo

10.3 QUANTENTORPEDOS UND IHRE BEDIENUNG

Der Quantentorpedo ist die erste Nachfolgewaffe der Starfleet, die den erstmals 2268 entwickelten Photonentorpedo ersetzen soll. Während der Aufrüstungstestphase für den Sprengkopf Mark IX wurde festgestellt, daß die theoretische Maximalsprengkraft von 25 Isotonnen für die Materie-Antimaterie-Reaktion endgültig erreicht worden war. Bestehende und zukünftige Bedrohungen trieben die Entwicklung einer neuen Defensivabschreckungswaffe voran, die auf speziell dafür ausgelegten Raumschiffen, Sternenbasen und Festungen auf Planetenoberflächen eingesetzt werden sollte. Fortschritte auf dem Gebiet raschen Energieentzugs aus der Raum-Zeit-Domäne, die als Null-Punkt-Vakuum bekannt ist, veranlaßten die Forschungs- und Entwicklungseinrichtungen der Starfleet auf Groombridge 273-2A dazu, einen Prototyp für ein Kontinuum-Verzerrungsgerät zu testen, der ein rechnerisches Potential von 52,3 Isotonnen hat.

Die Geschichte der laser-erzeugten Fusion für die Null-Punkt-Energiegeneration begann mit einem negativen Energiegleichgewicht, das eine höhere Zufuhr hochtemperierten EPS-Plasmas erforderlich machte, um die Reaktion auszulösen, die tatsächlich von dem Null-Punkt-Feldgerät erzeugt wurde. Die grundlegende Funktionsweise, die zum ersten Mal 2236 bei Experimenten getestet wurde, umfaßt die Bildung einer elfdimensionalen Raum-Zeit-Membran. Als ferner Verwandter des Suprafadens wurde die Membran in einen Faden mit der Topologie des Genus 1 verzerrt und vom Hintergrundvakuum aufgenommen, wodurch ein neuer Partikel entstand. Der Prozeß der Schaffung großer Mengen an neuen subatomaren Partikeln setzte entsprechend große Mengen Energie frei. Berechnungen zeigten schon bald, daß relativ kleine Mengen ultrareinen Vakuums an Bord eines Torpedosprengkopfs beim Auftreffen auf das Ziel eine hochexplosive Energiefreisetzung auslösen konnte. Ein ähnliches, wenn auch viel größeres Ereignis ließ beim Urknall den größten Teil der Masse des Universums entstehen. Die Aufnahme ereignete sich entgegen der ersten Ansichten der Wissenschaftler nicht an der gleichen Schnittstelle zwischen diesem Universum und der vom Urknall verbliebenen Domäne, allerdings würde die Aufnahme in diesem Kontinuum zu einer noch größeren Energiefreisetzung führen.

Der Test des Prototyps für den Null-Punkt-Sprengkopf fand 2355 auf Groombridge 273-2A statt, einem unbewohnten Gasmond, nachdem sechs Jahre lang theoretische Forschung betrieben und die experimentelle Hardware entwickelt wurde. Verschiedene Arten von EM-Emittern konnten erfolgreich Energieimpulse erzeugen, einer davon wurde für eine Testsprengung 285 km unter der Oberfläche ausgewählt. Die Sicherheitsvorkehrungen waren für das gesamte Programm bereits verstärkt worden, als eine Stunde vor dem Test die Spannung dramatisch anstieg. Ein Forscher entwickelte eine Computersimulation, die darauf hindeutete, daß es im Moment der Detonation zu einer plötzlichen, vollständigen Zerstörung des Mondes kommen könnte. Unglücklicherweise war eine Berechnungskonstante nicht entfernt worden, die sich mit einer hypothetischen abschweifenden Vakuumaufnahme beschäftigte. Eine weitere Vorhersage in letzter Minute ging von einer Detonation aus, die auf einen Durchmesser von 900 m beschränkt sein sollte. Der Test war erfolgreich, der Groombridge-Standort wurde aufgegeben, der Urzustand wiederhergestellt. Die Verteidigungswaffenfabriken der Starfleet setzten ihre Produktion fort.

TORPEDO-KONFIGURATION

Der Quantentorpedo besteht aus einer Druckgußhülle aus verdichtetem Tritanium- und Duranium-Schaum, ist im Querschnitt trapezförmig und am vorderen Ende für Einsätze innerhalb einer Atmosphäre verjüngt zulaufend. Eine sieben Millimeter dicke Schicht aus plasmagebundenem Terminium-Keramik bildet eine ableitende Panzerungsschicht für die Schaumhülle, über die eine 0,12 mm dicke Beschichtung aus Silikon-Kupfer-Yttrium-Polymer als strahlungsabweisende Oberfläche gezogen ist. Von den notwendigen Einschnitten und Schweißnähten für die Installation von Antrieb und Sprengkopf abgesehen, sind durch Phaserschnitte nur minimale Eingriffe in die Hülle vorgenommen worden, womit die Hülle als so EM-frei wie technisch nur möglich bezeichnet werden kann. Alle Versiegelungen rund um herausragende Komponenten sind mit einer Suspension aus Ferrenimit mit forcierter Matrix behandelt worden, die nur eine minimale Menge an duonetischer Feldaktivität erzeugt und im Prinzip das Austreten von EM blockiert. Alle aktiven und passiven Sensorimpulse werden durch maschinell erzeugte Aussparungen in der Innenhülle geleitet, die etwa in Intervallen von 26 cm in alle drei Achsen gefräst wurden.

Das Herzstück des gegenwärtigen Systems ist die Null-Punkt-Feld-Reaktorkammer, eine Umschließung in Tränenform, die aus einem einzelnen Kristall aus richtungsverstärktem Rodinium-Ditellenit gefertigt wurde. Die Kammer hat einen Durchmesser von 0,76 m bei einer Länge von 1,38 m und einer durchschnittlichen Stärke von 2,3 cm. Das Bauteil weist eine einzelne Öffnung am spitz auslaufenden Ende auf, die in einer trägen Atmosphäre aus Argon und Neon von einem Nanometer-Phaser geschnitten wurde. Zwei ummantelnde Schichten, eine aus synthetischem Neutronium und eine andere aus Dilithium, kontrollieren die oberen und unteren Ränder der Energiefeld-Konturen. An die Öffnung angeschlossen ist ein Null-Punkt-Initiator, der aus einem EM-Rektifizierer, einem Wellenleiter-Bündel, einem Subraumfeld-Verstärker und einem Kontinuumstörungs-Emitter besteht. Der Emitter erzeugt das endgültige Aufnahmefeld, das aus einem konischen Dorn besteht, der an der Spitze 10 bis 16 m mißt.

Der Null-Punkt-Initiator wird von der Detonation eines aufgerüsteten Photonentorpedo-Sprengkopfs mit einer Sprengkraft von 21,8 Isotonnen mit Energie versorgt, die durch einen vergrößerten Kontakt mit dem Materie-Antimaterie-Oberflächenbereich und die Zuführung von fluoronetischem Dampf erzeugt wird. Die M/A-Reaktion ist viermal so stark wie bei einem Standard-Sprengkopf. Die Detonationsenergie wird innerhalb von 10^{-7} Sekunden durch den Initiator geleitet und treibt den Emitter an, der auf die Vakuumdomäne eine Spannungskraft abgibt. Während sich innerhalb von 10^{-4} Sekunden die Vakuummembran ausdehnt, wird ein Energiepotential erzeugt, das mindestens 50 Isotonnen entspricht. Diese Energie wird 10^{-8}

10.0 TAKTISCHE SYSTEME

Quantentorpedo

Sekunden in der Kammer zurückgehalten, dann wird sie durch einen kontrollierten Zerfall der Kammerwand freigesetzt.

FLUGSYSTEME

Der Antrieb des Quantentorpedos wird von vier Mikrofusionsdüsen geregelt, die in Abstimmung mit den Standardwarpfeld-Erhaltungsspulen arbeiten. Treibstoffzufuhrventile, Querverbindungen zu den Photonendetonatoren und der M/A-Tank sind im hinteren Bereich untergebracht. Steuerung, Navigation und Zündung des Torpedos werden vom Bordcomputer und der Sensorphalanx kontrolliert. Der Hauptprozessor des Computers ist ein bioneuraler Gel-Zylinder, der von einem schwachen bordeigenen Warpfeld für ÜLG-Berechnungen und einem äußeren schwachen Thoronennetz umgeben ist, das feindliche Strahlung abblocken soll, die als Gegenmaßnahme eingesetzt wird.

Insgesamt 53 Sicherheitsschaltungen sind in allen Systemen verteilt. Da der Null-Punkt-Vakuuminitiator mehrere seltene Legierungen und Elemente enthält, die nicht repliziert werden können, hat sich die Produktion als langwieriger und gewissenhafter Prozeß erwiesen, der ein höheres Niveau an Sicherheitsprotokollen für das Programm erforderlich macht und schwierige Beschaffungsentscheidungen für verfügbare Torpedobauteile verlangt. Da der gegenwärtige Konflikt im Alpha-Quadranten eine hohe sofortige Einsatzfähigkeit erfordert, sind Deep Space 9 und der *U.S.S. Defiant* 50 Prozent des momentanen Produktionsvolumens an Quantentorpedos zugewiesen worden. Während beide Einheiten in regelmäßigen Abständen Torpedoaufrüstungen erhalten werden, wird die *Defiant* in ihrer Dauerrolle als Testraumschiff hinsichtlich Zuverlässigkeit, Effizienz und Sicherheit aufmerksam beobachtet. Zwar erweist sich die Struktur der Torpedos während der Produktion, des Transports und der Einlagerung bis hin zum schließlichen Einsatz als robust, dennoch müssen für eine sichere Funktionstüchtigkeit des Sprengkopfs besondere Behandlungs- und Verlademaßnahmen ergriffen werden. Zu diesen Prozeduren gehören Antischwerkraft-Einheiten, Einsatz von Tele-Robotern und die Verwendung schützender Pufferfelder.

BEDIENUNG

Einsatz und Manövrieren bei Impulsgeschwindigkeiten bis $0{,}993\,c$ können erreicht werden, wobei der Verbrauch der an Bord befindlichen Reaktionsstoffe nicht mehr als 23 Prozent beträgt. Ein Einsatz bei Warpgeschwindigkeit läßt diese Zahl auf 15 Prozent absinken, was seine Ursache im Warpfeld des Werfers hat. Wenn sich der Torpedo mit Warpgeschwindigkeit und sein Ziel mit Impulsgeschwindigkeit bewegt, wird der Torpedo nicht auf Impulsgeschwindigkeit heruntergehen, weil er sein Warperhaltungsfeld nicht wieder aufbauen kann. In diesem Fall detoniert er beim Auftreffen oder in geringstmöglicher Entfernung, wobei die Daten aus den Näherungssensoren und die relativen Geschwindigkeitsalgorithmen aller drei Achsen zugrundegelegt werden. Wenn sich Torpedo und Ziel mit hoher Impulsgeschwindigkeit bewegen und das Ziel geht auf Warpgeschwindigkeit, reicht die Beschleunigung des Torpedos noch immer aus, um einen wirkungsvollen Zerstörungsradius zu erreichen.

10.4 PERSÖNLICHE PHASER, DISRUPTOREN UND HIEB- UND STICHWAFFEN

Die Anweisung der Starfleet, Deep Space 9 und die Interessen der Föderation zu wahren, erfordert von den Offizieren und dem zugewiesenen und verbündeten Personal, sich selbst mit Energiewaffen und anderen, für den Nahkampf ausgelegten Hieb- und Stichwaffen zu verteidigen. Alle derzeit bekannten feindlichen Kräfte sind mit ähnlichen Waffen ausgerüstet. Die meisten Hand-Energiewaffen der bekannten Kulturen fallen in die Starfleet-Kategorien der Typen 1, 2 und 3; die Quantenphysik erlegt diesen Waffen nach oben hin maximale Energiedichten auf, so daß gegenwärtig keine Seite einen technologischen Vorteil zu besitzen scheint.

Die Hieb- und Stichwaffen finden sich nur bei den klingonischen Streitkräften. Ein klingonischer Krieger bevorzugt den aggressiveren Nahkampf, zögert aber auch nicht, seinen Disruptor zu benutzen, wenn die Situation das erfordert.

Mechanismus und Bedienung der meisten Energiegleichrichtungswaffen (Phaser) zur Verteidigung sind in ihren Grundzügen bereits in anderen Datenbanken detailliert beschrieben worden. Wenn sich die Eigenschaften des Strahltyps erheblich vom Standardphaser unterscheiden, wird darauf hingewiesen.

STARFLEET-PHASER

Seitenwaffen- und Gewehreinheiten werden weiterhin im Starfleet-Bestand geführt, weisen aber leichte ergonomische und Energiesystemänderungen auf. Der Phaser vom Typ 1 wird gegenwärtig als Reservewaffe zum Holsterphaser vom Typ 2 ausgegeben. Zwei verschiedene Phasergewehre vom Typ 3 befinden sich im Waffenarsenal von Deep Space 9; das ältere Modell teilt sich eine Reihe von technischen Innovationen mit dem Typ 2, das jüngere Gewehr vom Typ 3b erfüllt die Leistungen der theoretischen Forschung, die mit den Ausrüstungsanforderungen auf Raumschiffen der Sovereign-Klasse verbunden ist. Der Typ 3b beinhaltet den ersten wirklichen Transitionalphasen-Impulsbeschleuniger.

Zu den Modifikationen des Phasers vom Typ 2 gehören eine verbesserte Sarium-Krellit-Energiezelle, ein geschwungener Griff und eine verstärkte Vorfeuerkammer. Die Energiezelle ist während eines Gefechts sofort austauschbar und liefert nun eine Energie von insgesamt $8,79 \times 10^7$ Megajoule. Die Energiezelle befindet sich jetzt in einem um 45 Grad geschwungenen Griff, der besseres Zielen und bessere Handhabung erlaubt. Innerhalb der optronischen und energie-manipulierenden Sektion ist die Lithium-Kupfer-Vorfeuerkammer um eine eingeschossene Faserschicht aus Hafnium-Tritonit verstärkt worden, was um 15 Prozent höhere Energiedichte und Plasmadruck in der Vorfeuerkammer erlaubt als beim vorangegangenen Modell des Typs 2. Kontrolloberflächen, Reaktion und Bedienung bleiben unverändert.

Das frühere Modell des Phasergewehrs vom Typ 3 bleibt in der Produktionsdatenbank der Starfleet, auch wenn seit sechs Jahren keine neuen Exemplare hergestellt worden sind. Zu den kleineren Verbesserungen an den auf Deep Space 9 eingesetzten Einheiten gehören eine verdichtete Sarium-Krellit-Zelle, aufgerüstete Zielerfassungsscanner und ein isolinearer Prozessor sowie eine Verstärkung der Vorfeuerkammer ähnlich wie bei der Einheit vom Typ 2. Zum neuesten Gewehr vom Typ 3 gehört eine sofort austauschbare Energiezelle mit einer Gesamtladung von $3,45 \times 10^8$ Megajoule, ein im Gefecht austauschbarer Deuteriumplasma-Generator, ein zwölfstufiger Plasmabeschleuniger und eine fünfstufige Kaskaden-Vorfeuerkammer. Am Ende des Energieflusses befindet sich der Emitterkristall, der so wie die Vorfeuerkammer ein Lithium-Kupfer Supraleiter ist. Der Plasmabeschleuniger ist entscheidend dafür, die Vorfeuerkammer auf das richtige Energieniveau für die kontrollierbare Nuklear-Disruptionskraft (NDK) anzuheben. In dem sich entladenden Strahl sind fast keine klassischen thermalen oder andere unerwünschte EM-Effekte zu finden. Das supraerhitzte Plasma wird an dem Emitterkristall entlang in einem fokussierten Strahl abgegeben. Das Plasma hilft dabei, daß der Kristall während des Feuervorgangs nicht zu schnell abkühlt.

Der Typ 3 präsentiert außerdem einen neuen Sucher/Zielgeber, der sowohl passive als auch aktive EM- und Subraum-

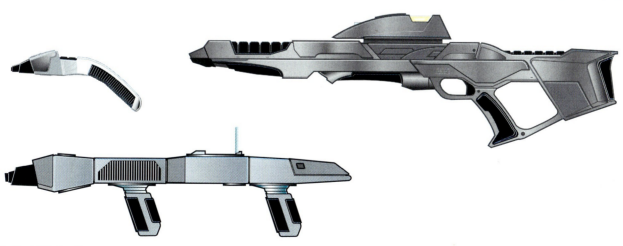

Starfleet-Handwaffen

10.0 TAKTISCHE SYSTEME

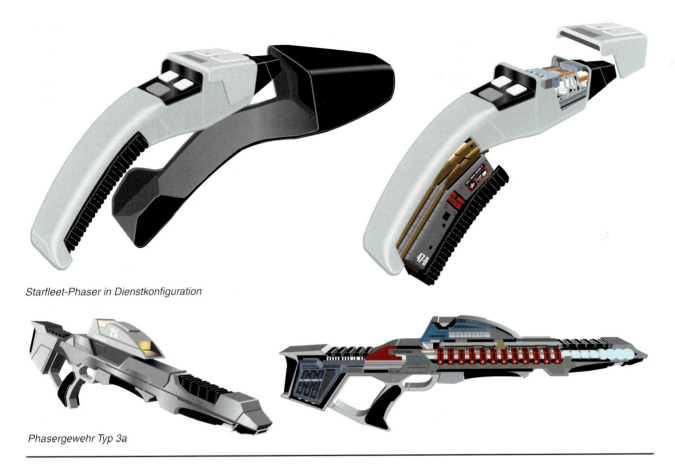

Starfleet-Phaser in Dienstkonfiguration

Phasergewehr Typ 3a

detektoren besitzt. So wie andere Phasertypen ist der Zielgeber-Prozessor über STA an die Sicherheitssysteme der Station angeschlossen, um die Leistung des Gewehrs auf Einstellung 3 zu beschränken, außer, dies wird durch den Befehl eines Senioroffiziers widerrufen.

Das Kompressionsphasergewehr vom Typ 3a wird gegenwärtig nicht auf Deep Space 9 eingesetzt, dagegen aber auf verschiedenen Schiffen, die an der Front operieren. Die Unterschiede zwischen der 3a und der Basiseinheit vom Typ 3 bestehen in sofort austauschbaren Zwillings-Energiezellen, die je $3,4 \times 10^8$ Megajoule leisten, sowie in einem gesplittetem Emitter-Resonator, der den austretenden Strahl einstellt und fokussiert.

BAJORANISCHE PHASER

Die bajoranischen Phaser sind technologisch den Starfleet-Einheiten ähnlich und finden sich als Pistolen- und Gewehrmodell in den Beständen der Sicherheitscrew auf der bajoranischen Station und der planetaren Verteidigungsstreitkräfte. Zum Grundmechanismus gehören ein supraleitender Kristall und eine Energiezelle, die ihn mit Energie versorgt. Es ist jedoch keine Vorfeuerkammer notwendig, in der die Energie vor der Entladung gesammelt wird. Die bajoranische Einheit verwendet im Moment der Aktivierung des Abzugs einen anfangs aus sechs Strängen bestehenden Energiestrahl mit relativ geringer Energieleistung. Ihm folgt innerhalb von 0,00001 Sekunden eine verstärkte Entladung, die den Anfangsstrahl benutzt, um die Primarenergie auf das Ziel zu richten. Im Prinzip dient der Strahl der ersten Stufe als Vorfeuerkammer auf Energiebasis.

Die Energiezelle im Pistolenmodell ist eine wiederaufladbare Isotolinium-Ampulle, allerdings sind einige Einheiten auf Sarium-Krellit-Zellen umgerüstet worden. Die Gesamtenergieladung beläuft sich auf $1,2 \times 10^6$ Megajoule. Die auf Deep Space 9 verwendeten Pistoleneinheiten sind zum Teil mit STA-Komponenten modifiziert worden, um dem Starfleet-Limit der Stufe 3 zu entsprechen.

Das Gewehrmodell ist eine robuste, vergrößerte Version der Pistole, die Platz für eine größere Energiezelle bietet. Das Gewehr besitzt auch einen Sucher, der vorwiegend auf IR- und verstärkter Biogenikfeld-Basis arbeitet. Während der Besetzung wurden einige frühe Gewehreinheiten mit Zielunterscheidern ausgerüstet, die theoretisch bewirken sollten, daß auf bajoranische Kämpfer, die kodierte biogenische Transponder trugen, nicht irrtümlich geschossen werden konnten. In der Praxis kam es aber nur zu wenigen Auseinandersetzungen zwischen größeren Gruppen von Bajoranern und Cardassianern, als daß die Wirkungsweise dieses Zielsystems hätte bewiesen werden können. Das aktuelle Gewehr ist an Bord der Station gleichfalls auf die Einstellung der Stufe 3 beschränkt, wenngleich es vorwiegend bei Missionen fernab der Station und auf Bajor verwendet wird.

10.0 TAKTISCHE SYSTEME

Bajoranische Handwaffen

Klingonische Handwaffen

KLINGONISCHE DISRUPTOREN SOWIE HIEB- UND STICHWAFFEN

Die gegenwärtig an der Front eingesetzte klingonische Energiewaffe ist der Disruptor, der als Pistolen- und als Gewehrmodell zur Verfügung steht. Das verlängerte Gewehrmodell besitzt eine Schulterstütze. Technisch betrachtet funktioniert ein Disruptor auf der Grundlage eines Partikelflusses, in dem das Gesamtenergiefeld pro Partikel so hoch ist, daß es nicht länger als wenige Millisekunden gehalten werden kann. Das Feld löst sich rasch auf, die Instabilität setzt die zurückgehaltene Energie frei und zersetzt sämtliche Materie, mit der der Strahl in Berührung kommt. Zu den Hauptkomponenten gehören eine leistungsstarke Energiezelle, ein Generator zur Erzeugung forcierter Energiepartikel, dreifach redundante Wellenleiter- und Beschleunigungsstufen sowie der Strahlemitter. Zu den Bestandteilen des Gewehrs gehört eine Energiezelle mit vergrößerter Kapazität, ein größerer Beschleuniger für eine erhöhte Energiepartikel-Produktion sowie die Induktionsschleifen-Baugruppe, die für die Wiederaufladung der Einheit und für die Energieversorgung des Beschleunigers notwendig ist. Die gesamte meßbare Ladung der Pistole beträgt $1,2 \times 10^7$ Megajoule, die des Gewehrs $6,5 \times 10^7$ Megajoule.

Zu den grundlegenden klingonischen Hieb- und Stichwaffen gehören das *Bat'leth*, das *Mek'leth* und der *D'k Tahg*. In der Sammlung des typischen klingonischen Kriegers findet sich eine große Bandbreite weiterer zeremonieller Messer und Dolche, doch die drei genannten werden aus der nicht-technologischen Gruppe am häufigsten für den Nahkampf gewählt. Das *Bat'leth*, dessen ursprüngliches Design seit langem dem Krieger Kahless der Unvergeßliche zugeschrieben wird, ist eine widerstandsfähige Kampfwaffe mit mehreren Griffen, die aus *Baakonit* hergestellt wird, einem Metall, das in seiner Dehnbarkeit und seinem spezifischen Gewicht dem Tritanium ähnlich ist. Das *Mek'leth* ist etwa halb so groß wie das *Bat'leth*, es besteht aus einer langen und einer kurzen Klinge und weist nur einen Griff auf. Das *Mek'leth* wird ebenfalls aus *Baakonit* gefertigt, auch wenn einzelne Stücke mit Erfolg aus *Dikeiferat* hergestellt werden konnten, dessen Dichte um das 1,18fache höher ist als bei *Baakonit*. Wie bei den meisten Waffen, die für schnelle, äußerst kontrollierte Manöver gedacht sind, muß ein Gleichgewicht zwischen der Gesamtmasse, die für die Aufschlagsträgheit erforderlich ist, und der Fähigkeit der die Waffe benutzenden Person gewährleistet sein, die diese Masse bewegen muß.

Die Waffe, die neben der Disruptorpistole am häufigsten von

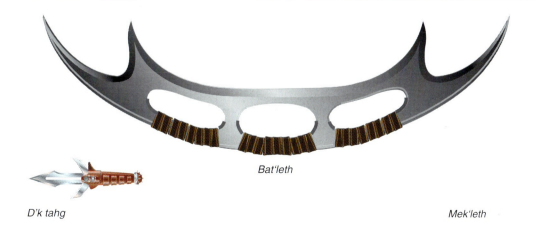

D'k tahg

Bat'leth

Mek'leth

10.0 TAKTISCHE SYSTEME

Cardassianische Handwaffen   *Jem'Hadar-Handwaffen*

einem Krieger mitgeführt wird, ist der *D'k tahg*. Im Verlauf des letzten Jahrhunderts sind mindestens vier Varianten dieses Dolchs mit drei Klingen Bestandteil des klingonischen Waffenarsenals gewesen. Zwei Modelle des *D'k tahg* verfügen über bewegliche Seitenklingen und können in einer schmalen Scheide getragen werden. Zwei andere wurden mit starren Seitenklingen hergestellt, sie müssen in einer weiteren Scheide getragen werden. Die meisten von ihnen weisen das mit Dornen besetzte Griffende auf, das für nach hinten oder unten gerichtete Bewegungen geeignet ist. Der heutige *D'k tahg* wird typischerweise aus zwei Legierungen hergestellt: *urs'ga rakch*, ein dunkles metallenes Material, das mit zunehmendem Alter aushärtet und benutzt wird, um den Griff zu fertigen, sowie *kar'kethet*, eine von Natur aus geschmeidige Legierung, die sich bei einer Temperatur von 6 590° Celsius über einen Zeitraum von 72 Stunden zu einem einzelnen, starren Metallkristall umwandelt.

CARDASSIANISCHE PHASER

Die Pistolen- und Gewehreinheiten, die an die Soldaten der Cardassianischen Union ausgegeben werden, sind in ihrer Funktionsweise den bajoranischen Phasern sehr ähnlich, da sie auf einer Reihe von zusammengefaßten fokussierenden Strahlen basieren, die die Entladung der Waffe ausführen. Der Emitterkristall ist mit einem Rodiniumrand verstärkt worden und wird von einem geteilten Wellenleiter gehalten, der die Einstellungen zur Strahlbreite und -intensität regelt, die über die Waffenkontrollen eingegeben werden. Hinter dem Emitter befinden sich der Beschleuniger, der Strahlgenerator und die Energiezelle. Die in der Isotolinium-Ampulle enthaltene Energie beläuft sich bei der Pistole auf $3,2 \times 10^7$ Megajoule und beim Gewehr durch zusätzliche Zellen auf $9,8 \times 10^7$ Megajoule. Die einzige Gefahrenquelle beim Einsatz von Isotolinium in Waffen ist die geladene Flüssigkeit. Wenn sie in einer einzigen Salve freigesetzt wird, kann sie eine nichtabgeschirmte Masse von vier Kubikmetern Tritanium auflösen. In den Datenbanken der Starfleet finden sich keine Aufzeichnungen über die unbeabsichtigte Detonation einer cardassianischen Waffe. Starfleet-Analytiker testen weiterhin in ihren Besitz gelangte Exemplare und untersuchen die Gründe, warum auf Bajor nie Sprengstoff auf Isotolinium-Basis eingesetzt worden ist.

JEM'HADAR-WAFFEN

Starfleet-Ingenieure und Waffenexperten untersuchen auch weiterhin die in ihren Besitz gelangten Waffen der Jem'Hadar. Disruptorpistolen und -gewehre finden sich im Waffenarsenal dieser genmanipulierten Soldaten. Keine der beiden Einheiten verfügt über veränderbare Energieeinstellungen, sie geben ausschließlich eine tödliche Energieentladung ab. Der von den Jem'Hadar verwendete Mechanismus scheint sich auf einen pulsierenden Polaronenstrahl zu konzentrieren, obwohl die Polaronenentladung oft von einem Ausstoß hochenergetischer Gamma-Strahlung begleitet wird. Die Gamma-EM kann die Folge von Fluktuationen in der Energie sein, die von den Energiezellen geliefert wird. Die Energie wird durch eine Tritium-Mikrofusionsreaktion erzeugt, die sich entlang der zentralen Entladungslinie bewegt. Die Energie wird in eine phasische Polaronenquelle geleitet, in der sich die Ladung sammelt – ähnlich der Vorfeuerkammer beim Starfleet-Phaser. Der Prozeß läuft automatisch ab; produkttypisch wird die angestaute Polaronentladung durch den Emitter geleitet, bei dem es sich um eine exakt geformte Parabel aus solidem Arkenium handelt.

In bestimmten Fällen können chemische Stoffe in den Partikelfluß gegeben werden, darunter Nervengase, Gerinnungshemmer und Knochenzersetzungsmittel. Für den Fall, daß ein Energieschuß nicht sofort zum Tod führt, kann das Ziel durch chemische Stoffe weiter geschwächt oder getötet werden. Diese klassische Taktik zur Zerschlagung einer feindlichen Streitkraft, indem man sie dazu bringt, sich um die zugefügten Verletzungen zu kümmern, ist den Jem'Hadar bestens bekannt. Die Gesamtladung in einer Pistole beläuft sich auf schätzungsweise $5,4 \times 10^8$ Megajoule bzw. $1,54 \times 10^9$ Megajoule bei den Gewehren. Von besonderer Bedeutung sind die permanenten Bemühungen, Starfleet- und bajoranische Einrichtungen vor Angriffen mit energetischen Polaronenstrahlen zu schützen, die es immer wieder geschafft haben, die unterschiedlichsten Schildkonfigurationen zu durchdringen.

10.5 VERTEIDIGUNGSSCHILDE

Im normalen Betrieb werden die Verteidigungsschilde von Deep Space 9 so mit Energie versorgt, daß sie eine große Bandbreite natürlicher und künstlicher Gefahren abwehren. Zum Primärsystem gehören drei große Schildgeneratoren, die am Ende der drei Ausleger montiert sind, die sich direkt unterhalb des Ops befinden. Ein Sekundärsystem für Schilde mit kurzer Reichweite ist in regelmäßigen Abständen rund um den äußeren Rand des Andockrings installiert. Beide Systeme nutzen die original Terok Nor-Ausstattung, die mit Energiezuleitungen der Starfleet aufgerüstet worden sind.

Anders als bei den meisten Verteidigungsfeld-Gittern auf Raumschiffen werden die Felder der Station durch drei, sich überlappende polarisierte Gravitonenemissionen erzeugt, die von hochlokalisierten Entladungs-Wellenleitern ausgehen. Die Feldenergie ändert sich hin zu den oberen und unteren Entladungsvektor Extremen und bietet vom +Y-Pol bis zum −Y-Pol Schutz bei einer durchschnittlichen Frequenz von 4,54 Megahertz. EM- und Masseablenkung erfolgt, wenn eine Welle oder ein Partikel in zwei unterschiedliche Emissionen vordringt und damit wiederholte elektromotorische Kraftimpulse auslöst, die senkrecht zur „Oberfläche" des Verteidigungsschilds verlaufen. Der Einsatz an Elektromotorik ist umgekehrt proportional zum Tensorprodukt aus Masse, Energiepotential und Geschwindigkeit der eindringenden Kräfte oder Objekte. Da die meisten aufprallenden Ereignisse auf der Schildoberfläche eine Verweildauer von fast 1,32 Millisekunden besitzen, veranlaßt eine Gravitonenkraftkopplung die Abprallenergie, sich auf das Ereignis zu konzentrieren, anstatt sich über den ganzen Schild auszubreiten. Die Abteilung Forschung und Entwicklung sowie der Geheimdienst der Starfleet sind aufgrund historischer Sensordaten-Analysen sicher, daß die Generatoren mit denen auf Kriegsschiffen der *Galor*-Klasse fast identisch sind.

Drei polarisierte Gravitonengeneratoren befinden sich auf Ebene 2 und 3 der Schnittstellenverbindungen zwischen dem Ops und dem Oberen Kern. Die speziellen EPS-Energiezufuhrleitungen aus dem Oberen Kern liefern über neun Leitungen energetisches Plasma an die Generatoren, sollte der Fall eintreten, daß es aufgrund mechanischer Probleme oder Schlachtschäden zu einem Ausfall der Leitungen kommt. Im letzteren Fall ist das häufigste Hindernis für den Transport der EPS-Energie ein Phänomen, das als EM-Backflash bekannt ist. Das erzeugt eine Welle, die sich entgegen dem Plasmafluß bewegt und im Ergebnis die notwendige Energie für die Gravitonengeneratoren verringert. Wenn die Generatoren mit Energie versorgt werden, erzeugen sie aus regenerativen, aus Duralumin-Gesselium-Ayanaminit bestehenden Einbettungen heraus Gravitonenflüsse, vergleichbar mit der Methode, mit der die Gravitonen aus dem Umweltschwerkraft-Netz freigesetzt werden (siehe 11.3). Die sofortige Energieabgabe beträgt an den Generatoren 450,5 Megawatt, durch Nebenwiderstände an neun phasenverbundenen Kapazitätsbänken kann die Energie für bis zu 32 Sekunden auf 2 579,3 Megawatt verstärkt werden. Da keine echten Subraumfeldstörungs-Verstärker eingesetzt werden, können die höheren Energieniveaus, die für kurzzeitige Ausstoßablenkungen wünschenswert sind, nicht kontrolliert werden.

Für die meisten Gefechtssituationen hat Starfleet die Com-

Standort des Deflektorschildemitters

puterkontroll-Routinen verbessert, die genutzt werden, um die Schildenergie entsprechend den sich nähernden Gefahrenvektoren zu steuern. Himmelsphänomene von größeren Ausmaßen machen ein Umschalten auf Wahrscheinlichkeitsverzweigungen in den Voraussage- und Anpassungskontrollroutinen erforderlich. Gefechtssituationen erfordern, daß mindestens zwei der drei Gravitonengeneratoren in Betrieb sind, wobei Echtzeit-Gravitonennebenwiderstände rund um die nicht arbeitende Einheit volle Schildblasen-Bildung gewährleisten. Ein einzelner kann für die Dauer von nur 24,3 Sekunden die gesamte Station allein abschirmen, wenn in den Kapazitätsbänken keine Reserveenergie gespeichert worden ist. Sind die Bänke bis zum Maximum geladen, beträgt die Zeitspanne bis zu 61,2 Sekunden. Das sind aber keine verläßlichen Werte, weil die exakte Aufrechterhaltungszeit der Verteidigungsschilde in Krisensituationen durch eine Kombination aus Energiebeschaffung, Generator-/Emitterimpuls-Konfigurationen und anderen Faktoren bestimmt wird.

Die tatsächliche Abgabe des Gravitonenfelds ereignet sich an den Emitterblöcken. Sobald die polarisierten Gravitonen jeden Generator verlassen, werden sie durch eine Reihe von drei Wellenleitern in den Auslegern übertragen und erreichen den winkligen Emitterblock. Hier werden sie in 454 kleinere Wellenleiter aufgeteilt, um zu einer schnell umschaltenden Emitterkontrolle geleitet zu werden, die die endgültige Polarisierung und Vektorbestimmung für jeden Gravitonenimpuls festlegt. Die Reihenfolge der Gravitonenabgabe und die Frequenz der Schildblase werden von den Subprozessoren für die Verteidigungswaffen im Ops willkürlich geändert. Das ist eine Standardprozedur, um für jede angreifende Macht die Möglichkeit zu minimieren, die Frequenz anzugleichen und die Verteidigungseinrichtung der Station zu durchdringen.

Die Hitzeableitung wird durch eine Gruppe von vier passiven Thermalprojektions-Radiatoren pro Emitter kontrolliert, außerdem durch zwei Aktivflüssignatrium-Kühlschleifen pro Emitter, die in die Fusionsgeneratoren eingebunden sind (siehe 5.1). Jede Schleife kann unter normalen Umständen 120 000 Megajoule bewältigen, in Notsituationen können über den forcierten Ableitungsmodus über die Phaserstreifen der Station bis zu 370 000 Megajoule bewältigt werden.

Die Schildbedienung kann durch Sprachbefehle, Eingabe an Kontrollflächen und automatische Aktivierungssubroutinen ausgelöst werden. Während erhöhter Alarmzustände hat der Autoaktivierungsmodus Vorrang. Theoretisch kann keine Waffenener-

10.0 TAKTISCHE SYSTEME

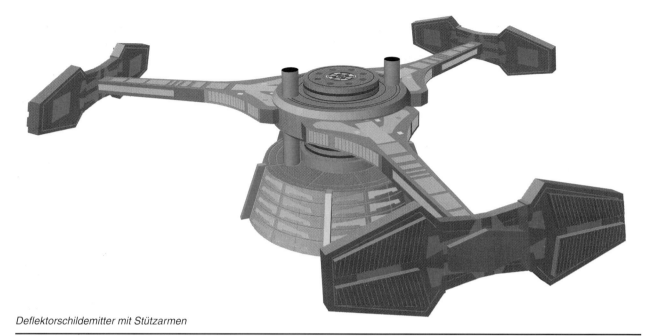

Deflektorschildemitter mit Stützarmen

gie über 550 Megawatt in den ersten 43 Millisekunden die Schildblase durchdringen, danach sind die Schilde aufgebaut und lassen unter kontinuierlichem Beschuß in bekanntem Maß nach. Bei voller Schildleistung sind die Möglichkeiten für externe Scans um 15 Prozent verringert, Phaserwaffen, die ihre Energie nach außen richten, müssen in ihrer Frequenz auf die Schildemissionen abgestimmt werden, um eine Überladung der Schilde und eine Ablenkung der Strahlen zu vermeiden. Abgefeuerte Torpedowaffen müssen einen aktiven Schildfenster-Transponder aufweisen. Alle Impuls- und Warpschiffe, darunter auch Runabouts und Shuttles, müssen automatisch auf Computersignale reagieren, um alle aktiven Maschinen abzuschalten. Muß ein Raumfahrzeug den Schild durchfliegen, muß insbesondere in Gefechtssituationen ein Schildfenster-Transponder in Betrieb sein, der die korrekten eingebetteten ID-Codes aufweist.

10.6 SELBSTZERSTÖRUNGSSYSTEM

2371 wurde das von den Cardassianern entworfene Selbstzerstörungssystem einmalig aktiviert und rechtzeitig wieder abgeschaltet. Es war wahrscheinlich in die Originalstruktur von Terok Nor einbezogen worden, um die Station unter cardassianischer Leitung eher zu zerstören, anstatt sie in Feindeshand fallen zu lassen – vergleichbar mit der Vorgehensweise auf einem Schiff der Starfleet, das Gefahr läuft, von einer unaufhaltsamen feindlichen Macht eingenommen zu werden. Warum die Cardassianer Terok Nor 2369 nicht der Selbstzerstörung aussetzten, ist noch immer nicht bekannt. In der Zeit nach der „Operation Rückkehr" und angesichts der gestiegenen Spannung im bajoranischen Sektor, verbunden mit der Zuteilung der U.S.S. Defiant und anderen Einrichtungen, hat sich Starfleet veranlaßt gesehen, eine Vereinbarung mit der bajoranischen Übergangsregierung zu suchen, das System auf Deep Space 9 zu belassen und es in voller Einsatzbereitschaft zu halten. Mitte 2374 waren die Gespräche noch nicht abgeschlossen.

Bewohner und Besucher der Station sind seit langem von der Existenz dieses Systems unterrichtet, den meisten von ihnen sind die Risiken bewußt, die mit dem Leben in einem Kriegsgebiet verbunden sind. Ein Absatz im Andockvertrag, der Handels- und Forschungsschiffen vorgelegt wird, verlangt vom Captain und dem Eigentümer des jeweiligen Schiffs, eine Einverständniserklärung abzugeben, daß er weder die bajoranische Übergangsregierung noch Starfleet Command, noch die Vereinte Föderation der Plane-

Standort der Selbstzerstörungsanlage

ten für Verluste haftbar macht, wenn dieses angedockte Schiff im Rahmen der Aktivierung der Selbstzerstörung beschädigt oder vernichtet wird. Diese Klausel ist eine reine Formalität, da auch im schlimmsten simulierten Szenario alle betroffenen Schiffe und Personen den Befehl erhalten hätten, die Station zu verlassen, bevor die Angriffe das System zu einer Sprengung veranlaßt.

BEFEHLSAUTORISIERUNG

Da die Station der Verwaltung von Starfleet Command und der bajoranischen Sicherheitskräfte untersteht, erfordern die Computerautorisierungscodes für die Zerstörung der Station die Bestätigung je eines Starfleet- und eines bajoranischen Offiziers. Alle Softwarecodes für die Durchführung der Zerstörung sind umgeschrieben und in die Computer-CPG der Starfleet verlagert worden. Sämtliche bislang entdeckten, original cardassianischen gegenläufigen Programmcodes sind zur Analyse kopiert und aus dem Hauptcomputer gelöscht worden. Der aktuelle Code akzeptiert Eingaben vom Starfleet-Personal vom Rang des Chief of Operations und von bajoranischem Sicherheitspersonal vom Rang des Lieutenants aufwärts.

Vorausschauende/anpassungsfähige Computerroutinen in der CPG überwachen während größerer militärischer Aktionen regelmäßig Combadge-Signale, die Anzeigen der Lebenszeichensensoren sowie eingehende Subraumkommunikationen, um Autorisierungscodes auf ihre Gültigkeit zu überprüfen. Wenn der Stationscommander und der bajoranische Sicherheitschef nicht verfügbar sind, überprüft die CPG das Personal auf den rangnächsten Commander und wendet dabei Regeln an, die für Starfleet-Schiffe festgelegt worden sind. Die Abläufe über verbale oder Konsoleneingabe, die Start- und Bestätigungscodes erfordern, sind unverändert geblieben. Das gilt auch für den Widerruf der Zerstörung bis T-minus-null, wenn sich das System aktiviert. Audiowarnungen ertönen in allen vertretenen Sprachen auf der Station, wobei sich die Sprache nach dem jeweiligen Bereich richtet. Warnungen ertönen auch bei den individuellen Kommunikationsgeräten. Die Warnungen beginnen mit dem Start der Selbstzerstörungsautomatik und werden in Abständen von fünfzehn Sekunden durchgesagt. Ab der Markierung T-minus-eins erfolgt die Audiowarnung im Sekundentakt. Graphische Anzeigen informieren in allen Sprachen über die Restzeit.

HARDWARE-KONFIGURATION UND -BEDIENUNG

Zum ursprünglichen cardassianischen Sprengvorgang gehörte eine vorsätzliche Überladung des Fusionsenergie-Erzeugungssystems. Bei T-minus-null wird die gespeicherte EPS-Energie in die 1296 Laser-Impuls-Anlagen in den sechs Hauptgeneratoren – also 216 pro Einheit – geleitet. Die Austrittsöffnungen für den Brennstoffkugel-Fluß, die normalerweise so eingestellt sind, daß sie pro Sekunde 23 1,3 cm große Kugeln einleiten, werden auf nahezu 150 2,7 cm große Kugeln pro Sekunde umgeschaltet. Die Laserimpuls-Elemente zur Fokussierung passen sich kontinuierlich an, um bei den größeren Kugeln die Fusion einzuleiten. Die Laserfusionsrate steigt innerhalb von 0,14 Sekunden dramatisch an, die dabei entstehende Energie wird in das System zurückgeführt. Die Generatoren halten dem beschleunigten und höherenergetischen EM-Feedback stand, indem sie die normalen Sicherheitskraftfelder verengen, bis ein Punkt erreicht ist, an dem die Detonationsenergie die Struktur- und Feldeindämmung übersteigt. Sobald die Eindämmung versagt, wird aufgrund der sich ausbreitenden Schockwelle der Generatorenexplosion der gesamte verbliebene Deuterium-Brennstoff entzündet, was zu einem totalen strukturellen Zerfall der Raumstation und einer partiellen Verflüchtigung des sich ausdehnenden Trümmerfelds führt. Die dabei freiwerdende Thermalenergie entspricht theoretisch 780 standardmäßigen Photonentorpedos oder 11700 Isotonnen.

Die vorgeschlagenen Starfleet-Pläne zur Verstärkung des Detonationsprozesses bestehen aus der Ergänzung um zehn Materie-Antimaterie-Sprengladungen, die dafür sorgen, daß kein brauchbares Stück Material, keine geheimen Informationen und keine Hardware übrigbleibt, die in feindliche Hände fallen kann. Diese Ladungen sind vom Sprengkopf eines Photonentorpedos abgeleitet und stellen das 1,5fache dessen dar, war normalerweise im Gehäuse eines Photonentorpedos eingebaut wird. Die Detonationssequenz bleibt weitgehend unverändert, wobei die Ladungen so eingestellt werden sollen, daß sie 0,23 Sekunden nach dem Ausfall des primären Generators detonieren. Computerberechnungen zeigen, daß eine frühere Explosion den Folgen der Fusionsexplosion zuwiderlaufen würde. Eine Sekundärmaßnahme als Backup für den Fall, daß die Photonen-Sprengköpfe versagen, ist die sprunghafte Leistungssteigerung der Verteidigungsschildgeneratoren der Station, wodurch sich kurzzeitig die EM-Dichte der Schildblase erhöht, um die Detonation zu verstärken und die Vernichtungskraft zu erhöhen.

Typische Selbstzerstörungskonfiguration

10.0 TAKTISCHE SYSTEME

10.7 SPEZIELLE WAFFENTYPEN

Die jüngste Entwicklung auf dem Gebiet der Waffen, die auf Deep Space 9 konstruiert werden können, ist die selbstreplizierende Mine, ein kleines, aber wirkungsvolles Gerät, zum dem eine vernetzte Replikatoreinheit und ein Materie-Antimateriesprengkopf gehören. Die Mine wurde erstmalig von dem Diagnose- und Wartungstechniker Rom vorgeschlagen und als Reaktion auf die bevorstehende Invasion durch die Jem'Hadar-Flotte Ende 2372 produziert. Eine Wand aus Minen wurde in Position gebracht, um die Neutrinoquelle abzudecken, die die Öffnung des Wurmlochs markiert.

Die Grundlage für die Mine wurde von einem achteckigen Frachtcontainer mit einem Durchmesser von 1,76 m und einer Höhe von 1,85 m abgeleitet, der mit einer an der Außenseite montierten Ausrüstung für die Detonation, die Positionsbeibehaltung und für die Replizierung im Fall einer Lücke in der Wand vor dem Wurmloch versehen wurde. Die Sprengladung besteht aus einem freigelegten Sprengkopf eines standardmäßigen Photonentorpedos, von dem nur noch der zentrale Mischtank übriggeblieben ist, in dem das cryogenische Deuterium und Antideuterium vorgemischt worden ist, aber durch einen Langzeittoroidal-Magnetfeldtreiber getrennt gehalten wird. Die Kontakt- und Näherungssensoren geben dem Treiber den Befehl, das Feld zusammenbrechen zu lassen, so daß Materie und Antimaterie detonieren können. Die Aktivierung des Minenfeldes wurde so lange verzögert, bis sich alle Minen an ihrem Platz befanden, um eine vorzeitige Detonation eines Sprengkopfs zu vermeiden.

Positionswahrende Steuerdüsen wurden Sonden der Klasse 1 entnommen und an einen einzelnen Kaltgas-Stickstoff-Drucktank angeschlossen. Die Modulation des Sprengkopf-Magnetfeldes wurde außerdem dazu genutzt, die Minen innerhalb eines vier Frequenzen umspannenden, icosahedonischen, geodäsischen Feldes ausgerichtet zu halten. Ein Neutrinoquellen-Regler wurde eingebaut, um die Minen auf einer gleichbleibenden Entfernung vom Wurmloch zu halten.

Das Replikatorsystem wurde so angelegt, daß es eine gleichzeitige Detonation von bis zu zwanzig Minen ausgleichen und dabei die Geschlossenheit der Wand gewährleisten kann. Der Replikator war eine Kombination aus einem cardassianischen und einem Starfleet-Modell und umfaßte einen Rohmaterie-Zufuhrbehälter, der in der Lage war, genug Masse beizusteuern, um ein Fünfundsechzigstel einer ganzen Mine aufzubauen. Die Masse für jede neue Mine wurde über die Subraumemitter des Replikators in ausreichender Menge von anderen Minen abgezogen. Durch die Verteilung über die gesamte Wand war genug Masse gelagert, um über 2500 Minen zu ersetzen. Für den Fall, daß die verfügbare Masse auf unter 85 Prozent sinkt, waren die Replikatorsektionen darauf vorbereitet, Partikel aus der Nullpunkt-Vakuumdomäne zu entziehen, um das System wieder aufzufüllen. Die Schwelle wurde absichtlich hoch angesetzt, da eine lange Vorlaufzeit erforderlich war, um eine kleine Menge Partikelpaare zu produzieren.

Das Minenfeld wurde schließlich durch Antigravitonenstrahlen aktiviert, die von der rekonfigurierten Deflektorphalanx erzeugt wurden, als sich die Station kurzzeitig unter der Kontrolle

Selbstreplizierende Mine

Selbstreplizierende Mine in Dienstkonfiguration

von Gul Dukat befand, um dann von Starfleet und Klingonen gemeinsam zurückerobert zu werden. Die sich ereignenden Materie-Antimaterie-Detonationen zeigten kaum Wirkung auf das Wurmloch, in dessen Inneren die Verstärkung der Jem'Hadar-Flotte verschwunden war.

10.8 SICHERHEITSERWÄGUNGEN

Sämtliche Hardware, Daten und Pläne, die sich auf Starfleet- und bajoranische Verteidigungsmaßnahmen beziehen, unterliegen den standardmäßigen Sicherheitsprozeduren. Das jeweilige Sicherheitsniveau bestimmt sich nach einem Typensystem, das beschränkten Zugriff, Krisenniveau und Datensensibilität berücksichtigt. Unabhängige Hardware-Verbrauchsstoffe und -Chemikalien werden je nach ihrer Verwendungsmöglichkeit für eine Sabotage und damit als entsprechend gefährdet eingestuft, so daß der Zugriff auf sie im Einzelfall eingeschränkt werden kann.

Körperlicher und Computerzugriff auf maßgebliche Verteidigungshardware ist autorisierten Starfleet- und bajoranischen Offizieren und Crewmitgliedern sowie Personal mit der Zugriffsberechtigung der Stufe 1 vorbehalten. Zu diesen Systemen gehören die auf der Station installierten Phaser, Photonen- und Quantentorpedos, Fusionsenergiegeneratoren, Computer, Verteidigungsschilde, Traktorstrahlen, Kommunikation sowie Vorrichtungen zur Selbstzerstörung. Zusätzlich werden alle Phaser, Energieladungen, Photonengranaten und andere Gefechtsausrüstung in bewachten Waffenarsenalen im Ops, im Mittleren und Unteren Kern sowie im Habitatring sicher aufbewahrt. Wenn ein Konflikt über die Ebene 3 hinausgeht, werden – sofern die Zeit es erlaubt – alle Waffen und strategischen Materialien, die gerettet werden können, auf warpfähige Schiffe verladen.

Beschränkungen beim Zugriff auf Computer werden normalerweise von autonomen Sicherheitsroutinen in der CPG geregelt. Datenterminals, die für den normalen Betrieb der Station erforderlich sind, werden auch unter den schwierigsten Bedingungen eines Konflikts der Ebene 5 in Betrieb gehalten, wenn die Station unmittelbar in Gefahr ist, von feindlichen Kräften eingenommen zu werden. Eine kaskadenartige Abschaltung der Terminals und ausgewählte Befehlssperren isolieren die Ops sofort vom Rest der Station, alle inaktiven Konsolen können nur mit einer Kombination aus direkter Eingabe der richtigen Entschlüsselungscodes und Passcode-Eingabe der Sprachbefehle neu gestartet werden.

Auf alle strategischen Pläne und taktischen Operationsdaten der Starfleet kann nur der Seniorstab zugreifen, und das auch nur von bestimmten Konsolen sowie über Geräte in der Art eines PADDs aus. Bildschirmdarstellungen schalten sich automatisch ab, die tief in den Speichern lagernden Daten können gelöscht werden, wenn der autorisierte Benutzer nicht handlungsfähig ist oder wenn er unter Zwang handelt, was sich aus der Kombination von Scans nach Lebenszeichen, periodischen Passcode-Abfragen und anderen, nicht genauer mitgeteilten Methoden ergeben kann.

10.9 TAKTISCHE ERWÄGUNGEN

Taktische Erwägungen der Starfleet vor allem im Hinblick auf die Ziele der Föderation im bajoranischen Sektor verlangen nach einer großen Bandbreite an Verteidigungsmaßnahmen und einer begrenzten Anzahl offensiver Missionen, um das Überleben des bajoranischen Volks und die Sicherheit des Wurmlochs zu garantieren. Solange die Vereinbarung mit der bajoranischen Regierung Bestand hat, werden die Interessen der Föderation in diesem Sektor gewahrt. Im Gesamtwerk der Vereinbarungen und in höheren Organisationsebenen der Föderation existieren verschiedene Optionen, die zur Anwendung kommen können, sollte sich Bajor aus dem Schutz der Föderation lösen, um dennoch Operationen der Starfleet in diesem Sektor fortzusetzen, wenn die Ereignisse es verlangen, und um in der Föderation die Sicherheit für die zentralen Sternensysteme und die verbündeten Welten zu gewährleisten.

Unter den gegenwärtigen Kriegsbedingungen sind alle notwendigen Maßnahmen zur Verteidigung von Deep Space 9 gegen feindliche Kräfte genehmigt. Eindringende bedrohliche Raumschiffe können durch verfügbare Starfleet- und beschlagnahmte Handelsschiffe abgewehrt werden; großangelegten Invasionen wird mit organisierten Starfleet- und alliierten Flottenformationen begegnet.

Zu den eingeschränkten offensiven Maßnahmen gehören heimliche Raumschiffbewegungen, um dadurch jede Aktivität zu stören, die für Starfleet, Deep Space 9, Bajor und letztlich die Föderation als Gefahr erachtet werden kann. Feindliche Einrichtungen aller Art können als Ziele für Weltall-, Luft- und Bodenangriffe ausgewählt werden. Zudem können zu jeder Zeit Agenten eingeschleust und ausgetauscht werden, feindliche Agenten können erforderlichenfalls eliminiert werden. Die Gesamtzahl der offensiven Maßnahmen pro Standardjahr, die vom Föderationsrat nominell genehmigt wird, errechnet sich als ein Faktor der spürbaren strategischen Behinderung, durch die die Stärke dieser Streitmacht für mindestens vier Monate unter die der Starfleet absinkt.

11.0 UMWELTSYSTEME

11.1 LEBENSERHALTUNG UND UMWELTKONTROLLE

Die Hardware und die Verbrauchsstoffe, die für die Aufrechterhaltung einer bewohnbaren Umgebung erforderlich sind, werden über zentrale Bereiche an Bord von Deep Space 9 vertrieben und erreichen alle zugänglichen Räumlichkeiten. Alle humanoiden Lebensformen benötigen für ihr Überleben Wasser, Nahrung und atembares Gas. In einer künstlichen Umgebung sind überdies auch die Systeme notwendig, die sie verteilen und dem Recycling zuführen. Die wichtigsten Umweltfaktoren, die für ein angenehmes Leben stabil gehalten werden müssen, sind Druck, Temperatur, Feuchtigkeit, Strahlung und in geringerem Maß Schwerkraft. Andere damit verbundene Faktoren sind das Aufspüren und Eliminieren von Verunreinigungen in der biologischen Einnahme, der Kontakt mit EM-Feldern sowie medizinisches Einschreiten bei widrigen Umweltbedingungen.

An Bord von Deep Space 9 machen die Unterschiede in der Art der ansässigen Bevölkerung eine gleichermaßen unterschiedliche Auswahl an kontrollierbaren Umgebungen erforderlich, wobei die allgemein zugänglichen Bereiche der Station auf einen Standard für alle sauerstoffatmenden Spezies eingestellt sind.

Gruppierungen von Lebenserhaltungs-Subsystemen wie Gas- und Flüssigkeitstanks sowie Luftzirkulation sind an Bord der Station in primäre, sekundäre und Reserve-Lebenserhaltungsanlagen unterteilt. Die meisten Gruppierungen sind untereinander verbunden, um eine maximale Leistung bei der Umleitung von Verbrauchsstoffen sowohl unter günstigen Bedingungen als auch in Krisensituationen zu gewährleisten. Rund 2 650 km zusätzlicher Leitungen und Rohre wurden 2369 von der Starfleet installiert, um die Umverteilung zu regeln. Die sekundären und die Reservesysteme stellen keine wirklich unabhängigen Schleifen dar, bieten aber für den Fall, daß die Primärsysteme versagen, Reserveventil- und -pumpkapazitäten.

Atmosphärisch-chemische Subsysteme und Luftzirkulationsregler befinden sich auf den Ebenen 1, 3, 6, 11, 15, 24, 30 und 36. Flüssigkeitslager und Mischtanks sowie die damit verbundenen Transferpumpen befinden sich auf den Ebenen 1, 3, 8, 11, 15, 26 und 32. Multimodus-Sensoren für das gesamte Umweltsystem befinden sich auf allen Ebenen der Station und geben Meldung an die lokalen Systemcontroller und die Zentralcomputerkerne, um von dort homöostasische Befehlsrückmeldungen zu erhalten. Notsituationen, die geeignet sind, automatische Reaktionen außer Kraft zu setzen, lösen ein Eingreifen der Crew mit der entsprechenden Hardware aus, so zum Beispiel bei Bränden oder Hüllenrissen. Notvorräte an atembaren Gasen, Nahrungsmitteln und Schutzkleidung sind – unabhängig vom Verteilungsnetzwerk für Verbrauchsstoffe – auf der gesamten Station verteilt (siehe 13.1).

Für Deep Space 9 lauten die allgemeinen Starfleet-Anforderungen wie folgt:

- **Spezifikationen der Umweltkontrolle:** Die Umweltsysteme sollen mit dem SFRA-Standard 104.12 für sauerstoffatmendes Personal der Klasse M kompatibel sein. Alle Primärsysteme sollen zweifach redundant sein. Atmosphärische und Flüssigkeits-Übertragungssysteme sollen mit 4 850-Stunden-MTBF-Komponenten gewartet werden.
- **Bevölkerungslimit:** Fähigkeit, bis zu 25 000 Crewmitglieder, Ansässige sowie Durchreisende zu versorgen.
- **Reichweite der Umweltkontrolle:** Einrichtungen, die Umweltbedingungen der Klasse M in allen individuellen Wohnquartieren schaffen können, und in 25 Prozent aller Quartiere Umweltbedingungen der Klassen H, K und L. Zusätzlich in drei Prozent der Räumlichkeiten für Durchreisende Umweltbedingungen der Klassen B, N und C.
- **Strahlungsschutz:** Alle begehbaren Räumlichkeiten müssen nach SFRA-Standard 354.32 (c, d) vor RF-, Subraum- und nuklearer EM-Strahlung geschützt sein. Subraumflux-Differentiale müssen in einer Bandbreite von 0,02 Millicochrane gehalten werden. Alle Abschirmungssysteme der primären Umwelteinrichtungen müssen zweifach redundant sein.

11.2 ATMOSPHÄRISCHES SYSTEM

Wie die meisten mit der Klasse M kompatiblen Systeme auf Raumschiffen und Sternenbasen hält auch das atmosphärische System auf Deep Space 9 die Sauerstoff-Stickstoff-Atmosphäre auf einem vorgegebenen Druck-, Temperatur- und Feuchtigkeitsniveau. Die nominalen atmosphärischen Werte für die allgemeinen Bereiche auf der Station weichen leicht vom Starfleet-Standard 102.19 ab, da sie sich bei 25° Celsius, 45 Prozent relativer Luftfeuchtigkeit und einem Druck von 99,7 Kilopascal (748 mm/hg) bewegen. Auch die Zusammensetzung der Atmosphäre weicht ab, um der überwiegend bajoranischen Bevölkerung gerecht zu werden: 77 Prozent Stickstoff, 21 Prozent Sauerstoff, 2 Prozent Edelgase, hauptsächlich Argon, Helium und Xenon. Diese neuen Einstellungen sind der SFRA-Datenbank als Standard 104.12 hinzugefügt worden.

Alle cardassianischen Luftzirkulationseinheiten blieben erhalten, wobei durch EPS-Regulatoren der Starfleet kleinere Modifikationen an den elektrostatischen Gittern vorgenommen wurden. Die Gitter-Anlagen laden die Luft in der Einheit vorübergehend auf, lassen durch eine achtstufige Magnetspulenbaugruppe eine motorische Kraft auf die Luftmasse einwirken und führen die Ladung dem Recycling zu, bevor das Gas die Einheit verläßt. Der Gesamtaustrittsdruck wird durch eine Kombination aus physikalischen Verschlußventilen und einem Magnetspulen-Energieniveau reguliert. Große Einheiten in den Kernbaugruppen, im Habitat- sowie im Andockring können bis zu 80 m^3 pro Minute bewältigen, kleinere Einheiten leisten bis zu 43 m^3. Die Luftregler kontrollieren über eine Reihe von EPS-Erhitzern und -Kühlern sowie Wasserverdunstern und Entfeuchtern Temperatur und Feuchtigkeit. Gaszufuhranalysatoren prüfen die Sicherheit der zu transportierenden Luft. Temperatur und Feuchtigkeitsgrad werden von Raum-, Sektions-, Ebenen- oder Gesamtbaugruppen per Computer kontrolliert, die meisten Bereiche können zudem per Sprachbefehl konfiguriert werden. Spezielle Bereiche, die eine präzise Umweltkontrolle erfordern, können nur von autorisiertem Personal konfiguriert werden.

Schallgedämpfte Einströmungsventile finden sich in allen begehbaren Räumlichkeiten, sie sind aufsteigend in Leitungen mit einem Durchmesser von 8,3 cm bis 1,2 m angeordnet. Rückführungsleitungen sind bei ähnlichen Größen in entsprechender Weise angeordnet. In Einzelfällen werden beide Strömungsrichtungen über eine einzelne, geteilte Leitung geregelt. Die Mehrzahl der Leitungen ist vor austretenden Gasen benachbarter Systeme und vor den Auswirkungen mittelstarker Strahlung geschützt. Zuführungen von gespeichertem Gas können entlang den Leitungen durch computerkontrollierte Ventileinleitungen erfolgen oder in die Luftzirkulationsregler einbezogen werden. Es wurden Vorkehrungen zur Einleitung großer Gasmengen mit betäubender Wirkung getroffen, insbesondere auf der Promenade, im Unteren Kern sowie in den Erzverarbeitungsanlagen in den Pylonen.

Zurückzuführende Luft wird über die in den meisten Bereichen existierenden Entlüftungsflächen in das System geleitet. Bevor sie in die Versorgungsleitungen zurückgeführt wird, durchläuft die Luft in jeder Schleife einen Kohlendioxid-Reiniger, einen Gasrücklaufanalysator und ein Gitter zur Filterung organischer Bestandteile. Abgase werden nach ihrem Molekulartyp getrennt, kondensiert, verflüssigt und entweder gelagert oder ins All entlüftet. In einigen Fällen wird auf molekularer Ebene verbundener Sauerstoff und Stickstoff getrennt, um dann in den Vorrat der allgemeinen Atemgase zurückgeführt zu werden.

VORRÄTE UND PROZEDUREN IN NOTFÄLLEN

In Notfallsituationen können ausgewiesene Sektionen der Station als Schutzzonen isoliert werden, eine Verfahrensweise, die sich bei den meisten Sternenbasen und Schiffen der Flotte als gut funktionierend erwiesen hat. Die Versorgungs- und Rückführungsleitungen können für eine Reihe möglicher Vorfälle verschlossen werden, um zu verhindern, daß entweder unerwünschte Strömungen in einen Bereich eindringen können oder daß Atmosphäre entweicht. Eindringende Strömungen, die chemische oder biologische Kampfstoffe enthalten, werden automatisch oder auf Befehl der Crew zurückgehalten. Hüllenrisse in benachbarten Sektionen, durch die Luft entweichen kann, können aus einer Kombination aus luftdruckaktivierten Ventilen und Kraftfeldern versiegelt werden.

Kontrollierte Zuführung von atembaren Gasen kann über eine Konsole, ein PADD, per Sprachbefehl oder über manuell gesteuerte Ventile erfolgen. Auf die gleiche Weise können auch Reinigungs- und Druckablaßventile in jedem Schutzbereich aktiviert werden. Da die atmosphärische Gesamtmenge der Station gegenüber dem Innendruck hoch ist, stehen der Crew und den Bewohnern in den meisten Dekompressionssituationen bis zu zwei Stunden zur Verfügung, um sich in einen Schutzbereich oder zu einem Evakuierungsraumfahrzeug zu begeben. Diese Zeitspanne ist mehr als ausreichend für die Reparaturcrews, sich intern mit Schutzanzügen und von außen mit Work Bees (siehe 14.3) dem Bruch zu nähern. Schwere Schäden an der Oberen Pylone 3, die während eines Angriffs verursacht wurden, führten in nur zwölf Bereichen zu einer massiven, explosionsartigen Dekompression, da unmittelbar vor dem Angriff alle wichtigen Schotte versiegelt worden waren.

Nachdem Deep Space 9 wieder zurückerobert worden war, gelangte durch erhebliche Austausch- und Nachschubmissionen zusätzlich Notfallausrüstung auf die Station, darunter Behelfsdruckanzüge sowie Atmosphärenversorgungsmodule. Sie stammen alle aus Ausrüstungsrotationen und sollten ursprünglich Schiffen zugeteilt werden, die jedoch bei der „Operation Rückkehr" und aus anderen Anlässen beschädigt oder zerstört worden waren. Der aktuelle Notfall-Druckanzug hat bei geringer Atemfrequenz und gleichzeitigem elektrochemischen Recycling eine Lebensdauer von drei Stunden. Die Atmosphärenversorgungsmodule können acht Personen 52 Stunden lang Schutz

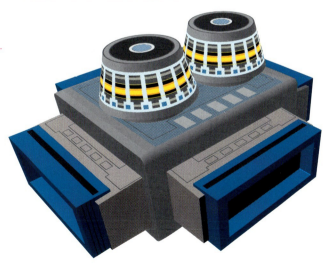

Atmosphärenversorgungsmodul

11.0 UMWELTSYSTEME

bieten, vorausgesetzt, daß im Aufstellbereich eine atembare Atmosphäre geherrscht hat. Tests in einem 21 m³ großen, versiegelten Bereich haben bei 0,00 Atmosphären beginnend einen Zeitraum von 30,5 Stunden für acht Personen ergeben.

11.3 SCHWERKRAFTERZEUGUNG

Das original cardassianische Schwerkrafterzeugungsnetz ist nach kleineren Verbesserungen und regelmäßiger Wartung auf Deep Space 9 in Betrieb geblieben. Es arbeitet nach Prinzipien, die den auf Schiffen und Sternenbasen der Starfleet eingesetzten Schwerkraftgeneratoren und Traktorstrahlen ähnlich sind, auch wenn die tatsächliche Konfiguration der Gravitonen-Anlagen und die Anordnung der Verteilknoten Unterschiede aufweisen.

Mittelpunkt des cardassianischen Design ist ein Gravitonenemitterblock. Anders als beim Rotor-Stator-Typ der Starfleet benutzt der Emitter keine frei beweglichen Teile, sondern erzeugt Gravitonen aus Hochgeschwindigkeitsschwingungen, die in einem Verbundmetall-Block ausgelöst werden. Dieser Block ist abwechselnd aus Ein-Molekular-Schichten aus Duralumin und Gesselium-Ayanamit hergestellt, womit der subatomare Raum geschaffen wird, um Gravitonen zu bilden und mit der entsprechenden Anziehungskraft freizusetzen. Die Oberseite des Blocks ist durch fokussierte Protonenstrahlen mit kreisförmigen Mustern versehen worden, die es den Gravitonen ermöglichen, die richtigen Scheitel- und Tiefpunkte für eine angenehme Bewegung durch den installierten Bereich hindurch zu bilden. Dieses Verfahren macht einen Schwerkraftabfall um 0,03 Prozent unvermeidlich, doch ist das für 99,3 Prozent aller Bewohner und Besucher der Station vertretbar.

Der Emitterblock ist in ein vulkanisiertes Harzgemisch aus Semacryl-Butanid eingeschlossen, außenliegende EPS-Mikroleiter sind für eine Verbindung mit einer kleinen EPS-Abstufungssammelleitung vorhanden.

Der Emitterblock ist 8,34 cm breit, 13,53 cm lang und 5,29 cm hoch. Das Emittergehäuse mitsamt EPS-Leitungen mißt 9,67 x 14,86 x 6,62 cm. Ein einzelner Emitter erzeugt rund ein Zwanzigstel der Kupplungskraft eines Schwerkraftgenerators der Starfleet und wird üblicherweise in Gruppen zu 25 Blöcken in Matrixmatten angeordnet. Die Gesamtleistung einer einzelnen Matte entspricht bei voller Leistung den Schwerkraftbedingungen auf Cardassia Prime, nämlich 1,15 g. Jede Matten-Sammelleitung ist an die allgemeinen Versorgungsleitungen auf jeder Ebene der Station angeschlossen. Die Schichtung der Emitterblöcke sorgt im Falle einer EPS-Unterbrechung ein verzögertes Nachlassen des Gravitonenfelds. Der Subraumrückhalte-Effekt läßt darauf schließen, daß Restgravitonen für bis zu 48 Minuten lang erzeugt werden können. In den Bereichen, in denen das Gravitonenfeld nicht notwendig ist, kann die gespeicherte EPS-Ladung in das Energiegitter für Notfallanwendungen zurückgeführt werden.

Schwerkraftmatten werden in allen Wohn- und Arbeitsbereichen von Deep Space 9 eingesetzt. Ersatzmatten, die sich auf 15 Prozent des Reservebestandes beliefen und im Habitatring aufbewahrt wurden, sind auf der Station an verschiedene Standorte für technische Reparaturen umverteilt worden. Die Anzahl der Matten pro Einheit nimmt im Bereich der Erzverarbeitung in den Andockpylonen ab, wohl um den Transfer schwerer Ladungen in der Nähe der Materietrenner und der Hochöfen zu verbessern. In sechs Bereichen im Unteren Kern zwischen den Ebenen 24 und 28 wurden die Schwerkraftmatten abgeschaltet vorgefunden, die Bereiche erwiesen sich als Laboratorien mit geringer Schwerkraft. Technische Modifikationen durch die Starfleet an diesem System umfassen Rekonfigurierungen der kritischen Bereiche im Ops, in der Umweltkontrolle, im Habitat- sowie im Andockring. Zu den Veränderungen gehört eine in den EPS-Anschlüssen der Schwerkraftmatten erreichte vierfache Redundanz, die zusätzliche Installation von Reserve-Schwerkraftgeneratoren der Starfleet sowie eine Aufrüstung der Computerkontrolle für alle Schwerkraftmatten, um auf Befehle der Starfleet-CPG zu reagieren.

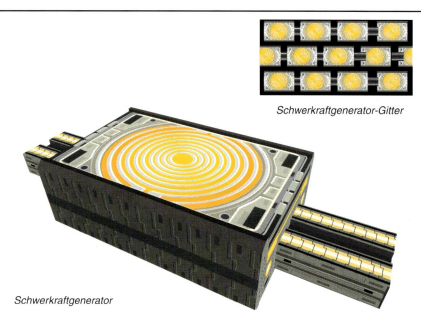

Schwerkraftgenerator-Gitter

Schwerkraftgenerator

11.4 LAGERUNG UND VERTEILUNG DER VERBRAUCHSSTOFFE

So wie auf anderen großen Raumschiffen und anderen freischwebenden Einrichtungen existiert auf Deep Space 9 ein permanenter Materiefluß jeglicher Art, darunter atembare Gase, trinkbare Flüssigkeiten, Brennstoffe, eßbare Feststoffe, Chemikalien und verschiedene Rohstoffe und vorgefertige Stoffe. Kurzzeit-Lagerbereiche stehen in allen wichtigen Bereichen der Station zur Verfügung und sind entsprechend den Erfordernissen an den jeweiligen Bereich angepaßt. Alle Verbrauchsstoffe, die die Station von angedockten Schiffen erhält, werden an jeder Andockschleuse und Frachttransporterplattform durch die Abteilungen zur Frachtinspektion geleitet, bevor sie auf die Turbolifte und Frachträume verteilt werden. Sobald Verbrauchsstoffe für den Einsatz auf der Station freigegeben worden sind, werden sie zur weiteren Verteilung in die entsprechenden Vorratsbehälter geladen. Verbrauchsstoffe, die für einzelne Händler bestimmt sind, werden nicht den allgemeinen Vorräten zugeordnet, sie werden von dem jeweiligen Händler in einem gemieteten Lagerbereich untergebracht.

Allgemein eingesetzte atembare Gase wie Stickstoff, Sauerstoff, Argon, Helium und Xenon werden in 428 Drucktanks gelagert, die auf allen Ebenen der Station verteilt und mit dem primären, sekundären und Reserve-Lebenserhaltungssystem verbunden sind. Die Tankgröße reicht von 1,2 x 3,6 m bis 3,1 x 6,8 m, der Betriebsdruck liegt zwischen 200 und 306 Atmosphären. Nichtstandardmäßige Gase werden in zusätzlichen 173 festen und tragbaren Tanks gelagert, deren Größe 0,52 x 2,1 cm beträgt. Zu- und Abfluß- sowie Entleerungsleitungen werden im Rahmen der allgemeinen regelmäßigen Wartungen der Umweltkontrollsysteme überprüft. Einige Abgase werden verflüssigt und für Forschungs- und Industriezwecke gesondert gelagert oder ins All entlüftet.

Trinkbare Flüssigkeiten, vor allem destilliertes Wasser sowie das Wasser, das von Wasserstoff-Sauerstoff-Brennstoffzellen produziert wird, werden in 87 Polystahltanks aufbewahrt, die jeweils 8,2 x 12,3 m groß sind und ein Volumen von 210,9 m^3 haben, was insgesamt zu einem Volumen von 18 350,47 m^3 führt. Die meisten Flüssigkeitstanks sind mit den Hauptknoten des Umweltkontrollsystems verbunden. Alle anderen Flüssigkeiten, die für Ernährungs- oder medizinische Zwecke benötigt werden, sind in 37 kleineren Kugeltanks mit einem Durchmesser von 7,0 m gelagert, von denen jeder ein Fassungsvermögen von 195,89 m^3 besitzt. Alle anderen speziellen Flüssigkeiten, die in Mengen von weniger als 195,89 m^3 vorhanden sind, werden in geeigneten isolierten Tanks gelagert, die ihrem Typ und ihrer Gefahrenstufe entsprechen.

Rückfließende und für ein Recycling vorgesehene Mengen werden in acht bis zehn der 87 Haupttanks gelagert.

Die primäre Nahrungsmittellagerung erfolgt in 23 großen Polystahltanks, die mit dem Replikatornetzwerk verbunden sind. Diese Tanks sind 7,6 x 13,2 m groß und besitzen ein Fassungsvermögen von je 183,86 m^3, was einem Gesamtvolumen von 4 228,78 m^3 entspricht. Die Rohfaser- und Nährstoffmatrix wird von den elektrohydraulischen Leitungen aufgenommen und im Replikatorübermittlungsprozeß reduziert, bevor sie am Standort des Benutzers vorportioniert und wiederzusammengeführt werden. In diesen Tanks werden keine rückgeführten Feststoffe gelagert, es sei denn, es handelt sich bei diesen Feststoffen um replizierte Speisen, die wieder dem System zurückgeführt werden. Nahrungsmittel, die nicht der allgemeinen Benutzung dienen, werden gesondert in acht Lagern auf den Ebenen 9, 11, 13 und 18 aufbewahrt.

Die Deuterium-Brennstoffe für die Kraftwerke auf Deep Space 9 werden fernab der Station produziert und von Tankern sowie anderen Schiffen angeliefert, um dann in speziellen Tanks auf den Ebenen 30 und 32 (siehe 5.2) gelagert zu werden. Antimaterie für Starfleet-Schiffe wird gleichfalls nicht auf der Station produziert, sondern auf nicht gemeldeten Schiffen zur Station gebracht. Antimaterie wird üblicherweise in magnetischen Standardkapseln auf die Station gebracht, obwohl magnetisch unterstützte Andideuterium-Übertragungen auch schon direkt in die Leitungen des Lagersystems erfolgt sind. Die meisten Antimateriekapseln werden sofort auf die jeweils wartenden Schiffe umgeladen.

Sicherheitsmaßnahmen zum Schutz der Nahrungsvorräte und anderer Materialien sind von großer Bedeutung, vor allem mit Blick auf die lange Geschichte der Feindseligkeiten in diesem Quadranten. Gefährliche Materialien, biogenische Waffen, Computerviren und andere Gefahren sind das Ziel der multiredundanten Scans durch bajoranische und Starfleet-Teams. Lebensbedrohliche Zwischenfälle haben sich zugetragen, daher ist das Stationspersonal stets wachsam und achtet auf alle bedrohlichen Sabotageakte.

11.5 ABFALLVERWERTUNG

So wie die meisten Raumschiffe profitiert auch Deep Space 9 von strengen Abfallverwertungs- und Recyclingvorschriften. In einigen Fällen ist das Recycling zwingend vorgeschrieben, da aufgrund des anhaltenden Konflikts bei vielen Materialien eine Verknappung eingetreten ist. Starfleet- und bajoranische Techniken sind zusammengeführt worden, um ein effizientes Maß an Materiereduktion zu erreichen. Jedes Material, für das der Energieaufwand (und damit der Einsatz von Deuterium-Brennstoff) bei der Herstellung zu hoch ist, wird entweder gelagert oder auf andere Weise abgelegt. Bestimmte reduzierte Materialien, die auch nur einen begrenzten strategischen Wert besitzen, werden zurückgehalten oder von Schiffen der Starfleet umverteilt.

Abwasser aus allen Quellen, darunter aus den Wohn-, Handels- und experimentellen Bereichen, wird gesammelt und verarbeitet. Normalerweise werden Wasserverbrauchstypen ähnlicher Art durch getrennte Schleifen geführt, um das Recycling zu erleichtern. Das original Flüssigkeitssystem von Terok Nor wurde auf technische Integrität, Schwierigkeitsgrad bei der Bedienung sowie chemische und biologische Sicherheit überprüft. Danach wurden alle Systeme als von Starfleet nutzbar eingestuft, auch wenn an allen wichtigen Schleifen zusätzliche Reklamations- und Sicherheitsausrüstung installiert wurde. Sämtlich makro- und mikroskopischen Materialien werden herausgefiltert und fraktioniert. Organische Reste werden biologisch deaktiviert und auf KWSS-Verbindungen (Kohlenstoff, Wasserstoff, Sauerstoff und Stickstoff) reduziert, um dann in die Rohstofftanks für Replikator- und wissenschaftliche Verwendung zurückgeführt zu werden. Die cardassianischen und bajoranischen Recycling-Einheiten erzeugen ein kontinuierliches Blitzelektrolyse-Produkt aus Wasserstoff und Sauerstoff, das sofort durch ein Brennstoffzellen-Bett ausgeschieden wird, um reines Wasser und nutzbaren EPS-Strom zu erzeugen.

Feststoffabfälle, die dem Recycling zugeführt werden, werden auf mechanische Weise durch kombinierte sonische und EM-Feldemitter in Fragmente mit einer Größe von 0,01 mm zerkleinert. Die Materialien werden durch spezielle Anziehungskräfte getrennt und durch thermale Methoden – üblicherweise EPS oder Phaser – zu Schmelzen oder Pulver weiter reduziert. Die meisten Materialien, die auf KWSS-Verbindungen reduziert werden können, werden in den Replikatorvorrat oder in Langzeitlager zurückgeführt. Metalle, besonders Legierungen mit einer stark forcierten Matrix, können durch eine EM-Matrixauflösung in ihre Elementarform zurückgebildet werden, vergleichbar der Materialmanipulation durch den Replikator oder Transporter. Der Energieaufwand steht in proportionalem Verhältnis zur Bindeenergie der Atomstruktur. Legierungen ähnlichen Typs können miteinander verschmolzen und in die Stationslager zurückgeführt werden. Alle übrigen einfachen Materieumwandlungen können vom Replikator erledigt werden.

Gefährliche Abfallstoffe mit strategischem Wiederverwendungswert werden unter Umständen nicht sofort in harmlose Substanzen umgewandelt, sondern statt dessen in geschützten Frachträumen gelagert (siehe 11.4). Diese Substanzen, die als lagerfähig eingeordnet werden, werden verpackt, versiegelt, aufgezeichnet und in chemische, biologische, geologische und metallene Stoffe unterteilt. Jedes Material, das nicht mit normalen Methoden zerlegt werden kann – ob mechanisch, thermal, EM oder Subraum –, wird unter Verschluß genommen, um von wissenschaftlichen Einrichtungen von Starfleet und Föderation untersucht zu werden.

12.0 INFRASTRUKTURSYSTEME FÜR DAS PERSONAL

12.1 INFRASTRUKTUR FÜR DAS PERSONAL

Seit der treuhänderischen Übergabe von Terok Nor an die Starfleet sind zahlreiche Veränderungen am dürftigen Infrastruktursystem der Cardassianer vorgenommen worden, so daß sich Deep Space 9 heute als echtes wissenschaftliches und Handelszentrum im Alpha-Quadranten präsentiert. Die Tatsache, daß die Station zugleich ein heißumkämpftes Objekt im Mittelpunkt eines Kriegsgebietes ist, hat die Bewohner und Händler nicht davon abgehalten, weiterhin ihr Leben zu leben. Die gegenwärtigen Bedingungen stellen eine immense Verbesserung dessen dar, was Ingenieure und Geheimdienstmitarbeiter der Starfleet bei der ersten Ankunft vorgefunden hatten.

Reparaturen an der Struktur und eine gründliche Reinigung führten schließlich zur Errichtung und zum Erfolg von Geschäften, Restaurants und Bildungseinrichtungen, die vorwiegend auf der Promenade angesiedelt sind. Die Holosuiten im Quark's, der zentralen Bar mit Spielcasino im Bogen 1 des auf 360 Grad verteilten allgemeinen Bereichs, sind erweitert worden. Medizinische Einrichtungen sind mit den neuesten Instrumenten und Vorräten ausgerüstet. Das Sicherheitsbüro ist erweitert worden, um zusätzlichen Computeraufzeichnungssystemen, forensischer Analyseausrüstung und Arrestzellen Platz zu bieten. Die Anwesenheit der Bajoraner auf Deep Space 9 wurde durch die Errichtung des Tempels gestärkt, der zu einer willkommenen Zufluchtsstätte für bajoranische Bürger und Mitglieder der religiösen Orden geworden ist. Langwierige Arbeiten am Habitatring haben für den Seniorstab, die Crew und Zivilisten aus den spartanischen cardassianischen Räumlichkeiten wohnliche Quartiere gemacht. Die Wiedereinnahme der Station nach der Eroberung durch die Cardassianer und das Dominion machte einige Systemwiederherstellungen sowie Schönheitsreparaturen erforderlich, doch diese Arbeiten waren relativ unbedeutend, insbesondere wenn man sie mit den Arbeiten vergleicht, die bei der ersten Übernahme anfielen.

12.2 MEDIZINISCHE EINRICHTUNGEN UND SYSTEME

Die primäre medizinische Einrichtung auf Deep Space 9 ist die Krankenstation, die sich auf der unteren Ebene der Promenade befindet. Die Art der Station als Sammelpunkt für viele verschiedene Spezies aus dem Alpha-Quadranten stellt aus dem

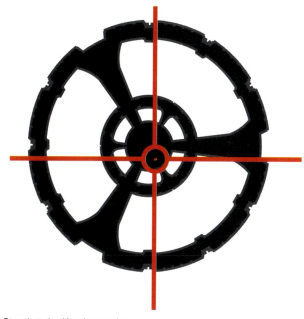

Standort der Krankenstation

Blickwinkel grundlegender biologischer Wissenschaft einzigartige Anforderungen an den Stab und an die verfügbaren Systeme. Die Arbeit unter den Kriegsbedingungen hat die Einrichtung unter dem Gesichtspunkt der Notfallmaßnahmen vor veränderte Anforderungen gestellt.

EINRICHTUNGEN

Die Krankenstation besteht aus einer Reihe von Räumen (entlang des Bogens 1), der Eingangsbereich befindet sich am äußersten Rand des Gangs für Passanten. Die Hauptabschnitte sind der Operationssaal, das Diagnose- und Forschungszentrum sowie der Bereich der Intensivstation. Zwei große Bereiche für Patienten, die sich nicht in einem kritischen Zustand befinden, sind im Mittleren Kern auf Ebene 13 gelegen. Zudem sind 45 kleinere unbemannte Stationen für sofortige medizinische Behandlungen vor dem Transport in die Krankenstation auf Deep Space 9 verteilt. Der Transport lebensgefährlich verletzter

12.0 INFRASTRUKTURSYSTEME FÜR DAS PERSONAL

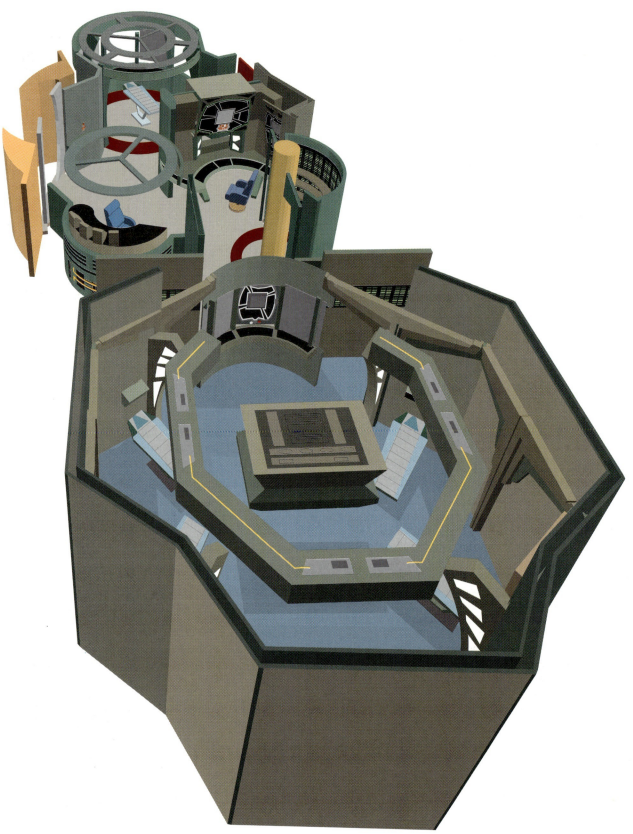

Krankenstation

12.0 INFRASTRUKTURSYSTEME FÜR DAS PERSONAL

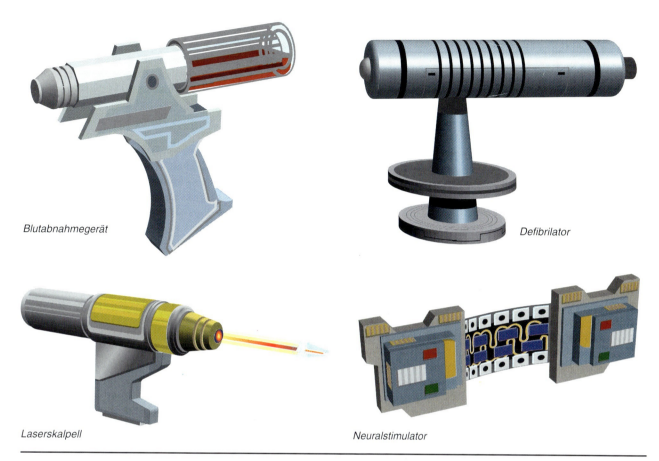

Blutabnahmegerät

Defibrilator

Laserskalpell

Neuralstimulator

Patienten kann im Rahmen eines zehnsekündigen Fensters durch Beamen erfolgen, sonstige Transfers über Turbolifte können Strecken von bis zu zwei Kilometern mit sich bringen, wenn die Transporter nicht zur Verfügung stehen. Patiententransporte von den Runabout-Landeflächen erfolgen normalerweise schnell über die Brückenverbindungen und die Promenade. Alle Patienten, die über die großen Andockschleusen an Bord kommen, werden ebenfalls über den Weg entlang der Brückenverbindungen befördert.

Zu den medizinischen Einrichtungen im Habitatring und im Mittleren Kern gehören Suiten zur physikalischen Therapie, ein Mikroschwerkraft-Forschungslabor, eine zahnärztliche Praxis, ein immunologisches Labor, ein stereotaxonomisches Labor sowie ein EM-zytologisches Analyselabor. Zwar gibt es keine Sektion, die speziell der Isolierung biologischer Gefahren dient, allerdings können die meisten begehbaren Räumlichkeiten in der Nachbarschaft der medizinischen Laboratorien durch den Einsatz von Kraftfeldern rasch zu Isolationseinheiten umgewandelt werden.

STAB

Die normale Besetzung der Krankenstation und medizinischen Abteilung besteht aus zehn Stabsärzten – von denen fünf eine medizinische Ausbildung für Notsituationen besitzen sollen –, neun Sanitätern sowie 20 ausgebildeten Krankenschwestern, die sich zu wechselnden Anteilen aus Starfleet-Angehörigen und Bajoranern zusammensetzen. Zur normalen, 8,75 Stunden langen Dienstschicht in der Krankenstation gehören ein Stabsarzt, zwei Krankenschwestern und zwei Sanitäter. Die übrigen Stabsmitglieder verteilen sich auf die Laboratorien und andere Forschungsräumlichkeiten, sie wechseln pro 26-Stunden-Tag in drei Schichten in die Krankenstation. Eine Überlappung von zehn Minuten dient dem Zweck, während der Übergabe an die nächste Schicht über den aktuellen Stand zu informieren. Das Forschungspersonal, das nicht direkt in die Rotation der Krankenstation einbezogen ist, beläuft sich auf 15 bis 25 Personen. Dabei handelt es sich um Starfleet-, bajoranische oder unabhängige Wissenschaftler und Techniker, die sich mit speziellen Projekten nach Deep Space 9 begeben haben.

Hypospray

12.0 INFRASTRUKTURSYSTEME FÜR DAS PERSONAL

12.3 SICHERHEITSEINRICHTUNGEN

Der interne Schutz der gesamten Orbitalstation wird vom Sicherheitsbüro aus kontrolliert, das sich im Bogen 1 der Promenade befindet. Diese Abteilung wird von Sicherheitschef Odo geleitet, seit 2369 setzt sich das Sicherheitspersonal aus Starfleet und Bajoranern zusammen. Die Abteilung kümmert sich um den Innenbereich der Station, so daß externe Verteidigungsoperationen, die Deep Space 9 oder verbündete Raumschiffe betreffen, normalerweise nicht die Sicherheitsabteilung einbeziehen und im Zuständigkeitsbereich der Starfleet-Vertreter liegen. Zu den Bestandteilen des Büros gehören der abschließbare Eingangsbereich und das Büro des Sicherheitschefs, Zugangskorridore, Waffenschrank, der Zugangsbereich zu den Arrestzellen sowie drei Arrestzellen. Weitere Arresteinrichtungen stehen im Bogen 2 und Bogen 3 entlang der Promenade und in der Baugruppe des Mittleren Kerns der Station zur Verfügung.

Die Zugangskorridore befinden sich auf der Innenseite des Hauptzugangsrings zum Oberen Kern und verbinden die verschiedenen Teile dieser Abteilung. So wie bei den Zugangstunneln zum System sind diese Durchgänge mit Duraniumbeschichtung versehen, um vor nicht autorisierten Scans zu schützen.

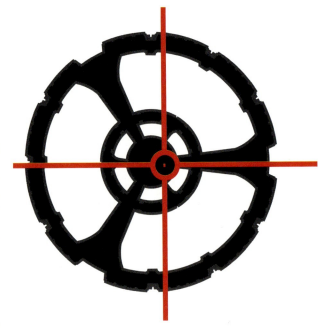

Standort des Sicherheitsbüros

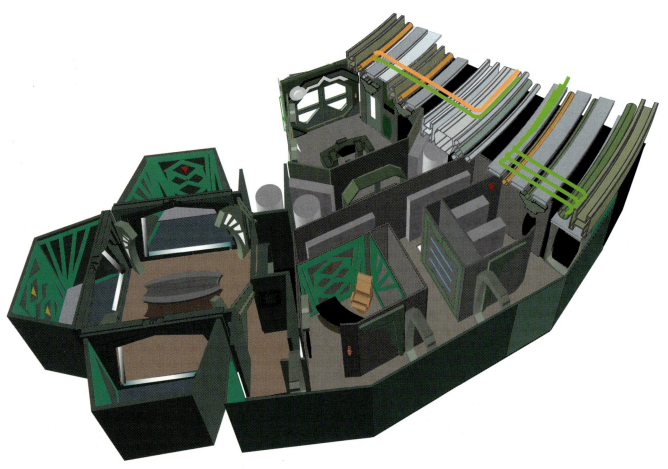

Sicherheitsbüro

12.0 INFRASTRUKTURSYSTEME FÜR DAS PERSONAL

Büro des Sicherheitschefs

Das Büro des Sicherheitschefs ist mit Computerzugangskonsolen ausgerüstet, um die täglichen Aktivitäten ins Logbuch einzutragen, Beweise zu analysieren und Details eines Falles zu untersuchen. Die Computerfähigkeiten umfassen geschützte Speicher und unabhängige Prozessoren, um Datendiebstahl und Sabotage auf ein Minimum zu reduzieren. Die Computer der Sicherheitsabteilung sind für tiefverschlüsselte Speicherung und zusätzlichen Datenzugriff mit den Hauptkernen verbunden. Die Computer bestehen aus zwei Phalanxen isolinearer Stäbe, die Gesamtverarbeitungs- und -speicherkapazität liegt bei 5,4 Megaquads.

Das forensische Laboratorium ist mit Scannern für die Auffindung physischer Beweise ausgerüstet, die sämtliche biologischen und anorganischen Substanzen erkennen können. Die zur Verfügung stehende Ausrüstung ist mit der vergleichbar, die sich in den Laboratorien der Krankenstation findet, und wurde für kriminaltechnische Ermittlungen optimiert. Miniaturausgaben der meisten forensischen Analyseausrüstungsgegenstände können zu einem tragbaren Satz zusammengestellt werden, um an anderen Stellen der Station oder auf Missionen fernab der Station zum Einsatz zu gelangen. Die Lagerung von Beweisen aus Gewebe und Materialien, die besonders aufbewahrt werden müssen, erfolgt unter anderem durch Einbettung in träge Gase, durch cryogenisches Einfrieren und durch Stasisfelder.

Der Waffenschrank verfügt über Phaser der Sicherheitskräfte und Geräte zur Einschränkung der Bewegungsfreiheit, die für normale Operationen ausreichend sind. Im Waffenschrank der Abteilung finden sich 25 Starfleet-Phaser vom Typ 2, 18 bajoranische Phaserpistolen, 12 Starfleet-Gewehre vom Typ 3 sowie zwölf bajoranische Gewehre plus die dazugehörigen Ladungsklammern. Der normale Bestand an 30 Handschellen mit Subjektverfolgungseinrichtung wird ergänzt durch 250 Kemminitpolymer-Fesseln, die bei Individuen einer geringeren Risikostufe zur Anwendung kommen. Zum Waffenschrank gehört auch eine Reihe von Geräten für verdeckte Ermittlungen, die benutzt werden, um versuchten Schmuggel, illegale finanzielle Aktivitäten

12.0 INFRASTRUKTURSYSTEME FÜR DAS PERSONAL

Typische Sicherheitslogs von Kriminellen

und politische Aufstandsversuche zu unterbinden. Weitere Waffen werden in der allgemeinen Waffensektion der Starfleet gelagert und stehen entsprechend den spezifischen Waffenbestimmungen der Starfleet zur Verfügung.

Der Bereich der Arrestzellen wird über den Sicherheitskorridor am äußeren Rand erreicht. Verdächtige und Besucher werden am Kontrolltisch überprüft und dann zum zentralen Zellenbereich geführt. Verdächtige werden in einer von drei nebeneinander gelegenen Zellen untergebracht, festgehalten werden sie durch standardmäßige planare Kraftfelder. Alle Kraftfeld-Vorrichtungen sind cardassianischer Herkunft, die mit EPS-Regulatoren der Starfleet versehen worden sind, um das Plasmastrom-Niveau zu kontrollieren. Bei einem Notfall, der die Struktur der Sicherheitsabteilung zum Zusammenbruch bringen könnte, werden allen Gefangenen aufspürbare Handschellen angelegt, dann werden sie in eine sichere Umgebung gebracht.

12.4 QUARTIERE DER CREW UND DER BEWOHNER

Die primäre Gruppierung der Wohnquartiere befindet sich im Habitatring, der ersten großen Baugruppe nach dem Mittleren Kern. Der Ring ist über zwei Typen von Konstruktionen sowohl mit dem Mittleren Kern als auch mit dem Andockring verbunden: über die drei großen sowie über drei kleinere Brückenverbindungen. Letztere stellen keine Verbindung zwischen Habitatring und Andockring dar. Der Habitatring besteht aus fünf Ebenen, die als Ebenen 11 bis 15 bzw. Habitatebenen 1 bis 5 gekennzeichnet sind. Fortlaufende, sich über 360 Grad erstreckende Korridore verbinden die meisten Ebenen des Rings untereinander, abgesehen von den Stellen, die durch die Shuttle-Start- und -Wartungsrampen unterbrochen werden.

Rund 452 große Wohnquartiere wurden ursprünglich von den Cardassianern eingerichtet, die hochrangigen Offizieren vorbehalten waren. Weitere 231 kleinere Quartiere wurden den niederrangigen Offizieren und einigen für die Cardassianer arbeitenden Bajoranern zugeteilt. Gegenwärtig sind im Habitatring die Starfleet- und die bajoranische Crew, Diplomaten und andere Würdenträger untergebracht, außerdem die Crews von Schiffen, die einen Zwischenstopp einlegen, sowie einige Geschäftsleute. Die größeren Quartiere erstreckten sich früher über vier bis fünf Fenster, während sich die kleineren über zwei bis drei Fenster ausdehnten. Seit der Übergabe sind einige der nichttragenden Wände versetzt worden, um individuelle Quartiere zu erhalten. In einigen dieser Räumlichkeiten werden einige der auf der Promenade anzutreffenden Dienstleistungen ebenfalls angeboten, darunter medizinische Notfalleinrichtungen, Hardware für den Einsatz bei Notfällen sowie Behelfslaboratorien. Insgesamt 343 zusätzliche Quartiere stehen im Mittleren Kern Crews von

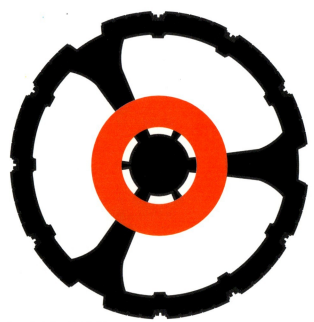

Standort des Habitatrings

12.0 INFRASTRUKTURSYSTEME FÜR DAS PERSONAL

Transitschiffen zur Verfügung, außerdem für einen Teil des technischen und Sicherheitspersonals. Ferner können diese Räumlichkeiten für Evakuierte oder Flüchtlinge zur Verfügung gestellt werden.

Das typische Wohnquartier im Habitatring am äußeren Rand der Struktur umfaßt einige große Fenster aus transparentem Aluminium, Raumteilern, einem Replikator, einer Waschvorrichtung und Verbindungen für EPS-betriebene Geräte, Kommunikationssysteme und Computerterminals.

Die Fenster sind mit Undurchlässigkeitskontrollen ausgerüstet, die in die tiefste strukturelle Schicht eingelassen sind. Im Automatikbetrieb wird die Verdunkelung durch isolineare Prozessoren verstärkt oder abgeschwächt, um zu verhindern, daß Sonnenlicht uneingeschränkt in den Raum fällt. Alle Undurchlässigkeitskontrollen können manuell eingestellt werden, um eine völlige Undurchlässigkeit oder eine Lichtdiffusion sowie alle dazwischenliegenden Abstufungen einzustellen. Die einzelnen Räume sind üblicherweise in einer linearen Reihenfolge von zentralem Wohnraum mit Eingangsbereich sowie einem oder mehreren Schlafzimmern angeordnet, an deren äußerem Ende sich jeweils ein Badezimmer befindet. Einige querverlaufende Korridore sind abgetrennt worden, um im jeweiligen Quartier einen kurzen Flur einzurichten.

Bei den Replikatoren handelt es sich um die original cardassianischen Einheiten, die von den gegenwärtigen Ingenieurscrews nach bestem Wissen überprüft worden sind. Zahlreiche technische Fehler bei der Bedienung und cardassianische Computerviren sind bereits entdeckt und ausgemerzt worden. In einigen Bereichen des Habitatrings sind Starfleet-Nahrungsmittelreplikatoren installiert worden, die eine praktische Ergänzung des Speiseangebotes auf der Promenade (siehe 12.5) darstellen. Die Badezimmer bestehen aus Waschbecken, Toilette und sonischer Dusche. Nicht alle cardassianischen Quartiere waren ursprünglich mit Duschmodulen ausgestattet. So wie andere notwendige Ausrüstungsgegenstände stammen auch die sonischen Duschen aus Beständen, die im Rahmen der Rotation auf Sternenbasen und Raumschiffen ausgetauscht wurden.

Energie- und Verbrauchsstoffverbindungen zu den Wohneinheiten umfassen die EPS-Benutzerenergie, RF- und Subraum-Kommunikationsverbindungen sowie festinstallierte ODN-Schaltkreise. Die meisten Geräte für EPS-Benutzer werden durch Induktionsenergie-Übertragung betrieben, so daß die Wandverkleidungen nur an wenigen Stellen für EPS-Verbindungen unterbrochen werden müssen. Die RF- und Subraum-Mikroantennen, die für Combadges und für den Zugriff auf den Computer erforderlich sind, sind in Decken und Wände eingelassen und sorgen für eine nahezu stationsweite Abdeckung. Die ODN-Faserleitungs-Verbindungen dienen in erster Linie gesicherten Hochgeschwindigkeitskommunikationen, Computeroperationen und der Arbeit mit den meisten verschlüsselten IR-, UV- und Subraum-

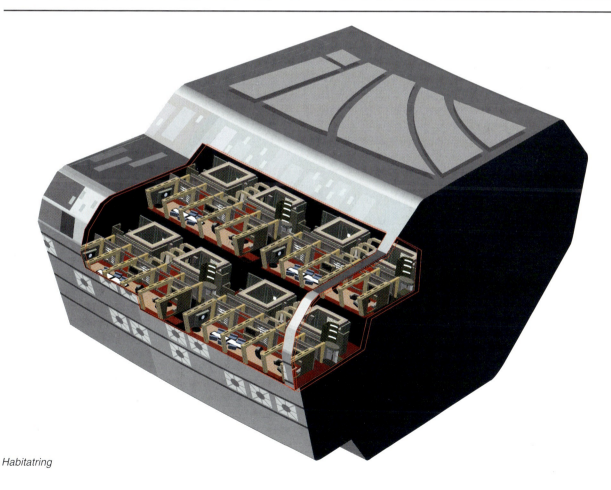

Habitatring

12.0 INFRASTRUKTURSYSTEME FÜR DAS PERSONAL

konvertern mit geringer Reichweite, die in Desktops und Konsolen der Starfleet und ihrer Verbündeter integriert sind. In allen Wohnräumen werden über das Audiosystem und die Anzeigeschirme auch Unterhaltungs- und Nachrichtenkanäle angeboten.

Die Standardumgebung für die Einheiten ist die von Planeten der Klasse M. 25 Prozent aller Quartiere sind mit semipermanenten Atemgas- und Flüssigkeitsverarbeitungsmodulen und Unterbodenverbindungen ausgestattet, um Atmosphärenbedingungen der Klassen H, K und L zu schaffen. Transiteinrichtungen sind so eingerichtet worden, daß weitere drei Prozent von ihnen in der Lage sind, Umgebungen der Klassen B, N und C zu erzeugen. Dabei sind Verstärkungen der Kraftfeldsysteme im Abteil vorgenommen worden, um Substanzen, die nicht zur Klasse M gehören, zurückzuhalten. In diesen Fällen sind die Innenwände und Verkleidungen aus kompatiblen Materialien hergestellt oder mit Antikorrosionsmitteln versiegelt worden.

Die Einheiten sind auch mit akustischen Notfallwarnmeldern mit Wiederholfunktion ausgestattet, die auf den jeweiligen Standort im Habitatring oder im Mittleren Kern abgestimmt sind. Die Wiederholfunktion wird durch autorisiertes Sicherheitspersonal ausgelöst und richtet sich an alle Bewohner von Deep Space 9 mit Blick auf die spezifischen Abläufe, die für eine bestimmte Situation erforderlich sind. Fluchtwege werden im Computerkern berechnet und jedem Raum mitgeteilt. Angedockte Raumschiffe, Rettungsbojen und Schutzbereiche werden bei dieser Berechnung miteinbezogen.

12.5 NAHRUNGSMITTELREPLIKATIONSSYSTEM

Die Crew-Versorgungs-Replikatoren befinden sich in nahezu allen Wohnquartieren sowie an anderen wichtigen Punkten der Station. Diese Einheiten werden in erster Linie benutzt, um trinkbare Flüssigkeiten und Speisen zu replizieren, aber es können auch kleine anorganische Objekte repliziert werden, deren Größe sich allerdings auf das Volumen der Replikatorkammer beschränkt. In den meisten Fällen wird die zu replizierende Materie als hochaufgelöstes Datenmuster im Hauptcomputerkern oder in einem lokalen isolinearen Datenspeichermodul gespeichert. Die lokalen Speichermodule sind oft effizienter darin, beliebte Menübestandteile zu finden.

Die cardassianischen Einheiten, die beim Bau von Terok Nor eingerichtet wurden, sind durch eine begrenzte Anzahl von Starfleet-Replikatoren aus Schiffsrotationen ergänzt worden. Die Starfleet-Einheiten sind modifiziert worden, um eine kleine Molekularmatrix-Einheit aufzunehmen, die den Bedarf an umfassenden Materiefluß-Wellenleitern innerhalb der Station überflüssig macht, die normalerweise an Bord von Raumschiffen verwendet werden, um den Materiefluß von großen, weiter entfernten Matrixeinheiten zu übertragen. Die cardassianischen Replikatoren verwenden kleine, individuelle Matrixfeld-Manipulationsvorrichtungen. Anstelle der hochenergetischen Materiefluß-Wellenleiter werden niedrigenergetische Rohnährstoffe und Nahrungsmittel von den zwischengeschalteten Versorgungstanks geliefert.

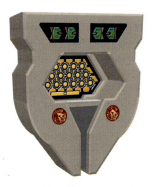

Ops-Replikator

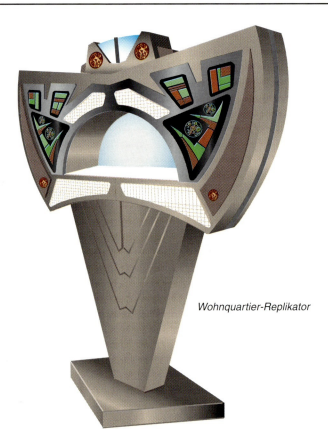

Wohnquartier-Replikator

Cardassianische Replikatoren

12.0 INFRASTRUKTURSYSTEME FÜR DAS PERSONAL

Die cardassianischen Einheiten wurden in zwei Basisgrößen gebaut: eine kleinen Einheit, die einzelne Gerichte oder zwei Getränke ausgeben kann, sowie eine größere Einheit, die über längere Zeiträume hinweg mehrere Gerichte gleichzeitig ausgibt. Die kleinere Einheit ist mit schnell austauschbaren Speicherstäben für Musteränderungen ausgerüstet, sie wird in Bereichen eingesetzt, in denen die Verbindung zum Hauptcomputer unterbrochen werden kann, zum Beispiel im Ops. Die größere Einheit enthält eine isolineare Komponente, die von der Kontrollfläche oder von einem PADD aus überschrieben werden kann und bei der beim Austausch technisches Personal benötigt wird. Ein Starfleet-Replikator funktioniert insofern ähnlich, als daß er Muster von Speisen und anorganischen Objekten in isolinearer Form speichert. Diese Einheiten können in Gruppen angeordnet werden, um einer größeren Anzahl Personen zur Verfügung zu stehen und dabei den Vorteil gemeinsamer Datenspeicher-, Energie- und Rohmaterieleitungen zu nutzen.

Für den Fall der Erschaffung eines neuen Datenmusters wird das zu replizierende Objekt in die Kammer gestellt, dann liest eine Reihe molekularer Bildscanner die Quantengeometrie des Materials auf eine Weise, wie sie beim Transporter angewendet wird. Sehr frühe Starfleet-Replikatoren waren nicht mit Bildscannern ausgerüstet, doch wurden nach und nach einzelne Modelle auf Raumschiffen und Sternenbasen eingesetzt, um neue Gerichte in die Datenbank aufzunehmen und um gebrauchtes Geschirr wieder in den allgemeinen Materievorrat zurückzuführen.

Der Gesamtbestand an Rohnahrungsmitteln wird als Untergruppe des allgemeinen Materievorrats aufbewahrt. Aufstockung erfolgt über die frachtverarbeitenden Schleusen im Andockring. Schätzungsweise 91 Prozent der auf der Station replizierten Speisen können über standardmäßig osmotische und elektrolytische Zerkleinerung der Abfallstoffe sowie durch Replikatorrecycling wiederverwendet werden. Diese Form des Recyclings ist etwas energieaufwendiger, aber bei großen Mengen kann es eine zeitsparende Methode sein, um die Rohmaterialvorräte wieder aufzustocken, außerdem können so wiederverwendbare Nahrungsmaterialien von anorganischen Stoffen getrennt werden, die nicht weiter zerlegt werden können.

Verbesserungen in Testabschnitten des cardassianischen Replikatorsystems haben zu einem Anstieg von 3,5 Prozent in der Molekularauflösung geführt, was eine meßbare Erhöhung der Nährwerteffizienz nach sich gezogen hat. Ein-Bit-Fehler tauchen noch immer auf, doch deren Folgen werden von den Geschmacksnerven der meisten Benutzer nicht bemerkt. So wie viele andere Bereiche der Infrastruktur für das Personal sind auch die meisten in der Replikatordatenbank gespeicherten Speisen auf Lebensformen von Planeten der Klasse M zugeschnitten. Fast 30 Prozent der Speicher sind auf Kulturen ausgelegt, die spezielle Bedürfnisse in den Bereichen Ernährung, Temperatur, Druck und Strahlung haben.

Standard-Replikator

Großraum-Replikator

Starfleet-Replikatoren

12.6 TURBOLIFT-TRANSPORTSYSTEME

Maschinell gesteuerter Personen- und Frachttransport innerhalb der Station erfolgt über das bestehende Turbolift-System. Zwei markante Netzwerke erlauben Zugang zu allen begehbaren und Operationsbereichen von Deep Space 9: die Personal-Turbolifte und das Frachttransportsystem. Das System der Personal-Turbolifte reicht in alle 34 Ebenen des Stationskerns und alle 252 Ebenen des Andockpylonen, der Transport erfolgt in einer offenen Plattformkonstruktion, die sechs Personen Platz bietet. Das größervolumige Frachttransportsystem erreicht alle Andockeinrichtungen für Raumschiffe am Andockring und an den Andockpylonen, außerdem die Frachträume in den Brückenverbindungen, im Mittleren und im Unteren Kern.

Das Personal-Turbolift-Netzwerk besteht aus rund 16,54 km mit Energie versorgten Leitröhren, das in drei identische Hauptpfade und unterschiedliche Abzweigungen aufgeteilt ist. Alle drei Hauptadern sind miteinander verbunden, um eine maximale Flexibilität bei der Festlegung der Route vom Start zum Ziel zu ermöglichen. Der längste Pfad, der von einer Oberen zu einer Unteren Andockpylone führt, mißt 2,3 km und kann in etwa 123 Sekunden zurückgelegt werden, wobei die Spitzengeschwindigkeit 17 m/s beträgt. Zwar gibt es keine ausgewiesenen Turbolift-Fluchtwege, doch die Routensoftware wurde für alle Personalturbokabinen so entworfen, daß sie in der Lage war, sich bei einer Evakuierung so umzustellen, daß wartende cardassianische Offiziere aufgenommen werden können. Das Frachttransportnetzwerk ist optimiert worden, um große Mengen Erz, verarbeitetes Material und Frachtstücke auf großzügigen Zwillings-Magnetschienenrouten zu bewegen. Turbolifte, die sich durch den

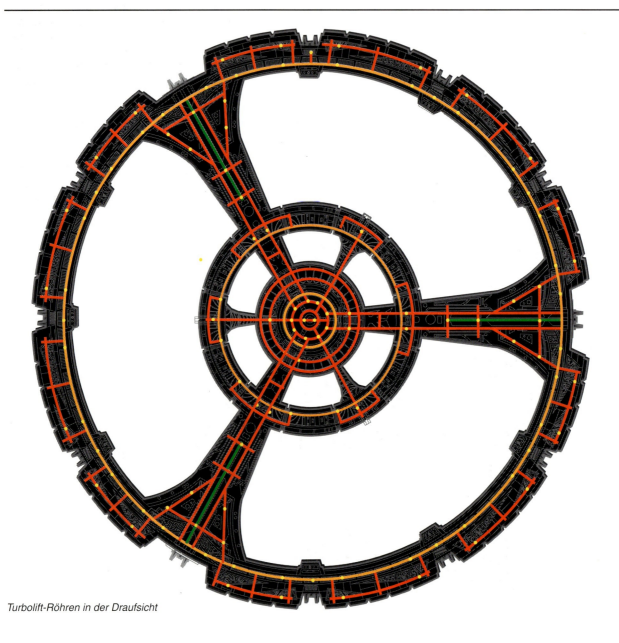

Turbolift-Röhren in der Draufsicht

12.0 INFRASTRUKTURSYSTEME FÜR DAS PERSONAL

Andockring und die Brückenverbindungen bewegten, wurden oft zu Zügen zusammengeschlossen, die sich in verschiedene Richtungen fortbewegen konnten. Sie bewegten sich im wesentlichen alle in horizontaler Richtung entlang des lokalen Schwerkraftrahmens. Eine vertikale Bewegung in die Andockpylonen, in denen sich die erzverarbeitenden Anlagen befanden, machten es erforderlich, daß die einzelnen Kabinen aus dem Zug gelöst wurden und sich nacheinander im rechten Winkel weiterbewegten.

Jede Personenturbolift-Kabine besteht aus einer Kombination aus Kellindit- und Toranium-Rahmen sowie Duranium-Flächen, die das interne lineare Induktionsantriebssystem umgeben. Die Kabine ist zum Turboschacht hin offen, zum Teil aus Masse-Überlegungen und zum Teil für ein leichteres Verlassen im Notfall. Die meisten Schachtzugangstüren können von innen geöffnet werden. Zwei synchron arbeitende Maglev-Motoren nehmen die EPS-Energie über Induktionsschaltkreise aus Leitungen auf, die in die Schachtwände eingelassen sind. Die EPS-Energie wird in einen multiphasischen Wechselstrom umgewandelt, der eine Reihe von 15 Maglev-Spulen speist. Die Reihenfolge der Energiezufuhr in die Spulen bestimmt die Bewegungsrichtung und wird von einem an Bord befindlichen isolinearen Datenprozessor kontrolliert. Noch vor dem gesamten Computerkontrollsystem erkennen die Prozessoren der individuellen Kabine andere Kabinen im Netzwerk und leiten automatisch Änderungen der Geschwindigkeit, Kollisionsvermeidungs-Routinen sowie – je nach Programmierung – Standby-Stopps ein. Die Kabinen sind nicht mit echten Trägheitsdämpfungsfeld-Generatoren ausgerüstet, werden aber durch einen Pseudo-TDF-Effekt geschützt, der durch die EPS-Leitungsummantelungen entsteht, die schwach polarisierte Gravitonen abgeben.

Während der Besetzung wurde der Zugang zum Turboliftsystem durch eine Kombination aus Sicherheitspasscode-Geräten – ähnlich den Combadges – und Sicherheitsscannern kontrolliert. Viele Bereiche der Station sind nach wie vor für Zivilisten verboten, die meisten Passcode-Schlüssel sind inzwischen durch aktuelle thermale, retinale und Stimmerkennungssysteme ersetzt worden. Die Bedienung des Turbolifts erfolgt über Sprachbefehle oder eine manuelle Eingabe auf einer Datenfläche. Die Nummern der Ebenen, die Namen allgemeiner Stationsbereiche oder bestimmte Sektionscodes können dem an Bord befindlichen Prozessor mitgeteilt werden. Die Startbewegung der Kabine beginnt bei 0,2 m/s, die Beschleunigung erfolgt, sobald sich die Kabine in die Hauptverkehrsstruktur begeben hat.

Turbolift-Kabine

12.0 INFRASTRUKTURSYSTEME FÜR DAS PERSONAL

12.7 KOMMERZIELLE EINRICHTUNGEN

Der grundsätzliche kommerzielle Raum auf Deep Space 9 ist die Promenade. Aufgrund ihrer physischen Anordnung befindet sie sich in der Baugruppe des Oberen Kerns, wo sie von den Verteidigungsschild-Generatoren darüber und der reaktiven Schildwand darunter geschützt wird. Die Promenade ist in drei Bogen zu je 120 Grad unterteilt, jeder Bogen definiert sich durch eine strukturelle Verstärkung, die in der Lage ist, eine Abschottung durch die Aktivierung von Abteiltüren und Kraftfeldern zu erreichen. Der Raum wird weiterhin in drei Etagen unterteilt, die Ebenen 5, 6 und 7. Die unterste Etage – Ebene 7 – beherbergt den größten Teil der Geschäfte und Lokale. Die mittlere Etage – Ebene 6 – gestattet den Blick durch die großen, länglichen Fenster, außerdem befinden sich dort einige Büros und Lagerbereiche. Die oberste Etage – Ebene 5 – wird von den Holosuiten, dem Zugang zum strukturellen Kern und Lagerräumen ausgefüllt. Rund um die Basis der unteren Ebene verläuft ein langer, kreisförmiger Korridor, der Zugang zu den frachtbearbeitenden Bereichen und zusätzlichen Zugang zu den Sicherheitstoren und zum Turbolift ermöglicht.

Die Promenade auf Ebene 7 bietet eine große Bandbreite an Geschäften, Händlerposten, Dienstleistungen, Unterhaltung und Lokalen sowie den bajoranischen Tempel. Die kommerziellen Flächen werden von der Handelsvereinigung auf Deep Space 9 kontrolliert und pro Quadratmeter vermietet. Zusätzlich fallen anteilige Kosten für EPS-Energie, gewöhnliche Gas- und Flüssigkeitslieferungen sowie ODN-Verbindungen an. Anzahl und Art der Händler variieren von Zeit zu Zeit, auch wenn typischerweise ein Volumen von rund 82 Prozent regelmäßig vermietet ist. Zu den offenen Geschäften und Dienstleistungen, die normalerweise anzutreffen sind, gehören Händler für Raumschiff- und andere Hardware-Ersatzteile, Systemreparaturwerkstätten, Bekleidungsgeschäfte, mineralogische Prüfbetriebe, Kunsthändler, Betreiber von Raumschiff- und planetarischen Bergungsoperationen, Händler für Kommunikationsausrüstungen sowie Chemikalien- und Legierungslieferanten. Normalerweise wird allen Händlern, von denen bekannt ist, daß sie mit großen Waffensystemen handeln, im Rahmen der Vereinbarungen zwischen Starfleet und Bajor die Tätigkeit auf Deep Space 9 verboten, dennoch sind auf der Station Schmuggel und Waffenverkäufe vorgekommen.

Lebensmittel und Unterhaltung sind so vielseitig wie die Auswahl an Geschäften insgesamt. Der bei weitem größte Anbieter von Speisen und Getränken auf der Station ist nach wie vor Quark's Bar, die sich im zentralen Bereich des Bogens 1 befindet und nicht zu übersehen ist. Die Bar bietet der Stationsbevölkerung und den sie besuchenden Crews Glücksspiele – vornehmlich Dabo und Tongo – sowie eine ansprechende Mischung

Die Promenade

an Holosuiten-Programmen. Zu den anderen Anbietern gehören ein klingonisches Restaurant, ein Kiosk für Jumja-Stäbchen sowie der Replimat.

Der Replimat ist ein Selbstbedienungsrestaurant mit mehreren cardassianischen Lebensmittelreplikatoren, im Angebot sind Speisen von vielen verschiedenen Welten, ausgenommen Ferengi-Gerichte. Der Replimat ist seit langem ein beliebter Punkt für die Stationsbesucher und die auf Besuch befindlichen Crews, die eine kleine Mahlzeit oder einen klingonischen Kaffee, *Raktajino*, zu sich nehmen wollen.

Der bajoranische Tempel ist zwar keine kommerzielle Einrichtung, dennoch ist er inmitten des meistfrequentierten Bereichs gelegen. Gebaut und eingerichtet wurde er im Stil der Tempel auf Bajor, die auf architektonische Formen der antiken Stadt B'hala zurückgehen. Bajoranische Bewohner und Besucher nutzen den Tempel auf der Promenade für ihre täglichen Gebete und Meditationen, die beide Teil der Suche nach Führung durch die Propheten sind. Der Tempel auf der Station war vorübergehender Aufbewahrungsort für einige der Orbs, die von den Wurmloch-Wesen ausgehändigt wurden.

13.0 NOTFALLMASSNAHMEN

13.1 NOTFALLMASSNAHMEN: EINFÜHRUNG

Die Gefahr von Todesfällen liegt auf Deep Space 9 rechnerisch höher als bei Raumschiffoperationen, wenn man die Faktoren unbekannte Gefahren durch feindliche Mächte, Geheimaktivitäten, Freibeuter und nicht absehbare Systemausfälle berücksichtigt. Auf Raumschiffen sind die Faktoren Sicherheit und Systemwartung auch bei weitem nicht vollkommen perfekt, aber sie sind leichter zu quantifizieren und stellen historisch gesehen eine extrem sichere Umgebung dar. Militärische Aktionen der Starfleet, die zu hohen Verlusten an Schiffen führen, haben die Organisation viel empfänglicher für die Bemühungen gemacht, die erforderlich sind, um der Crew Sicherheit zu bieten und sie in Gebiete zu verlegen, in denen das Überleben in einer sich drastisch verschlechternden Situation eher gewährleistet ist. Die dabei gelernten Lektionen werden für die Anwendung auf entlegenen Außenposten wie Deep Space 9 angepaßt, wo die zusätzliche Verantwortung, die Sicherheit von Zivilisten und kulturellen Führern zu gewährleisten, analog zu der Situation ist, die in großen planetarischen Zentren anzutreffen ist.

Die Hauptgefahren, denen sich die Stationsbewohner gegenübersehen, sind Feuer durch Verbrennungs- und EPS-Quellen, die epidemische Ausbreitung von bakteriologischen und viralen Kampfstoffen, Gift und andere Freisetzungen lebensfeindlicher Substanzen, das Abfeuern von Energiewaffen, Hüllenbrüche aufgrund von Naturkatastrophen sowie direkte – interne und externe – Angriffe feindlicher Gruppen auf Deep Space 9. Spezielle Abläufe sind für Notsituationen auf der Station festgelegt worden, die in regelmäßigen Abständen mit den Starfleet- und bajoranischen Crews geprobt werden. Übungen mit Transitpersonal anderer Kulturen werden durchgeführt, wenn sie notwendig sind, vor allem wenn es um bedrohliche Gefahrengüter und um den besonderen Schutz wichtiger Personen geht.

Brandbekämpfungscrews sind im Umgang mit den Unterdrückungskraftfeldern, den Feuerlöschern, den Evakuierungsmaßnahmen und Erste-Hilfe-Techniken geübt. Der medizinische Stab der Krankenstation und die damit verbundenen Laboratorien sind darauf vorbereitet, Opfer von Traumata und biologischen Kampfstoffen zu behandeln und die Ursachen zu bekämpfen, sofern die Zeit das erlaubt. Ingenieurscrews arbeiten mit komplexen Weltraumsystemen, um sicherzustellen, daß Evakuierungen sicher und effizient durch Rettungskapseln, Runabouts, Shuttles und Raumschiffe umgesetzt werden. Außerdem beschäftigen sie sich mit allen System- oder Strukturzusammenbrüchen, die in ihre Zuständigkeit fallen.

Frühe Warnungen sind von entscheidender Bedeutung für die Fähigkeit der gesamten Crew, sich mit drohenden Gefahren zu befassen. Computerbeobachtung aller Systeme, Gefahrenanalyse, Überwachung der Sicherheitssensoren und Sammlung von Informationen tragen allesamt dazu bei, den Verlust von Personal und Ausrüstung auf ein Minimum zu reduzieren. Sowohl technologische als auch intuitive Entscheidungen werden eingesetzt, um die Sicherheit von Deep Space 9 zu gewährleisten.

13.2 BRANDBEKÄMPFUNG

Die versehentliche oder vorsätzliche Verbrennung von Materialien an Bord von Deep Space 9 ist ein Punkt, der permanent aufmerksam beobachtet wird. Heute existiert eine große Bandbreite von Situationen, die eine automatische Brandbekämpfung oder den Einsatz von erfahrenen Crews auslösen, um eine unkontrollierte thermale Reaktion zu bekämpfen. Während die meisten Materialien auf der Station nicht entflammbar sind, können zahlreiche Struktur- und Dekorationsgegenstände mit exotischen Chemikalien oder Energiequellen reagieren. In der jüngeren Geschichte der Station hat es zahlreiche Waffenentladungen, Explosionen und hochenergetische EM-Feldeffekte gegeben, die sich als gefährlich erwiesen haben, die aber ohne die Brandschutzmaßnahmen auf der Station zu größeren Verlusten an Leben geführt hätten.

Die meisten cardassianischen Feuerentdeckungssysteme fanden sich im Kommandozentrum von Terok Nor, im Habitatring und Unterem Kern, weniger flächendeckend waren sie im Andockring, in den Andockpylonen und im Mittleren Kern verteilt. Wenige bis gar keine Sensoren waren im Oberen Kern installiert, dort wo sich heute die Promenade befindet, obwohl dieser Bereich durch EPS-Energieverbindungen und ODN-Abzweigungen für die Installation vorgerüstet war. Es ist auf den ersten Blick erkennbar, daß die Cardassianer diese Notfallsysteme in ihren eigenen gesicherten Bereichen konzentriert hatten, während sie den bajoranischen Arbeitern in diesem Punkt nur wenig Interesse schenkten. Bis 2373 hatte Starfleet die Aufrüstung zu einem alles umfassenden Notfallmeldegitter noch nicht ganz abgeschlossen, doch war bereits eine ausreichende Flächendeckung gegeben, um die Sicherheitspläne für die Station in rascher Reihenfolge anlaufen zu lassen.

Die Cardassianer hatten eine stationsweite Installation von Eindämmfeldern nicht in Erwägung gezogen, allerdings verfügten einige kritische Bereiche wie Laboratorien und Lagerräume mit hochwertigen Verbrauchsstoffen über Feldemitter mit begrenzter Reichweite. Es gibt keine Aufzeichnungen darüber, ob irgendeiner dieser Emitter ausgelöst wurde, allerdings haben jüngste Wartungsarbeiten ergeben, daß die Systeme ordentlich arbeiten sollten. 58 zusätzliche Anlagen für Brandunterdrückungsfelder sind von Starfleet in das Notfall-ODN-Netz integriert worden, so daß die Flächendeckung den Minimalanforderungen des SFRA-Standards 613.4 für Sternenbasen und Forschungsaußenposten entspricht.

Zu den gesamten festinstallierten und mobilen Brandbekämpfungsanlagen von Starfleet und Bajoranern auf der Station gehören Leitungs-/Düsenbaugruppen, die je nach Art des Feuers Nitriliman-Haloschaum oder Fluoroman-Gas verteilen, sowie lagerfähige Diemathylgel-Feuerlöscher. Diese Geräte, die mit Hochdruck atomisiertes Gel versprühen, haben sich als besonders wirkungsvoll beim Löschen von EM-Entladungen erwiesen. Andere Vorrichtungen und Maßnahmen folgen der auf Raumschiffen üblichen Praxis, betroffene Sektionen oder begehbare Bereiche mit selbstversiegelnden Türen zu isolieren und vom Feuer betroffene Gefahrenbereiche ins All zu öffnen.

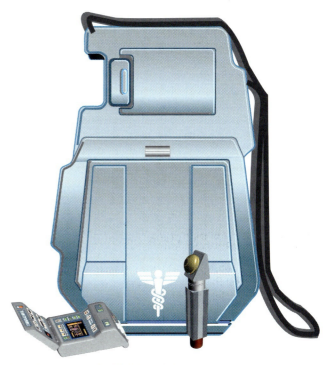

Typische medizinische Notfallausrüstung

13.3 MEDIZINISCHE NOTFALLMASSNAHMEN

Die bekannten Maßnahmen für medizinische Notfälle auf Raumschiffen und Sternenbasen sind für die Anwendung auf Deep Space 9 angepaßt worden. Seit der Übernahme der Station sind Katastrophenpläne entwickelt worden, die – von computererzeugten Vorhersageberechnungen unterstützt – jeden möglichen Fall von biologischen oder physischen Qualen abdecken sollen. Das relative Verhältnis zwischen ausgebildetem medizinischen Personal und der Zahl der potentiellen Patienten ist wesentlich niedriger als auf einem typischen Raumschiff an der Front, was eine stationsweite Katastrophe viel schwerer handhabbar machen würde. Trotzdem sind rund 20 Prozent der Starfleet- und bajoranischen Crew übergreifend ausgebildet worden, um bei Katastrophenfällen sekundäre medizinische Funktionen zu übernehmen.

Bei den meisten hypothetischen stationsweiten Notfällen werden alle zehn Ärzte, neun Sanitäter und zwanzig Pfleger aufgerufen, das medizinische Team für die erste Sofortreaktion zu bilden. Nach den ersten fünfzehn Stunden kommt es zur Rotation von Stabsmitgliedern und der übergreifend ausgebildeten Crew, wenn sich die Situation bis dahin nicht stabilisiert hat. Alle auf der Station verfügbaren qualifizierten Laboranten und medizinisch-technischen Spezialisten werden ebenfalls dienstverpflichtet. Sämtliche medizinischen Stationen im Habitatring werden durch medizinisches Personal der jeweiligen Abteilung aktiviert und in Alarmzustand versetzt.

Der Bestand aller medizinischen Stationen entspricht im wesentlichen dem der Krankenstation, wenngleich auch in reduzierterem Umfang. Einschränkungen gibt es zudem auch bei spezieller chirurgischer Hardware und den Mengen der Standard-vorräte. Medizinische Tricorder und kleine, an der Decke montierte Sensorgruppen gewährleisten einen raschen und umfassenden Scanvorgang. Die gesammelten Daten können auf die semiautomatischen Diagnose- und Behandlungsgeräte übertragen werden. Die Computerprozessoren passen sich an den Arbeitsmodus der Ausrüstung an, um der Qualifikation des Personals zu entsprechen, das die medizinischen Prozeduren ausführt. Das Ziel dieser medizinischen Systeme ist Patientenbetreuung vom einfachen Besuch bis hin zur Stabilisierung des Organsystems vor dem Transport eines Patienten in die Krankenstation oder in andere Abteilungssektionen.

Das kompakteste medizinische Behandlungssystem ist das tragbare Medikit. Das Medikit, das gleichfalls von der medizinischen Standardausrüstung für Raumschiffe übernommen wurde, ist so ausgestattet, daß es Scan-, Diagnose- und Behandlungsfunktionen erfüllen kann, außerdem sind Datenbank-Verwaltung und Computerinterface-Benutzung möglich. Das Medikit enthält normalerweise einen medizinischen Tricorder, zwei Multimodus-Hyposprays, einen Dermalgenerator, einen Defibrilator, ein PADD und einen Neuralstimulator. Der Koffer enthält auch eine Auswahl injizierbarer Lösungen, Verbände, Energiepacks, einen isolinearen Prozessor mit einer Leistung von 6,5 Kiloquad sowie eine Subraumtransceiver-Baugruppe. Medikits werden auch an qualifizierte Stabsmitglieder der Abteilung ausgehändigt, zudem befinden sie sich auf Deep Space 9 an allen wichtigen Standorten. Rund 85 Medikits sind entweder neu oder aus Rotationsbeständen auf die Station gebracht worden.

Abhängig von der Schwere des Notfalls erteilt der Chefarzt Anweisungen für Quarantänemaßnahmen, für die Umrüstung eines Abteils wegen zusätzlich eintreffender Patienten oder für

13.0 NOTFALLMASSNAHMEN

eine Evakuierung. Wohnquartiere können zu Quarantäneeinrichtungen umgewandelt werden, indem an der Eingangstür und entlang der Schotte Kraftfelder errichtet werden, die auf Umweltbedingungen der Klassen H, K, L, B oder N eingestellt werden können, wenn sie nicht schon zuvor diesen Bedingungen entsprechen. Bei einer Ausweitung über die Krankenstation hinaus, die durch eine erhöhte Anzahl Patienten notwendig werden kann, werden zuerst die Laboratorien belegt, danach die Quartiere im Habitatring und dann die des Mittleren Kerns. Bei größeren Katastrophen können die Frachträume im Andockring sowie im Unteren Kern umgewandelt werden. Je nach Schwere der Katastrophe werden vom Computer verschiedene Maßnahmenkombinationen empfohlen.

13.4 NOTFALL-HARDWARE FÜR DER EINSATZ IM ALL

Die Designer von Terok Nor sorgten für den Fall eines verheerenden Ausfalls der Bordsysteme, eines Angriffs von außen oder einer kosmischen Bedrohung nur für begrenzte Notfalloperationen und Fluchtmöglichkeiten für die Crew. Seit dem Eintreffen der ersten Ingenieurscrew der Starfleet, um die neue Station Deep Space 9 zu sichern, ist sämtliche verwendbare cardassianische Ausrüstung rigorosen Überprüfungen unterzogen worden. Die Notfallausrüstung der Starfleet ist ergänzt worden, um die Überlebenschancen der Stationscrew und der Bewohner zu verbessern. Zur Starfleet-Ausrüstung gehören 35 Standard-Rettungskapseln, 55 EPGs sowie 38 Schutzanzüge. Sämtliche Starfleet-Ausrüstung wurde aus Vorräten von Raumschiffen und Sternenbasen zusammengestellt, die das Ende ihrer Dienstzeit erreicht hatten, aber immer noch innerhalb der Sicherheitsparameter lagen.

Zur Ausrüstung, die von den Cardassianern aufgegeben wurde, gehören Rettungskapseln sowie Kurzzeit-Schutzanzüge, wobei letztere mindestens 30 Jahre alt waren und sich in unbrauchbarem Zustand befanden. Robuste Schutzanzüge, die denen der Starfleet entsprechen, konnten nicht gefunden werden – obwohl sich mehrere Aufladestationen fanden –, so daß anzunehmen ist, daß alle Schutzanzüge, die beim Bau und der Wartung von Terok Nor benutzt wurden, von den Cardassianern beim Rückzug mitgenommen wurden. Das Design der Rettungskapsel wird vom Geheimdienst der Starfleet zum höchstentwickelten gerechnet, was um das Jahr 2352 von cardassianischen Ingenieuren konstruiert worden war (siehe Illustration). Die aufgegebenen Einheiten waren zum Zeitpunkt der Stationsübernahme sieben Jahre alt. Hinzu kommt, daß das Design Innovationen einzubeziehen scheint, die etwa zur gleichen Zeit auch bei der Starfleet-Hardware zu finden waren. Daher ist anzunehmen, daß Industriespionage einen maßgeblichen Anteil an der Fertigstellung der Aufrüstungen an den Rettungskapseln hatte. Interessant ist, daß nur 27 Rettungskapseln auf Terok Nor eingerichtet waren, da cardassianische Senioroffiziere nur bis Rang des Gul bei einer Evakuierung berücksichtigt wurden. Dieser Verdacht wurde durch ehemaliges und gegenwärtiges bajoranisches Personal auf der Station bestätigt. Die Rettungskapseln waren offenbar für den Fall vorgesehen, vor allem in Situationen mit kurzer Vorwarnzeit eingesetzt zu werden, wenn eine Evakuierung zu angedockten Schiffen oder Shuttles nicht möglich war.

Cardassianische Rettungskapsel

KONFIGURATION UND FUNKTION DER RETTUNGSKAPSELN

Die Rettungskapsel weist ein markantes Design in der Form abgeschnittener Trapeze auf, die eine obere, unter Luftdruck stehende Kabine und ein unteres, versiegeltes Ausrüstungslager bilden, die durch vier Steuerdüsen-Gehäuse verbunden sind. Die Ausmaße belaufen sich auf eine Länge von 3,74 m und eine Höhe von 4,69 m, damit sie in den Startröhren Platz finden, die an der Unterseite des Habitatrings untergebracht sind. Sowohl für den Innenrahmen als auch für die doppelwandige Verkleidung wurden vorwiegend Beznium-Tellerit und Neffium-Kupfer-Borokarbit verwendet. Die Gamma-Schweißnähte der Rahmenlegierung wurden direkt von der Fünf-Achsen-Programmierung der Starfleet kopiert, wobei die Anwendung von Mikrosprengladungen als Schmelzbeschleuniger bei der Hüllenverkleidung eine für die Cardassianer einzigartige Methode

13.0 NOTFALLMASSNAHMEN

Standardraumanzug der Starfleet

13.0 NOTFALLMASSNAHMEN

ist. Öffnungen in der Hülle für Versorgungsleitungen sind in minimalem Umfang angefertigt worden. Verstärkende Platten sind auf die Oberflächen aufgesetzt worden, die am stärksten belastet werden, um einen maximalen Thermal- und Einschlagschutz zu erzielen. Die gesamte Hülle ist per Plasmaspray-Methode mit einer 13 mm dicken Beschichtung aus Rodinium und Toranium überzogen worden.

Die Gesamtmasse beläuft sich auf 4,68 Tonnen für die Struktur und den Brennstoff, 3,1 kg sind überlebensnotwendigen Verbrauchsstoffen vorbehalten. Starfleet-Analytiker haben bestätigt, daß die Rettungskapseln zu der Zeit, als sich Terok Nor im Orbit um Bajor befand, in der Lage waren, sechs Cardassianer gerade einmal 18 Minuten Überlebenszeit zu bieten, während die Kapsel einen Sinkflug zur Planetenoberfläche begann. Die Rettungskapsel der Starfleet dagegen ist für eine größere Bandbreite an Flugsituationen ausgelegt und kann durch bordeigenes Recycling ein Jahr lang funktionstüchtig bleiben. Es muß aber auch darauf hingewiesen werden, daß dieses cardassianische Design innerhalb des vorgeschriebenen Flugbereichs höchst zuverlässig ist und große Belastung aushalten kann. Wichtiger noch ist aber, daß auf cardassianischen interstellaren Schiffen wie den Kriegsschiffen der Galor-Klasse Rettungskapseln mitgeführt werden, die längere Zeiten überstehen und weitere Strecken zurücklegen können.

Der Antrieb der Rettungskapseln besteht aus einem dreiteiligen System, das von einem einzelnen isolinearen Navigationsprozessor und Startzünder gesteuert wird. Die erste Sektion aktiviert einen Argin-Zünder, der die Kapsel nach unten aus ihrer Startumhüllung befördert. Der Startzünder treibt danach Pyroventile an, die die Zündverbindungen trennen, und aktiviert automatisch die zweite Sektion – eine Kraftrückführ-RKS, die kleine Mikrofusions-Steuerdüsen lenkt, um den Einflugwinkel der Kapsel in den Orbit auszurichten und zu halten. Nach Erreichen des korrekten Winkels und der richtigen Entfernung von der Station bringt der Zünder den Hauptantrieb in den Orbitalabstiegsmodus, damit die Kapsel einen festgelegten Landepunkt auf Bajor anfliegt. Die typische Maximalbeschleunigung, der die Crew ausgesetzt wird, erreicht bis zu 9,5 g, was notwendig ist, um den Zerstörungsradius der Station für den Fall zu verlassen, daß es zu einer Totalexplosion aller Waffen und des Fusionsgenerators kommt. Beim Erreichen Bajors schaltet der Antrieb in den Landemodus, um die Rettungskapsel auf der Oberfläche aufsetzen zu lassen. In den letzten 25,8 Sekunden vor der Bodenberührung erreichen die Verzögerungskräfte üblicherweise 12,5 g.

Seit der Übergabe der Station und ihrer Verlegung in den Denorios-Gürtel ist über die 27 cardassianischen Rettungskapseln von bajoranischen Behörden und von Starfleet wie folgt verfügt worden:

- **fünf Exemplare:** von der Forschungs- und Entwicklungsabteilung der Starfleet und den bajoranischen Verteidigungsstreitkräften zu Testzwecken zerstört
- **zwei Exemplare:** zerlegt, analysiert, an nicht bekannten Orten von Starfleet gelagert
- **acht Exemplare:** aufgerüstet und an bajoranische Orbitaleinrichtungen übergeben
- **zwölf Exemplare:** aufgerüstet, um interplanetarische Flüge zurückzulegen; auf Deep Space 9 gelagert

RAUMANZÜGE

Der gegenwärtig benutzte Starfleet-Druckanzug, der auf Deep Space 9 verwendet wird, ist der Typ 3. Dieses Modell zeichnet sich durch eine modulare Konstruktion aus, womit es 38 bis 76 Prozent des humanoiden Personals paßt. Rumpf, Beine, Stiefel, Handschuhe und Helm werden in fünfzehn verschiedenen Größen gefertigt, um eine große Bandbreite an Körpermaßen abzudecken. Der Lebenserhaltungsrucksack und die Brustplatte stehen in drei verschiedenen Größen zur Verfügung, um verschiedenen Missionsanforderungen zu entsprechen und Platz für atmosphärische Gase, Kühlflüssigkeiten, Recyclingausrüstung, Energieversorgung und Kommunikationsausrüstung zu bieten.

Der durchschnittliche Anzug wiegt leer 19,6 kg, mit Rucksack und voller Beladung 30,1 kg. Alle flexiblen Innendruckblasen sind aus 59 abwechselnden Mikroschichten aus Duranium-Hexylamid sowie aus 2,1,3 Polyurmedan gefertigt, die eine Gesamtdicke von 0,86 cm erreichen. Die äußere thermale mikrometeoroide Beschichtung besteht aus 61 Schichten gewebter Diselenit-Carbonitrium-Fasern, die mit plasmagesprühtem Silica-Excelerin überzogen sind und eine Dicke von insgesamt 1,2 cm erreichen. Helm, Rucksack und Brustplatte sind üblicherweise aus Aluminium-Borotritonit gegossen, für das Sichtfenster im Helm wird standardmäßiges transparentes Aluminium verwendet.

So wie bei früheren Versionen des Raumanzugs reicht auch hier eine durchschnittliche Verbrauchsmenge von 9,6 kg Stickstoff-Sauerstoff für mindestens 16 Stunden, im Niedrigmodus und bei maximalem Recycling für 20 Stunden. Die Energie des Anzugs, die aus sechs Sarium-Krellit-Zellen gespeist wird, erreicht insgesamt 95,6 Kilowattstunden, was die Energie um 15 Prozent übersteigt, die für drei wahlweise verwendbare Serien externer Sensoren und isolinearer Datenrecorder benötigt wird. Die gesamte, für Missionen verfügbare Energie wird durch die Ergänzung um eine Heißgas-Manöverdüsen-Einheit auf 114,6 Kilowattstunden erhöht.

II. SCHIFFE DER STARFLEET, IHRER VERBÜNDETEN UND IHRER GEGNER

14.0 UNTERSTÜTZENDE SCHIFFE DER STARFLEET

14.1 U.S.S. DEFIANT

Die *U.S.S. Defiant* ist ein schwerbewaffnetes, für spezifische Zwecke vorgesehenes Starfleet-Schiff, das in der Antares-Flottenwerft als Antwort auf die Borg-Bedrohung für die Welten im Alpha- und Beta-Quadranten entwickelt wurde. Das Projekt wurde, was die normale Reihenfolge von Forschung, Entwicklung, Test und Bewertung anging, nicht gerade unter idealen Umständen offiziell 2366 von der Abteilung für das Design hochentwickelter Raumschiffe (ASDB – Advanced Starship Design Bureau) der Starfleet begonnen. Glücklicherweise befanden sich eine Reihe von Hardware-Innovationen und Designanpassungen bereits auf Lager und machten so ein vertretbares Maß an Zuverlässigkeit in Relation zur Geschwindigkeit der Systemintegration und Fahrzeugkonstruktion möglich. Die endgültigen Ausmaße des neuen Schiffs betragen 170,68 x 134,11 x 30,1 Meter.

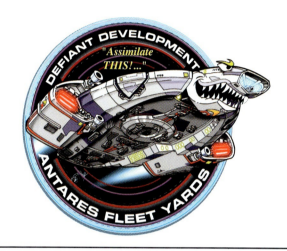

MISSIONSZIELE

Das *Defiant*-Projekt, das von Admiral Batelle Toh vom ASDB überwacht wurde, begann mit der Auswahl eines bestehenden Raumschiffdesigns, das gerade in die erste Stufe der Begutachtung eingetreten war. Es existierte noch kein Rahmen, und die Form der Hülle wurde noch Simulationen zur Feststellung der Warpfeld-Interaktionen unterzogen. Das Studienobjekt mit der Bezeichnung NXP-2365WP/T wurde als schnelles Torpedo-Angriffsschiff betrachtet, das mit hoher Warpgeschwindigkeit in gegnerische Verteidigungen eindringen konnte. Dieses *Defiant*-Modell hätte sechs Torpedowerfer erhalten, vier davon in der Primärsektion, die anderen zwei in der Antriebssektion, die in der Lage sein sollten, Photonen- und Quantentorpedos bei einer Geschwindigkeit von Warp 9,982 abzufeuern.

Als die Bedrohung durch die Borg das Design des Schiffs vorantrieb, wurde entschieden, die Warpgondeln und andere Bereiche des Schiffs kompakter zu gestalten, indem sie alle zur Antriebssektion hinverlegt wurden, um den von Sensoren erfaßbaren Bereich und die verwundbaren Ausleger zu minimieren. Außerdem wurde als notwendig erachtet, die Hülle mit einer mehrschichtigen Ablativ-Panzerung zu umgeben, was bei der Produktion von Raumschiffen lange Zeit als undurchführbar galt. In ihrer ursprünglichen Rolle als gegen die Borg antretendes Schiff sollten von der *Defiant*-Klasse mindestens sechs Kopien gebaut werden. Die Mission der *Defiant* änderte sich erst zu der Zeit radikal, als das Schiff Ende 2370 bereits die Systemintegrationsphase beendet hatte und letzte Hand an die Hüllenverstärkung gelegt wurde. Geheimdienstliche Ermittlungen hatten zum Problem der Jem'Hadar geführt, und im letzten der Tauglichkeitstests (2372) wurde die NX-74205 nach Deep Space 9 umdirigiert, um zu einer mobilen Verteidigungseinheit zu werden, die den Befehl erhielt, die Raumstation, das Wurmloch und Bajor zu beschützen. Die *Defiant* wurde außerdem für Patrouillenflüge im bajoranischen Sektor und im Gamma-Quadranten eingesetzt, um erforderlichenfalls gegen feindliche Kräfte ins Gefecht zu ziehen. Zudem erhielt sie spezielle Geheimaufträge von Starfleet Command.

U.S.S. Defiant

14.0 UNTERSTÜTZENDE SCHIFFE DER STARFLEET

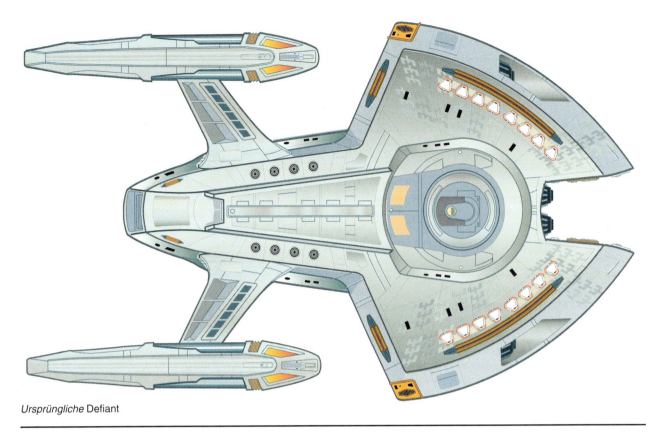

Ursprüngliche Defiant

Frühe technische Konzeptdarstellung der Defiant

14.0 UNTERSTÜTZENDE SCHIFFE DER STARFLEET

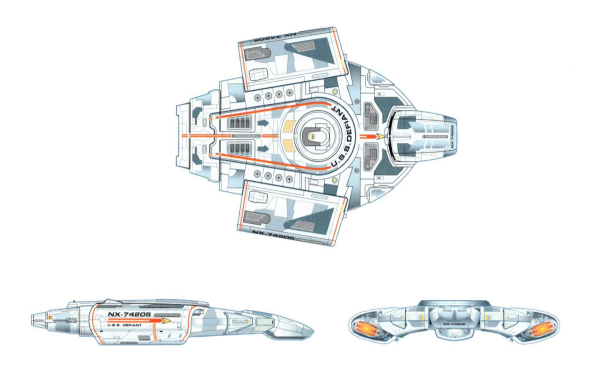

U.S.S. Defiant

RAUMSCHIFFKONSTRUKTION

Die *Defiant* ist aus standardmäßigem Tritanium sowie Duranium-Legierungen und anderen Verbundmetallen gefertigt. Die Brücke ist in ein größeres Deck integriert worden als das, das für das ursprüngliche Modell vorgesehen ist. Das gesamte Schiff ist auf vier Decks geschrumpft, abgesehen von Verbindungstunnel und Kabelschächten. Die mit Aussparungen versehene vordere Hülle ist mit einer entnehmbaren Kapsel ausgestattet, die sich aus dem Hauptsensor, dem Navigationsdeflektor, dem Luftschleusenmodul und einem Materie-Antimaterie-Sprengkopf für ausweglose Situationen zusammensetzt. Die Warpgondeln sind an Bord geholt worden, wobei ein Minimalabstand zur Feld-EM gewahrt blieb. Sämtliche EPS-Energieleitungen für die Waffen sind verkürzt worden, um zwischen dem Aktivierungssignal und dem Strahlaustritt eine fast bei Null liegende zeitliche Verzögerung zu erzielen.

Alle geschützten internen Systeme, die einen Zugriff auf das Schiffsäußere erforderlich machen, sind mit gesonderten und abtrennbaren Hüllenplatten versehen worden, wodurch die meisten vertrauten Bestandteile dem Betrachter verborgen bleiben, unter anderem das Shuttlehangar-Tor, die Andockschleusen, Rettungskapseln, Impulsauslaßöffnungen und die Anschlüsse für den Nachschub an Verbrauchsstoffen. Ein Satz an der Unterseite

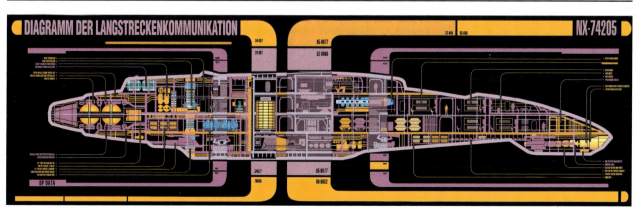

Hauptsystem-Anzeige der U.S.S. Defiant, *Stand 2372*

14.0 UNTERSTÜTZENDE SCHIFFE DER STARFLEET

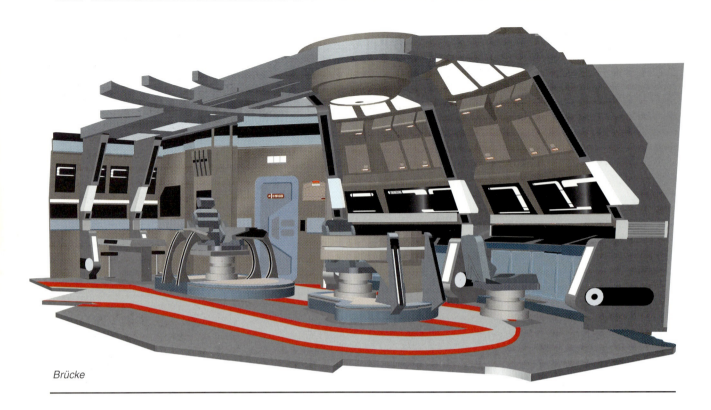

Brücke

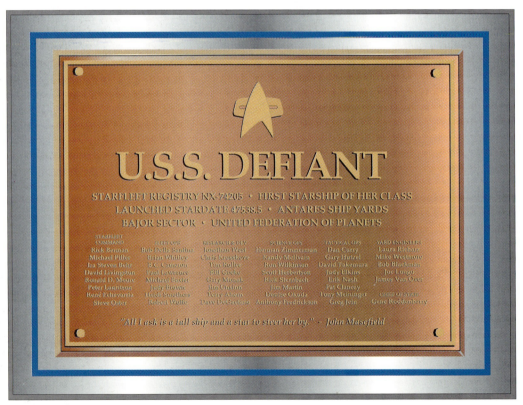

Widmungstafel der U.S.S. Defiant

14.0 UNTERSTÜTZENDE SCHIFFE DER STARFLEET

integrierter Andockklammern sowie Landestreben sind in das Design der Defiant für mögliche entsprechende Operationen bzw. Landungen integriert worden. Eine praktische Anwendung ist bislang nicht erfolgt, Simulationen zeigen aber, daß bei voller Funktionstüchtigkeit der Impuls- und Reaktionskontrolldüsen ein erfolgreicher Start und ein Erreichen einer Geschwindigkeit für den Eintritt in den Orbit wahrscheinlich sind.

KOMMANDOSYSTEME

Die *Defiant* ist mit einer gefechtsbereiten Brücke und entsprechenden schiffsweiten Systemkontrollen ausgestattet. Auf der Brücke befindet sich die übliche Anordnung von Kontrollstationen, erweitert um eine redundante taktische Station, deren Funktion es ist, sich mit der durch die Waffensysteme erhöhten Arbeitsbelastung für die Crew zu befassen. Ein integrierter Lagebildschirm und ein Konferenztisch ermöglichen es der Crew, in Phasen verringerter Gefechtssituationen Strategien und Taktiken zu studieren und zu planen. Der Maschinenraum und die Wissenschaftliche Station sind ebenfalls vertreten und verfügen über eigene ODN-Leitungen zum Hauptcomputer und zu wichtigen Systemen. Keiner von beiden ist jedoch für den Betrieb des Schiffs im Gefecht unbedingt erforderlich. Eine einzelne, im vorderen Bereich befindliche Flugkontroll- (Conn) und Operationsstation (Ops) ersetzt die traditionellen Stationen Steuer und Navigation. Sie steht für einen Trend in den Bereichen Kontrolldesign, computerunterstützende Leit- sowie Navigationssysteme.

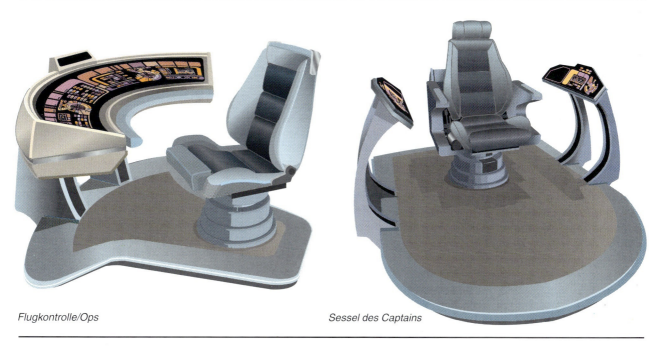

Flugkontrolle/Ops *Sessel des Captains*

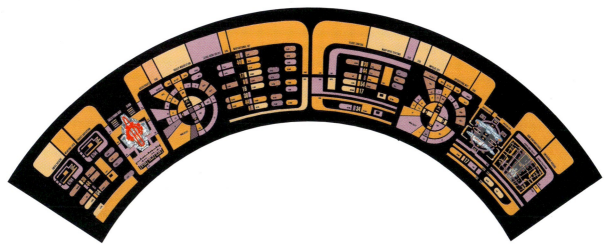

Interface der Conn/Ops-Kontrolle

14.0 UNTERSTÜTZENDE SCHIFFE DER STARFLEET

COMPUTERSYSTEME

Zwei isolineare Prozessorkerne befinden sich direkt hinter der Brücke auf den Decks 2 und 3. Der gesamte Computerkern umfaßt 675 Bänke aus Chromopolymer-Verarbeitungs- und -Lagerplatten, die eine Gesamtkapazität von 246,87 Megaquads besitzen. Das System wird normalerweise von einem EPS-Nebenwiderstand der hinteren Impulsreaktoren gespeist, es kann aber auch durch eine kleinere regulierte EPS-Leitung aus dem Warpkern gespeist werden. Die Kühlung der isolinearen Systeme wird durch eine regenerative Flüssigstickstoff-Schleife erreicht, zu der ein Hitzespeicherblock gehört, der mit Blick auf Geheimoperationen mit Verzögerung entlüftet werden kann. Bei einer typischen Mission werden nur 45 Prozent der Prozessor- und Speicherkapazität des Hauptcomputers benötigt; die übrigen 55 Prozent sind für die Aufnahme geheimer Informationen oder für taktische Operationen oder auch für die Übernahme der Arbeit eines beschädigten Kerns vorbehalten. Die *Defiant* kann mit einem einzigen Kern arbeiten und durch den Einsatz von Komprimierungs- und Streuspeichermethoden sogar wichtige Daten aus einem beschädigten Bereich holen.

Computerkern

WARPANTRIEBSSYSTEM

Der Warpkern befindet sich im hinteren Bereich des Maschinenraums und erstreckt sich vertikal über alle vier Decks. Die Materie-Antimateriereaktions-Baugruppe ist in Deck 3 eingebettet und im oberen Bereich auf Deck 2 von einem umlaufenden Balkon umgeben. Der Kern ist aus einem zentralen Reaktor aus durchscheinendem Aluminium und Duranium mit Dilithiumgelenkrahmen, vierlappigen magnetischen Einbindungssegmentsäulen sowie Materie- und Antimaterieinjektoren gefertigt. Plasmaübertragungsleitungen treten auf Deck 3 aus dem Kern aus und erstrecken sich im rechten Winkel bis zu den Gondeln und den Warpplasma-Injektoren. Zu den Gondeln gehört ein experimentelles In-Line-Impulssystem, das Materiezuführung und -erhitzung in den Gondeln erlaubt und die erhitzten Gase durch eine Raum-Zeit-Treiberbaugruppe in die hintere Abdeckung der Gondel leitet. Antideuterium wird in einer Reihe von Antimateriekapseln der Starfleet auf Deck 3 im Bereich vor dem Warpkern gelagert. Alle vorschriftsmäßigen Warpantriebskontrollen und -abläufe finden auf der *Defiant* Anwendung.

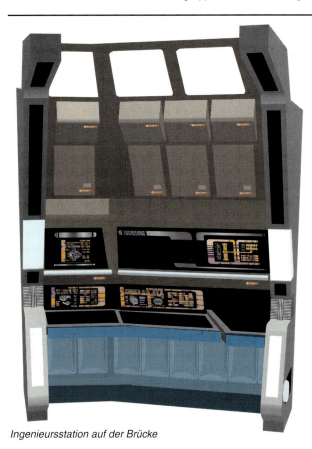

Ingenieursstation auf der Brücke

Warpkern

14.0 UNTERSTÜTZENDE SCHIFFE DER STARFLEET

Maschinenraum

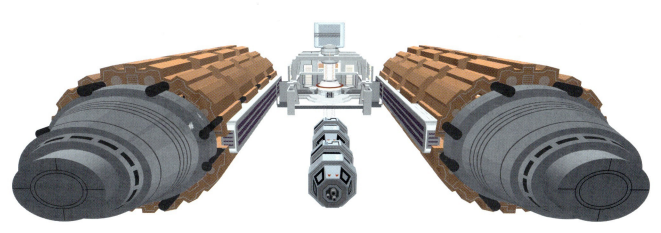

Warpantriebssystem

14.0 UNTERSTÜTZENDE SCHIFFE DER STARFLEET

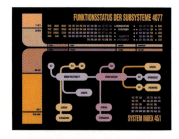
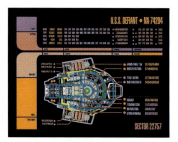
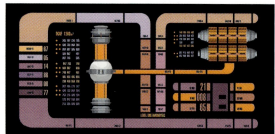
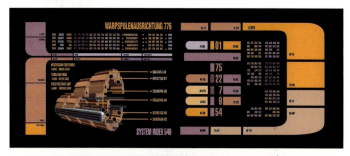
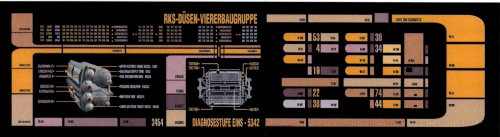

Technische Statusanzeige auf der Brücke

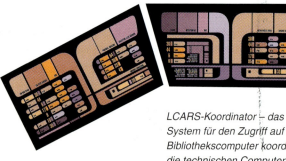
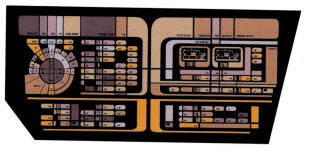

Subsystem-Kontrolle – sekundäre Systemüberwachung

LCARS-Koordinator – das System für den Zugriff auf den Bibliothekscomputer koordiniert die technischen Computerfunktionen zwischen den einzelnen Schiffssystemen

Primärer Systemverwalter – primäre Statusanzeige der technischen Systeme für den Chefingenieur

Ingenieurs-Interfaces auf der Brücke

IMPULSANTRIEBSSYSTEME

Das primäre Impulssystem besteht aus drei paarweise angeordneten, redundanten Fusionsreaktoren, Raum-Zeit-Treiberspulen und vektorisierten Ausstoßausrichtern. Die Ausstoßprodukte können vorübergehend in der Impuls-Mündungshaube zurückgehalten werden, um die Ionen- oder EM-Spur des Schiffs zu minimieren. Sie können auch durch elektroporöse Platten entlang der Oberfläche der Haubenabdeckung entlüftet werden.

Die RKS-Düsen sind von Düsengruppen aus Schiffen der *Galaxy*- und *Ambassador*-Klasse übernommen und angepaßt worden. Insgesamt sind acht solcher Gruppen installiert: zwei in der vorderen Sektion, vier in der mittleren Sektion sowie zwei in der hinteren Haubenabdeckung. Deuterium wird aus den Primärtanks auf Deck 2 und von sofort einsetzbaren Tanks innerhalb der Düsengruppen herangeführt.

Reaktionskontrollsystem-Gruppe

IImpulsantriebe

14.0 UNTERSTÜTZENDE SCHIFFE DER STARFLEET

WISSENSCHAFTLICHE UND FERNABTASTUNGSSYSTEME

Die *Defiant* ist so ausgerüstet, daß sie hochqualifizierte wissenschaftliche Missionen ausführen kann, vor allem solche, die mit Verteidigungsoperationen in Zusammenhang stehen. Zwar sind die Bordsysteme nicht für ausführliche Scan- und Analyseaufgaben ausgerüstet, dennoch können 82 Prozent der standardmäßigen astrophysikalischen, biologischen und planetologischen Abtastungen geleistet werden. Eine Beladung mit zehn Sonden der Klassen 1, 3 und 5 in unterschiedlicher Mischung kann von Deep Space 9 oder von nahe gelegenen Sternenbasen an Bord genommen werden, ergänzt werden kann der Bestand mit von Quantentorpedos abgeleiteten Sonden der Klassen 8 und 9.

Die externen Sensoren mit hoher und niedriger Reichweite sind angepaßte Versionen standardmäßiger Sensorgruppen, sie sind an ausgewählten Stellen hinter der EM-undurchlässigen Hüllenverkleidung montiert. In den meisten Gefechtssituationen können die Sensoransammlungen sich in verstärkte Schächte zurückziehen, bis die Gefahr gebannt ist, um dann in engeren Kontakt zu den Hüllenplatten gebracht zu werden. Alle Sensoreingaben werden im Computerkern aufgezeichnet und analysiert und auf den wissenschaftlichen Anzeigen auf der Brücke oder auf PADDs, Tricordern oder anderen Anzeigeflächen im Schiff dargestellt. Die meisten Sensorsysteme sind für Aufklärungs- und Gefechtsmanöver optimiert worden.

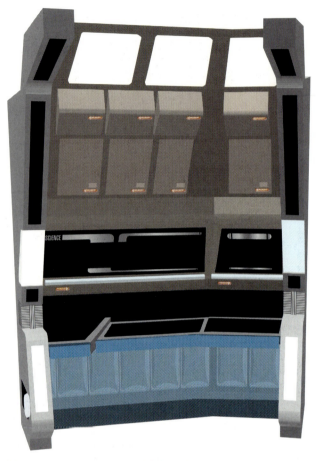

Wissenschaftliche Station auf der Brücke

14.0 UNTERSTÜTZENDE SCHIFFE DER STARFLEET

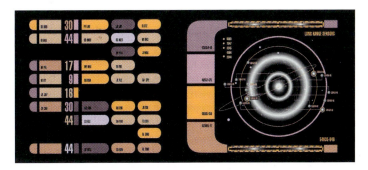
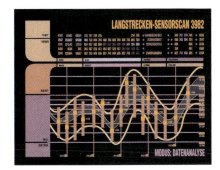

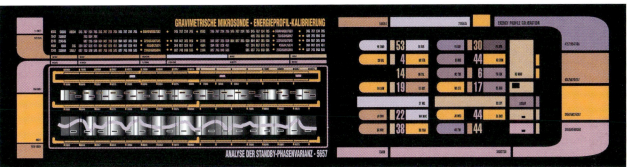

Wissenschaftliche Statusanzeige

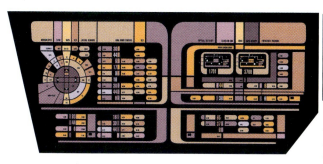

Primärsystem-Verwalter – Zugriff auf Sensoren und interpretierende Software für primäre Missions- und Kommandoinformationen

LCARS-Koordinator – das System für den Zugriff auf den Bibliothekscomputer koordiniert die Computerfunktionen zwischen den einzelnen Schiffsabteilungen und -systemen

Wissenschaftliche Subsystem-Kontrolle – Hilfssystemüberwachung

Interface der Wissenschaftlichen Kontrolle

14.0 UNTERSTÜTZENDE SCHIFFE DER STARFLEET

TAKTISCHE SYSTEME

Die weitaus größte technologische Verbesserung, die in die *Defiant* integriert worden ist, sind die Verteidigungswaffen. Dazu gehören die romulanische Tarnvorrichtung, ablative Panzerung, Impulsphaserkanonen und Quantentorpedos. Alle Waffen werden von den beiden taktischen Stationen auf der Brücke kontrolliert, in einigen Fällen können sie auch über Wiederhol-Flächen oder PADDs von anderen Standorten auf dem Schiff bedient werden, auch wenn dabei besondere Sicherheitsbeschränkungen ins Spiel kommen.

Die Entwicklung der Impulsphaserkanone geht auf eine Reihe von Lektionen zurück, die an der Tokioter Forschungs- und Entwicklungseinrichtung der Starfleet gelernt wurden, wo große, nahezu fehlerlose Emitterkristalle in Mikroschwerkraft-Kammern herangezüchtet worden waren. Die neuen Kristalle erlaubten in Kombination mit schnell entladenden EPS-Speicherbänken und mit auf hoher Geschwindigkeit arbeitenden Strahlfokussier-Spulen, die Phaserentladung kurzzeitig (bis zu 2,3 Nanosekunden) in den Spulen zu speichern und dann als schichtweisen Impuls freizugeben. Der austretende Impuls ist ähnlich einer Zwiebel strukturiert und ist in der Lage, einen Zielkontakt herzustellen, der schwerer zerstreut werden kann als ein Standard-Phaserstrahl. Vier Impulsphaser befinden sich ober- und unterhalb der Übergangsstelle zwischen Gondel und Rumpf.

Zwei Torpedowerfer sind in die obere vordere Gondelabdeckung integriert. Die Werferspulen-Baugruppe, der Gasgenerator, der Reaktionsstofflader und der Torpedotransporter sind Standardausrüstung der Starfleet, die für alle interstellaren Schiffe verwendet wird. Die Systeme können die gemischte Belastung durch Photonen- und Quantentorpedos und alle Sensorsonden bewältigen.

Die ablative Panzerung befand sich seit einigen Jahren in der Entwicklung, doch verschiedene Faktoren, die mit der Materialverfügbarkeit, Instabilität, Phaser- und Torpedowiderstandskraft sowie langen Vorlaufzeiten bei der Produktion zu tun haben, laufen einem breitgefächerten Einsatz auf Schiffen an der Front zuwider. Die Panzerung arbeitet in zwei Stufen. Für den Fall einer Disruption der Schildumhüllung wird Phaser- oder thermale EM-Energie über die Hüllenoberfläche zerstreut, oberhalb einer nicht bekannten Schwelle wird diese Energie von der Molekularmatrix mit kontrollierter Geschwindigkeit abgegeben. Damit wird ein Großteil der Strahlenergie des Treffers abgeleitet. In den meisten Fällen löst dieses Abgeben eine Partikelwolke mittlerer Dichte aus, die zusätzlich helfen kann, den eintreffenden Strahl zu verteilen.

Vor den langwierigen Feindseligkeiten, die dem Verlust der Jem'Hadar-Flotte im Wurmloch folgten, wurde auf der *Defiant* eine von der romulanischen Regierung leihweise zur Verfügung gestellte Tarnvorrichtung installiert. Es ist zwar bekannt, daß keine Tarnung narrensicher ist, doch hilft diese Vorrichtung dabei, das Schiff so unentdeckt wie möglich zu belassen. Zahlreiche Inkompatibilitäten mußten überwunden werden, insbesondere beim Energiesystem, bei der Kühlung und bei den Kontrolleingabe-Verbindungen. Was den kontinuierlichen Einsatz und die regelmäßige Wartungen angeht, unterliegt die Tarnvorrichtung den gleichen Nutzungseinschränkungen wie auf romulanischen Schiffen.

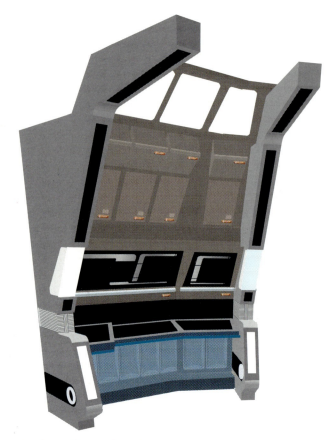

Taktische Station auf der Brücke

Romulanische Tarnvorrichtung

14.0 UNTERSTÜTZENDE SCHIFFE DER STARFLEET

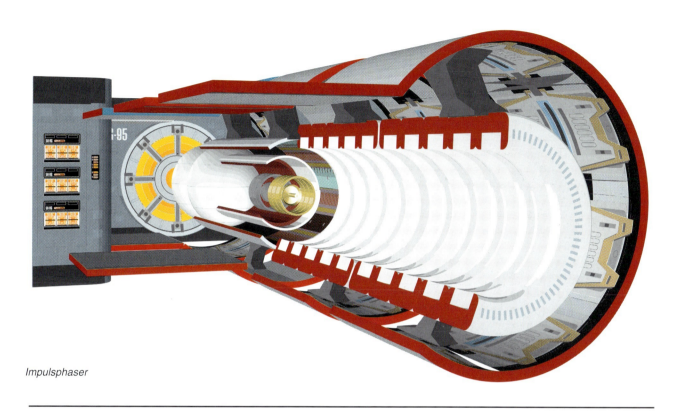

Impulsphaser

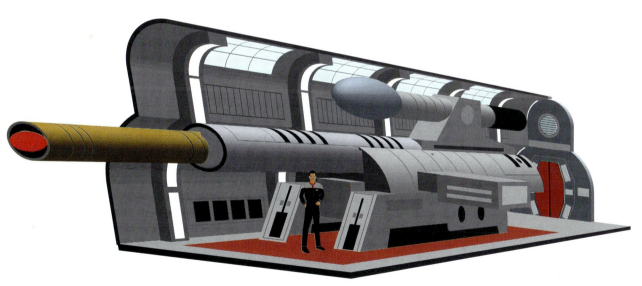

Standardmäßiger Sonden- und Torpedowerfer

14.0 UNTERSTÜTZENDE SCHIFFE DER STARFLEET

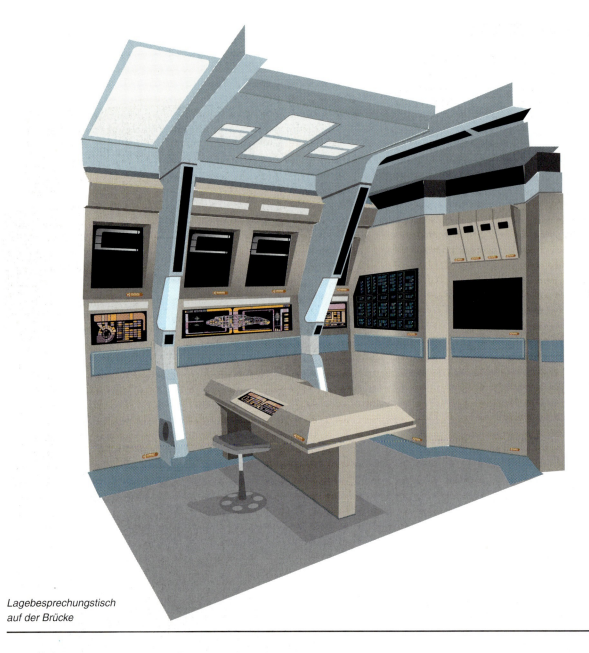

Lagebesprechungstisch auf der Brücke

Ingenieursteams der Starfleet sind in grundlegender Tarntechnologie und Systemwartungen geschult worden.

Zu den anderen Waffen an Bord der *Defiant* gehören der abnehmbare Sprengkopf, die Selbstzerstörungsautomatik und spezielle Waffensysteme. Die Sprengkopf-Sektion verfügt über einen eigenen Miniatur-Impulsantrieb und ein Magazin mit sechs Photonentorpedo-Sprengköpfen. Diese Sprengköpfe sind außerdem mit dem Selbstzerstörungssystem verbunden. Für den Fall, daß der Sprengkopf gestartet werden muß, werden standardmäßige Befehlsautorisierungsprotokolle befolgt. Der Sprengkopf wird abgefeuert und während des Transits scharfgemacht. Man geht davon aus, daß der Sprengkopf nur unter den aussichtslosesten Bedingungen gestartet wird, also kurz vor der Selbstzerstörung. Das übrige Selbstzerstörungssystem besteht aus sechzehn zusätzlichen Photonentorpedo-Sprengköpfen sowie aus den Freigabebefehlen für alle Sicherheitsverschlüsse an den Materie- und Antimaterietanks. Die speziellen Waffensysteme bestehen gegenwärtig aus selbstreplizierenden Minen und besonders zugeschnittenen Sprengladungen, die in die Gehäuse von Photonentorpedos integriert sind.

Der Einsatz aller Verteidigungssysteme kann nach Offiziers- und Crewbesprechungen geplant und ausgeführt werden, die oft am Lagebesprechungstisch auf der Brücke abgehalten werden. Da die *Defiant* nicht mit einem Bereitschaftsraum ausgestattet ist, wird ein kleiner Bereich im hinteren Teil der Brücke benutzt, der von Monitoren und Computerhardware umgeben ist.

VERSORGUNGS- UND HILFSSYSTEME

An Bord der *Defiant* sind alle EPS-, Flüssigkeitstransfer- und ODN-Leitungen, atmosphärische sowie andere Energie- und Verbrauchsstoffsysteme installiert. Die EPS-Leitungen und die ODN-Faserbündel sind mit Ummantelungen aus mehrschichtig gewebtem Polyduranium verstärkt. Die Schwerkraft an Bord wird durch 153 verbesserte Stator-Rotor-Schwerkraftgeneratoren erzeugt. Feststoffentsorgung wird von Komprimierungs- und Zerlegungseinheiten übernommen. Die Replikatoren sind bestückt, um die Crew mit Nahrung und anorganischen Produkten zu versorgen; verbunden sind sie mit den Rohmaterie- und Recyclingtanks. Cryogenische Brennstoffe werden in standardmäßigen magnetisch-peristaltischen Leitungen transportiert. Turbolifte mit begrenzter Ladekapazität erlauben vor allem auf die Länge bezogen den Zugang zu den wichtigsten Räumlichkeiten auf dem Schiff. Eine geringe Anzahl Jefferies-Röhren ermöglicht den Zugriff auf Systeme, die sich zwischen oder hinter wichtigen Abteilungen und Deckstrukturen befinden.

KOMMUNIKATION

Alle standardmäßigen RF- und Subraumkommunikationssysteme sind installiert, zusätzlich stehen Kapazitäten für engstrahlige und verschlüsselte Signalübertragung und den entsprechenden Empfang zur Verfügung. Getarnte Kommunikation ist durch den Einsatz modulierter Impulsausstoß-Ströme und Navigationsdeflektorstrahlen möglich. Ein Satz von drei primären und drei Reserve-Subraumnotrufbaken steht für den Einsatz in Notsituationen zur Verfügung.

TRANSPORTERSYSTEME

Auf der *Defiant* finden sich normalerweise ein Primär- und ein Reservetransporter auf Deck 1. Die Moduleinheit stellt eine um 45 Prozent reduzierte Version des standardmäßigen Musterspeichertanks und der molekularen Bildscanner dar, die man auf größeren Raumschiffen vorfindet. Der Transporter wird von einem Impulssystem-EPS-Anschluß gespeist und ist durch eine mehrschichtige Duranium-Ummantelung EM-abgeschirmt. Die Transporter-Emitterflächen an der Außenhülle sind mit elektroporösen Platten gepanzert, was vom Computer eine genauere Kontrolle im Hinblick auf die Verweildauer von Zielen betrifft, die sowohl von als auch an Bord gebeamt werden.

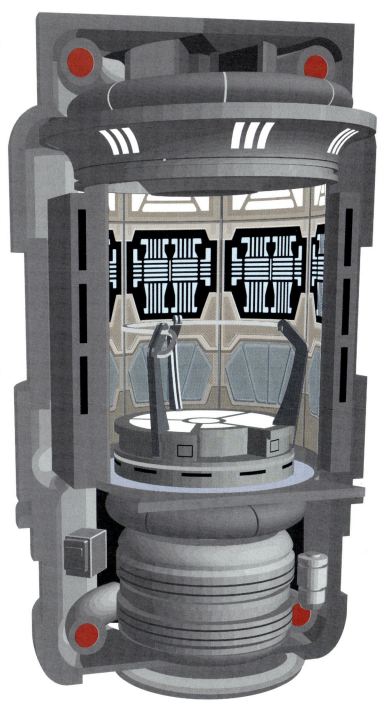

Transporter

14.0 UNTERSTÜTZENDE SCHIFFE DER STARFLEET

UMWELTSYSTEME

Die *Defiant* ist mit dem Starfleet-Standardsatz an Lebenserhaltungseinrichtungen und -vorräten ausgestattet. Es wird eine normale Umgebung der Klasse M beibehalten, die aber in drei Quartieren für Lebensformen der Klassen H, K oder L angepaßt werden kann. Alle atmosphärischen Bedingungen, Heizung und Luftfeuchtigkeit können auf jedem Deck und in jeder Sektion kontrolliert werden. Alle speicherbaren Gase und Flüssigkeiten sowie die Übertragungs- und Manipulationshardware sind auf alle vier Decks und im Maschinenraum verteilt.

INFRASTRUKTURSYSTEME FÜR DAS PERSONAL

Die primären Infrastruktursysteme für das Personal umfassen die 22 Hauptkabinen, zehn Großraumcrewkabinen, Replikatoren und Offiziersmesse sowie die Krankenabteilungen. Die Crewkabinen sind mit minimal zwei Betten ausgestattet, sie können für bis zu sechs Personen erweitert werden, wenn die potentielle Gesamtzahl der Crewmitglieder auf 192 aufgestockt werden soll. Die normale Crewstärke liegt bei 40 Personen. Die Krankenstation ist klein, sie bietet Platz für vier Betten, deren Anzahl auf sechs erweitert werden kann; außerdem ist ein wenig Raum für Operationen vorbehalten. Die Replikatoren sind mit den Rohmaterie- und Recyclingvorräten verbunden und bieten Menüs für unterschiedliche Kulturen an. Ein Replikatorenpaar ist in der Offiziersmesse installiert.

Typisches Crewquartier

Replikator

14.0 UNTERSTÜTZENDE SCHIFFE DER STARFLEET

BEHELFSRAUMFAHRZEUG-SYSTEME

Die *Defiant* kann bis zu vier kleine Shuttles mit den Maßen 4,5 x 3,1 x 1,8 Meter aufnehmen, von denen jedes zwei Crewmitglieder zur Bedienung sowie vier Passagiere oder eine entsprechende Frachtmenge transportieren kann. Dieses Shuttle ist auf Impulsflug beschränkt, kann aber kurzzeitig mit Überlichtgeschwindigkeit fliegen, wenn es bei Warpgeschwindigkeit die *Defiant* verläßt. Das Shuttle ist vielseitig einsetzbar, wie z. B. für ein fluchtartiges Verlassen des Raumschiffs, für Operationen auf Planetenoberflächen und für den Schiff-zu-Schiff-Transfer. Das Raumfahrzeug ist mit eingeschränkter Phaserbewaffnung ausgestattet, kann aber so modifiziert werden, daß verschiedene kleine Waffensysteme zum Einsatz kommen können.

SHUTTLE VOM TYP 10

Das Shuttle vom Typ 10, der Shuttlehangar und die unterstützende Ausrüstung für das All sind im Rahmen der kontinuierlichen technischen Testbewertungen der Starfleet erst jüngst auf der *Defiant* eingerichtet worden. Andere Starfleet-Abteilungen, vor allem die, die für die Entwicklung von Behelfsfahrzeugen, den Einsatz von Defensivwaffen und für die Umweltkontroll- und Lebenserhaltungssysteme verantwortlich sind, beobachten die Leistungen des Shuttles vom Typ 10, um festzustellen, ob eine flottenweite Produktion gestartet werden soll.

Die *Chaffee* ist das Shuttle vom Typ 10, das gegenwärtig der *Defiant* zugeteilt ist. Es handelt sich um ein viersitziges, vielseitig verwendbares Shuttle, das auf dem Modell des Typs 6 basiert; es ist mit kleineren Versionen des auf Raumschiffen verwendeten Impuls- und Warpantriebs ausgerüstet. Das Schiff hat eine Länge von 9,64 m, eine Breite von 5,82 m und eine Höhe von 3,35 m. Das Leergewicht beträgt 19,73 t, womit es geringfügig schwerer ist als ähnliche Shuttles, was in der größeren Warpspulen-Baugruppe begründet ist. Die Warpgondeln sind den gepanzerten Antriebssektionen der *Defiant* nachempfunden. Die RKS-Düsen stammen aus den Ersatzteilbeständen des Typs 6.

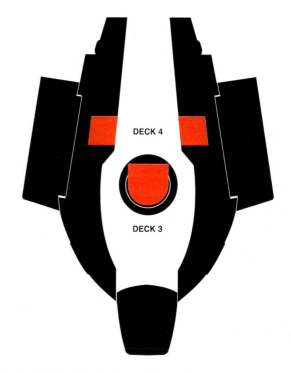

Standort der Shuttes – Deck 3 und Deck 4

Die Verteidigungssysteme entsprechen denen der meisten anderen Behelfsraumfahrzeuge, sie umfassen Phaseremitter, Mikrotorpedo-Werfer, Schilde und Vorrichtungen zur Störung von Signalen.

Zu den bordeigenen Computersystemen gehört eine verkürzte Version des Computerkerns aus den Runabouts der *Danube*-Klasse, der in fünf Sammelprozessoren partitioniert wer-

Shuttle

Shuttle

14.0 UNTERSTÜTZENDE SCHIFFE DER STARFLEET

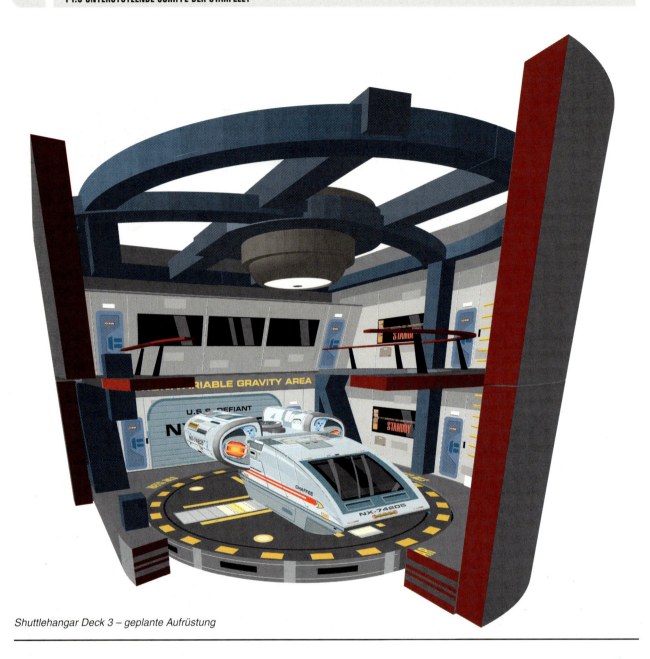

Shuttlehangar Deck 3 – geplante Aufrüstung

den ist, um eine Optimierung der Ergebnislieferung zu erreichen. Vorkehrungen sind getroffen worden für bioneurale Gelpacks und Aufrüstungen.

Systeme für die Landung auf Planeten umfassen sowohl festinstallierte als auch bewegliche Vorrichtungen. In diesem Modell findet sich auch alle andere benötigte Hardware, z. B. Positionslichter, Norfallsender, Transporter, Druckanzüge und Überlebensrationen.

Der Shuttlehangar ist unmittelbar unter der Brücke der *Defiant* übergreifend auf den Decks 3 und 4 eingebaut worden. Der dafür benutzte Raum war ursprünglich für spätere Computer- und Waffensysteme vorgesehen. Er besteht aus einem hinteren Wartungshangar und geteilten Toren, der Bereich kann durch Kraftfelder isoliert oder geschützt werden. In beiden Sektionen steht eine variable Schwerkraftkontrolle zur Verfügung, auf die bei Starts, Bergungen und bestimmten Reparaturen zugegriffen werden kann. Eine rundum verlaufende Empore kann dafür genutzt werden, Wartungsarbeiten und Flugeinsätze zu überwachen. Ein großer zentraler Traktorstrahlemitter ist sowohl für normale als auch für Notfall-Andockvorgänge installiert worden, unterstützt wird er von einer Serie von 16 kleineren Andockstrahlemittern, die für das Bewegen von Fahrzeugen mit geringer Geschwindigkeit vorgesehen sind.

FLUGOPERATIONEN DER U.S.S. DEFIANT

Für die *Defiant* als einzelnes, nicht teilbares interstellares Schiff gelten alle Standardflugregeln. Zu den gegenwärtigen

14.0 UNTERSTÜTZENDE SCHIFFE DER STARFLEET

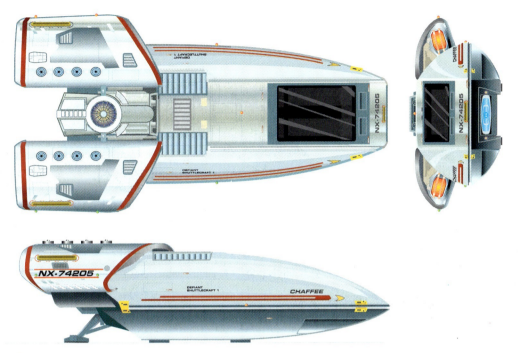

Shuttle vom Typ 10

Missionstypen gehören taktische und Verteidigungs-, Notfall- und Rettungseinsätze sowie in zweiter Linie wissenschaftliche Untersuchungen. Die Funktionsmodi lauten unter anderem Flug, Gelbalarm, Rotalarm, externe Unterstützung und Energiereduzierung.

NOTFALLMASSNAHMEN

Neben der Fluchtmöglichkeit, die durch Shuttles geschaffen wird, gilt als eigentliches Überlebensraumfahrzeug die Starfleet-Rettungskapsel. Die Kapsel existiert derzeit in Form von zwei Haupttypen, einer Version für sechs und einer für acht Personen; sie ist 3,6 m hoch, die hexagonale Fläche hat einen Durchmesser von 3,5 m. Jede Rettungskapsel verfügt über eine ausreichende Menge an Verbrauchsstoffen sowie Recyclingkapazitäten, um die Crew acht Monate am Leben zu halten. Werden mehrere Rettungskapseln im sogenannten „Gänsemarsch-Modus" zusammengeschlossen, erhöht sich dieser Überlebenszeitraum. Jede von ihnen ist mit Navigationsprozessoren und Mikro-Impulsdüsen ausgestattet, außerdem mit einem Subraum-Kommunikationssystem. Die Einheiten an Bord der *Defiant* sind speziell modifiziert worden, um unter den Bedingungen des anhaltenden Krieges weniger gut sichtbar zu sein und eine minimale EM-Spur zu hinterlassen.

SCHLUSSFOLGERUNG

Die *Defiant* wird in absehbarer Zukunft ein Testraumschiff sein, auch wenn die Raumschiffklasse in begrenztem Umfang in Produktion gegangen ist. Daher wird sie weiter das NX in der Registriernummer behalten. Alle Systeme, die sich unter günstigen und Gefechtsbedingungen bewähren, werden den im Bau befindlichen Einheiten hinzugefügt, während im Dienst befindliche Fahrzeuge nachgerüstet werden. Dazu gehören aber keine neuen Tarnvorrichtungen, solange die romulanische Regierung und hochrangige Vertreter, die über die Einhaltung des Vertrags von Algeron wachen, keine anderslautende Entscheidung treffen.

Rettungskapsel

14.0 UNTERSTÜTZENDE SCHIFFE DER STARFLEET

14.2 RUNABOUT DER DANUBE-KLASSE

Das Runabout ist ein vielseitig einsatzbereites Raumschiff mit Antriebs- und Frachtkapazitäten, die einem größeren Schiff entsprechen. Das Projekt der *Danube*-Klasse begann 2363 als Fahrzeugstudie der ASDB auf der Suche nach einem Schiff, das eine große Bandbreite von Wissenschafts-, Nachschub- und Personaltransport-Missionen erfüllen kann. Der Prototyp, die *U.S.S. Danube* NX-72003, wurde 2365 bei der Utopia Planitia-Flottenwerft in Auftrag gegeben, die ersten Testflüge auf der Marsoberfläche wurden 2368 absolviert. Das fertige Modell ist 23,1 m lang, 13,7 m breit und 5,4 m hoch. Während die *Danube* die ersten Warptestflüge innerhalb des Solarsystems unternahm, befand sich die erste Produktionsreihe bereits in der letzten Fertigstellungsphase. Die ersten fünf Runabouts, die in den Flottenbestand überstellt wurden, waren die *U.S.S. Rio Grande*, *U.S.S. Mekong*, *U.S.S. Orinoco*, *U.S.S. Yangtzee Kiang* und die *U.S.S. Rubicon*, die alle nach Flüssen auf der Erde benannt wurden.

MISSIONSZIELE

Die Vorgaben der Starfleet für das Projekt *Danube*-Klasse legten die wichtigsten Ziele fest, die damit angestrebt werden sollten. Dazu gehörten die Fähigkeiten, bei kurzen Reaktionszeiten den Transport wissenschaftlicher Expeditionen zu übernehmen, als orbitale oder planetarische Basis für wissenschaftliche Missionen zu dienen, intakte Experiment- und Frachtmodule von Ort zu Ort zu bringen sowie Notfall- und taktische Missionen auszuführen, deren Umfang nur durch die bordeigenen Vorräte an Brennstoff, Waffen und Verbrauchsstoffen begrenzt wird. Die Liste der taktischen Missionen ist auf verdeckte Operationen zur Erlangung geheimdienstlicher Informationen, auf Personaleinschleusung und -rückholung sowie nicht näher ausgeführte Störungen feindlicher Aktivitäten begrenzt, sofern ihre Durchführung vertretbar ist.

Alle Runabout-Aktivitäten werden von sechs Start- und Wartungshangars aus geleitet, die für die ersten drei nach Deep Space 9 geschickten Schiffe eingerichtet wurden. Diese Hangars sind in 60-Grad-Intervallen auf den Habitatring verteilt und liegen zwischen stützenden Schotten. Alle Wohnquartiere in der unmittelbaren Nähe der neuen Hangars wurden entweder zu Arbeitsbereichen umgewandelt oder vor potentiellen Detonationen durch Unfälle und anderen Energiefreisetzungen abgeschirmt. Alle übrigen, mehr als zwei Decks entfernten Quartiere blieben unberührt und wurden nur mit einem einfachen reaktiven Lärmschutz versehen.

Die Plattform der Start- und Landerampe stellt die obere Baugruppe im Runabout-Aufzugsystem dar. In diesen Flächen befinden sich alle Navigations-RF- und Subraumkommunikationshilfen, Lande- und Startlichter sowie selbstgreifende Vertäuungsstreifen. Wenn diese Streifen erst einmal vom Näherungsvektor-Subsystem eingestellt worden sind, stellen sie eine stabile Befestigung auf EM-Basis dar.

Das Innere des Wartungshangars ist geräumig genug, um ein einzelnes Runabout oder mindestens zwei Shuttle unterzubringen. Wenn der Aufzug völlig nach unten gefahren ist, kann das über ihm befindliche Zugangstor verschlossen werden. Kraftfeldgeneratoren stehen außerdem zur Verfügung, um die Atmosphäre für den Fall zurückzuhalten, daß das Tor nicht vollständig geschlossen werden kann. Die Runabouts können über eine bewegliche Luftschleuse mit Zugangstunnel oder durch die Hauptzugangsschleuse betreten und verlassen werden. Die austauschbaren Module der Runabouts werden alle in den Räumlichkeiten unmittelbar neben der Aufzugplattform aufbewahrt. Fracht sowie wissenschaftliche und Verteidigungsladungen können innerhalb der sich über zwei Ebenen erstreckenden Einrichtung be- und entladen, gereinigt und repariert werden. Umfassende Arbeiten an den Runabouts können ebenfalls in den Wartungseinrichtungen ausgeführt werden.

Der Aufzug ist eine Kombination aus elektrohydraulischem und Spannungsspeichermechanismus, der das 2,5fache des Gewichts eines Runabouts heben kann, das typischerweise 158,7 t wiegt. In vielen Fällen umfaßt die Sequenz vor dem Beginn des Hebevorgangs ein Herunterschalten der örtlichen Schwerkraftmatten, um die Belastungen für das Aufzugsystem zu reduzieren.

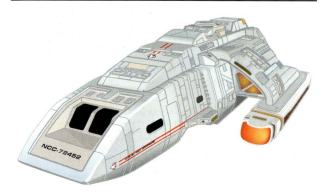

Runabout der Danube-Klasse

14.0 UNTERSTÜTZENDE SCHIFFE DER STARFLEET

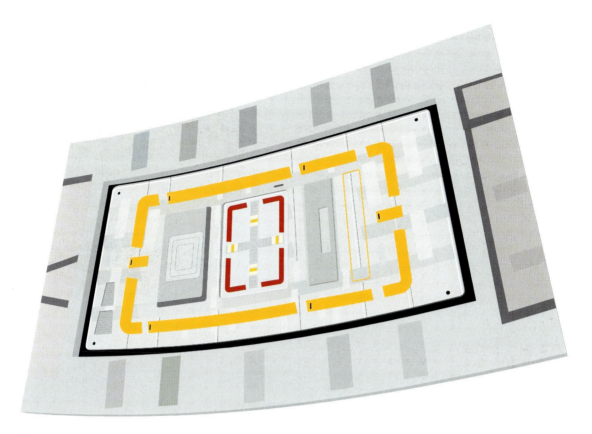

Runabout-Plattform

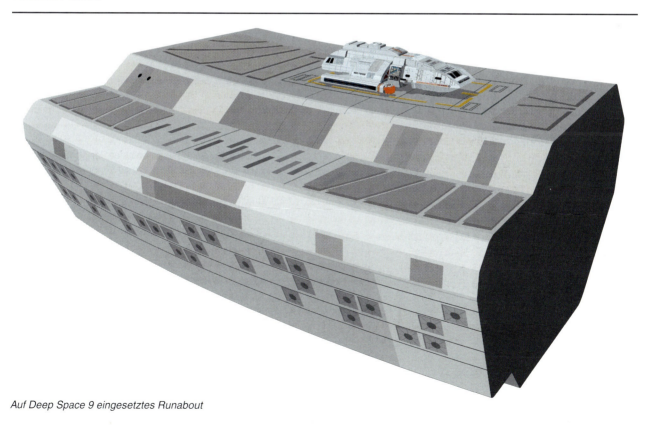

Auf Deep Space 9 eingesetztes Runabout

14.0 UNTERSTÜTZENDE SCHIFFE DER STARFLEET

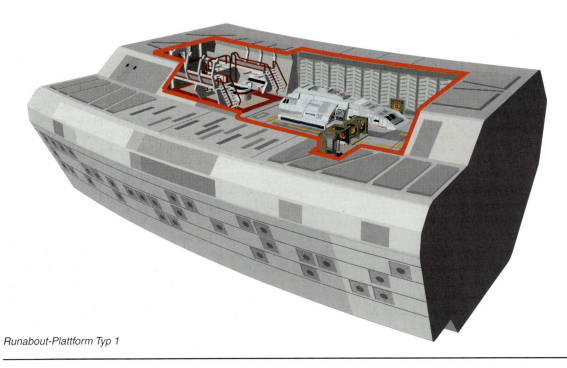

Runabout-Plattform Typ 1

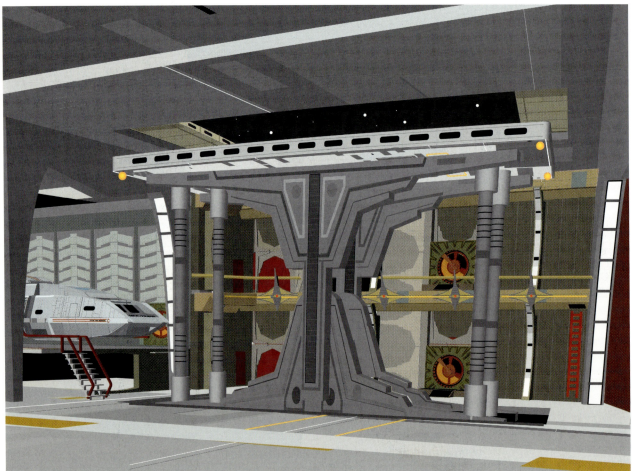

Runabout-Plattform Typ 2

RAUMSCHIFFSTRUKTUREN

Das Runabout der *Danube*-Klasse setzt sich aus sieben Komponenten zusammen. Das Rückgrat dieses Schiffs verläuft auf dessen Oberseite und stellt die erste Baugruppe bei der Konstruktion dar. Es wird um den linear-radialen Warpantriebskern und die hintere RKS-Gruppe ergänzt, dabei werden Verbindungen zu den Gondelpylonen geschaffen, insbesondere die für Energieübertragungsleitungen. Die Pylone werden dann mit dem Rückgrat verbunden. Unterhalb der Pylone befinden sich die Impulsantriebsmodule, die separate Deuterium-Brennstoffvorräte aus dem Warpkern-Brennstoff enthalten. Die letzte grundlegende Stufe bei dieser Baugruppe besteht in der Montage der Warpgondeln.

Sind diese fünf Schritte abgeschlossen, werden die drei untergeschobenen, abnehmbaren Komponenten des Rumpfs hinzugefügt. Das Crewcockpit, die Multimissions-Module und die Wohnquartiere am Heck werden an Ort und Stelle gebracht und verbunden. Das Rückgrat enthält einen eingebauten Korridor mit rekonfigurierbaren Versiegelungen, die luftdichte und EM-geschützte Verbindungen zwischen den Modultüren und den Versorgungsleitungen herstellen. In das Rückgrat ist auch eine kleine Jefferies-Röhre eingebaut, um Zugang zum Warpkern und anderen Schiffssystemen zu erhalten.

Die Modulbauweise des Runabouts bietet eine große Bandbreite an Missionsoptionen. Gegenwärtig sind Module in vier Haupteinteilungen verfügbar: Einzel-, XY-Halb- und XZ-Halb- sowie Viertelbeladung. Das Modul für die Einzelbeladung stellt sich als eine große Einheit dar, die eine zentrale Einkerbung und nach unten weisende Frachttüren aufweist. Die XY-Halbbeladung entspricht der halben Einzelbeladung, verläuft aber entlang einer Seite der Frachtsektion. Je nach Mission stehen auch andere Größen zur Verfügung. Module können auf Raumschiffen transportiert und vor der Ablieferung auf Deep Space 9, einer Einrichtung auf einer Planetenoberfläche oder einer Sternenbasis beladen werden.

In Einzelfällen können spezielle Labormodule zu Einrichtungen im Orbit oder auf einer Planetenoberfläche gebracht und zurückgelassen werden, damit sie entweder bedient werden oder automatisch arbeiten, um später wieder geborgen zu werden. Ladungen zu Verteidigungszwecken, Notunterkünfte und zusätzliche Runabout-Wohnquartiere können im Standardgehäuse des Moduls untergebracht werden. Die Energie kann vom bordeigenen EPS-System durch Unterbodenleitungen geliefert werden, sie kann aber auch aus Brennstoffzellen oder Mikrofusionsquellen im Modul selbst erzeugt werden.

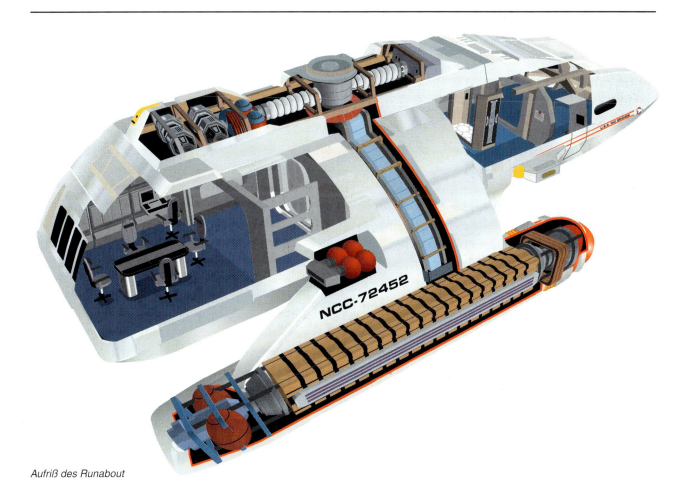

Aufriß des Runabout

14.0 UNTERSTÜTZENDE SCHIFFE DER STARFLEET

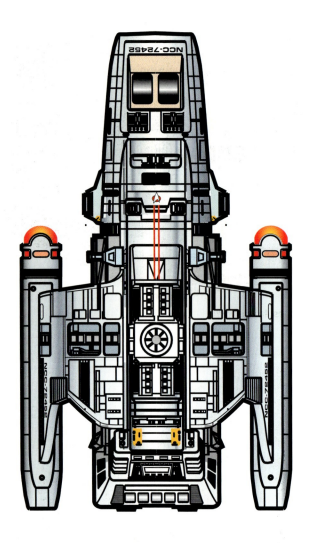
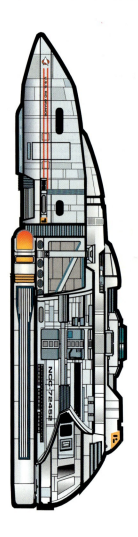

Runabout der Danube-Klasse

14.0 UNTERSTÜTZENDE SCHIFFE DER STARFLEET

Spezielles Arbeitsmodul

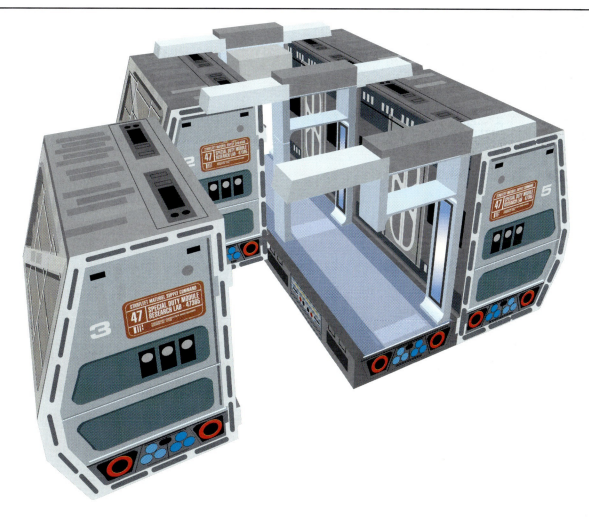

Modulbauweise für das Runabout

STAR TREK – DEEP SPACE NINE: DAS TECHNISCHE HANDBUCH

14.0 UNTERSTÜTZENDE SCHIFFE DER STARFLEET

Cockpit des Runabout

KOMMANDOSYSTEME

Das Design des Runabout-Cockpits ist aus den kombinierten bestehenden Systemen der Shuttles und der Rettungskapseln abgeleitet worden. Es besitzt die Möglichkeit, in einem Notfall abgetrennt zu werden, um danach entweder weiter durchs All zu fliegen oder auf einer Planetenoberfläche zu landen. Die vordere Sektion enthält alle Flugsysteme sowie die Bedienflächen der technischen und taktischen Systeme. Die primären Flugkontrollen sind an den beiden mittleren Stationen doppelt vorhanden, allerdings sieht die normale Konfiguration so aus, daß die Backbordstation für die Kontrollen des Missionscommanders programmiert ist, während sich auf Steuerbordstation die Kontrollen für den Runaboutpiloten befinden. Die hintere Backbordstation kontrolliert – wenn sie besetzt ist – die taktischen Systeme, was in erster Linie dem Zweck dient, die Arbeitsbelastung der Steuercrew zu verringern. Die hintere Steuerbordstation überwacht die Funktionen des Antriebs. Sämtliche standardmäßigen Raumschiff-Funktionen werden über das Cockpit kontrolliert, das mit der Brücke eines großen Raumschiffs verglichen werden kann.

Flugkontrollstation im Cockpit

14.0 UNTERSTÜTZENDE SCHIFFE DER STARFLEET

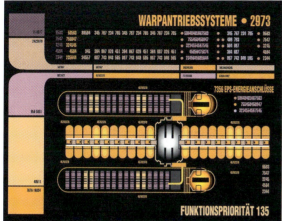
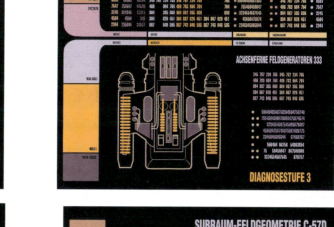
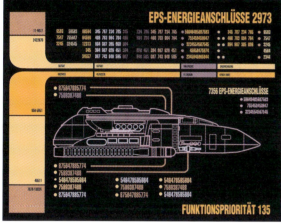
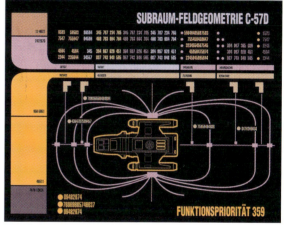

Anzeigen über den Schiffsstatus

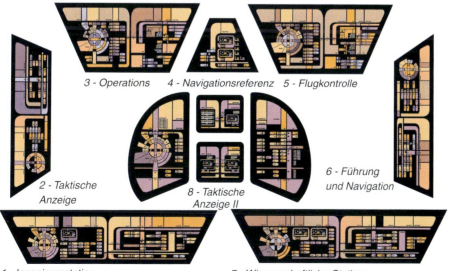
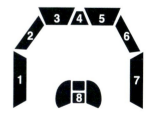

1 - Ingenieursstation
2 - Taktische Anzeige
3 - Operations
4 - Navigationsreferenz
5 - Flugkontrolle
6 - Führung und Navigation
7 - Wissenschaftliche Station
8 - Taktische Anzeige II

Kontrollinterfaces des Runabouts

STAR TREK – DEEP SPACE NINE: DAS TECHNISCHE HANDBUCH 159

14.0 UNTERSTÜTZENDE SCHIFFE DER STARFLEET

COMPUTERSYSTEME

Der Computerkern des Runabout befindet sich im Boden des Cockpits und mißt 2,3 x 2,1 x 1,3 m. Das Zwillingskern-Konzept, das auf den meisten Starfleet-Schiffen anzutreffen ist, trifft auch auf das Runabout zu. Der Computer verfügt über insgesamt 186 isolineare Bänke und 53 Befehlsvorprozessoren sowie Datenanalyse-Einheiten. Isolineare Unterknoten, die auf dem Runabout verteilt sind, berichten dem Kern, allerdings werden diese Verbindungen getrennt, wenn das Cockpit abgetrennt wird. Der Kern sorgt unter allen Umständen für eine zuverlässige Flugkontrolle des Cockpit-Moduls.

Computerkern

WARPANTRIEBSSYSTEME

Das Warpantriebssystem des Runabout verwendet einen horizontalen Materie-Antimaterie-Reaktionsplan, bei dem sich der Deuteriumtank am vorderen Ende des Rückgrats und zwei standardmäßige Antideuteriumkapseln an dessen hinterem Ende befinden. Reaktionsstoff-Injektoren und magnetische Rückhaltebaugruppen lenken den Brennstoff in eine abgeflachte Kammer, die für eine Spiralwellenübertragung der Plasmaenergie zu den Pylonen optimiert ist. Zwar wirkt das gesamte Warpantriebssystem durch seine Position an den Außenseiten des Schiffs bloßgelegt und verwundbar, doch ist das Risiko mit dem vergleichbar, das für Raumschiffe mit tief eingebetteten Kernen besteht. Feindlichen Energiewaffen und Torpedodetonationen kann dadurch begegnet werden, daß ein Teil der Warpenergie direkt in die Verteidigungsschildgeneratoren geleitet werden kann.

Warpantriebssystem

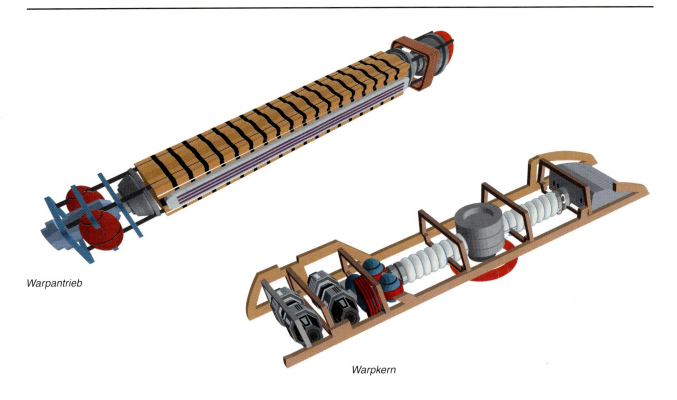
Warpantrieb

Warpkern

IMPULSANTRIEBSSYSTEME

Die *Danube*-Klasse verwendet acht kleinere Impulsfusionsreaktoren, Raum-Zeit-Treiberspulen und vektorierte Auslaßrichter. Die Impulsantrieb-Module sind erreichbar, indem sie von den Pylonen der Warpgondeln abgenommen werden; sie enthalten alle erforderliche Hardware für den Impulsflug, darunter interstellare oder atmosphärische Einlaßventile und Kondensatoren-Separatoren für die Destillation von verflüssigtem Brennstoff. Kontroll- und Brennstoffquerverbindungen werden durch standardmäßige magnetische Leitungen und ODN-Faserbündel geschaffen.

TAKTISCHE SYSTEME

Runabouts verfügen typischerweise über keine andere Bewaffnung als über sechs Standardphaserstreifen, von denen zwei nach vorne gerichtet sind, sich zwei auf den Gondeln und zwei auf dem Wohnmodul am Heck befinden. In den letzten Jahren sind für Einsätze im Alpha-Quadranten 13,3-cm-Mikrotorpedos eingesetzt worden, außerdem Abschußsysteme, die in die Multifunktionsmodule eingebaut sind, um mindestens vier vollwertige Photonen- oder Quantentorpedos aufzunehmen. Im Fall der Mikrotorpedos ist eine ausfahrbare Abschußvorrichtung in die Sensorgruppe unterhalb des Cockpits eingebaut worden. Der Geschützverschluß und das Torpedomagazin können vom Cockpit-Inneren über eine Bodenluke erreicht werden. Der Mikrotorpedo ist mit einer Miniatur-Fusionssteuerdüse ausgestattet, geladen werden kann er mit einer Vielzahl von chemischen Sprengstoffen oder anderen explosiven Materialien wie beispielsweise Gasen oder biologischen Kampfstoffen. Im wissenschaftlichen Modus kann der Werfer eine Subminiatur-Sensorsonde der Klasse 1-S auf den Weg schicken.

Der Abschuß eines Photonen- oder Quantentorpedos aus dem Runabout erfolgt ohne Magnetschacht-Werfer. Das Leit- und Navigationssystem des Torpedos versucht, den programmierten Kurs beizubehalten, kann aber während der ersten 3,7 Sekunden im Antriebsflug Schwierigkeiten erfahren. Danach werden die Leitanforderungen deutlich geringer, während sich der Torpedo in +Z-Richtung bewegt.

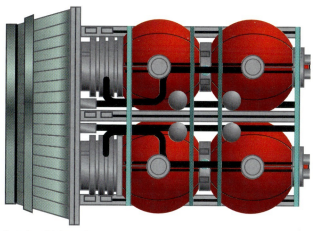

Impulsantriebssystem

ANDERE SYSTEME UND DIE INFRASTRUKTUR FÜR DAS PERSONAL

Alle übrigen Systeme sowie die Infrastruktur für das Personal sind mit denen auf der *Defiant* identisch. Das Runabout ist mit einem Transporter, Sensoren, einem vollwertigen Lebenserhaltungssystem, Schwerkrafterzeugung sowie Notfallsystemen und medizinischen Kits ausgerüstet. Vier Notfalldruckanzüge stehen ebenso zur Verfügung, außerdem eine Auswahl an Handphasern des Typs 2.

SCHLUSSFOLGERUNG

Die anhaltende Produktion der Runabouts aus der *Danube*-Klasse ist von Starfleet auf absehbare Zeit genehmigt, auch wenn bereits ein Nachfolgemodell von der ASDB ersten Designbeurteilungen und Systemsimulationen unterzogen wird. Rahmenstruktur und Systembearbeitung sind kopiert und auf drei weitere Standorte – außer der Utopia-Planitia-Werft – verteilt worden, so daß die schnelle Auslieferung von Ersatz-Runabouts nicht unterbrochen wird, abgesehen von den Arbeitsprioritäten der Starfleet und der Verfügbarkeit notwendiger Materialien.

Werfersystem für Mikro-Quantentorpedos

Mikro-Torpedo

Zentimeter

14.0 UNTERSTÜTZENDE SCHIFFE DER STARFLEET

14.3 WORK BEE

Die Work Bee ist ein kleines, mit einem Mikrofusionsantrieb ausgerüstetes Nutzfahrzeug, das von der Starfleet seit 2268 ununterbrochen eingesetzt wird. Das Basisdesign hat sich kaum verändert, die internen Systeme sind von Zeit zu Zeit aufgerüstet worden. Das Fahrzeug ist in der Lage, Einzeloperationen durchzuführen, die mit der Inspektion von Weltraum-Hardware, Reparaturen, Montagen und anderen derartigen Aktivitäten zusammenhängen. Die Work Bee bietet einem einzelnen Crewmitglied Platz, das normalerweise zumindest einen Notfalldruckanzug trägt, um sich vor einem plötzlichen Druckabfall zu schützen. Bei bestimmten Anwendungen trägt der Benutzer einen vollwertigen Schutzanzug, damit er das Fahrzeug verlassen kann, um Arbeiten auszuführen, die mit den fernbedienbaren Werkzeugen der Work Bee nicht erledigt werden können. Das Cockpitmodul mißt 4,11 x 1,92 x 1,90 m und wiegt 1,68 Tonnen.

In ihrer Funktion als Frachttransporter wird die Work Bee mit einem oder mehreren Frachtmodulen verbunden, die durch einen Rahmen zusammengefaßt sind. Dieser Rahmen verfügt über zusätzliche RKS-Düsen, die von der Flugkontrolle der Work Bee per Subraum- oder RF-Verbindung gesteuert werden. Für Inspektions-, Montage- oder Reparaturaufgaben wird ein Paar aufsetzbarer Waldos verwendet, die an einer Aussparung an der Unterseite angeschlossen und per Computerkontrolle oder Joystick gesteuert werden. Sprachbefehle und Computerroutinen kommen zur Entlastung des Piloten gleichfalls zum Einsatz.

Das bordeigene Lebenserhaltungssystem liefert dem Piloten atembare Gase, trinkbares Wasser und Kühlung für einen Zeitraum von 15 Stunden. Die gesamte Zellen- und Mikrofusions-EPS-Energie wird mit 76,4 Stunden angegeben, wodurch vor einem Wiederaufladen mehrere Einsatzflüge ermöglicht werden. Die Fenstertransparenz kann auf Licht- und ausgewählte EM-Durchlässigkeit eingestellt werden. Die Gravitation für den Pilotensessel kann verstärkt werden, jedoch scheinen die meisten Benutzer bei der Arbeit an großen Schiffen und Sternenbasen eine schwerelose Umgebung zu bevorzugen, um die Desorientierung minimal zu halten. Das Kommunikationssystem unterstützt bis zu 25 Kanäle für eine maximale Koordination verschiedener Work-Bee-Aufgaben. Alle Kanäle können als Notsender benutzt werden, wenn der Pilot in Schwierigkeiten gerät. Bei bestimmten weiterentwickelten Ausstattungen wird die Gesundheit des Piloten vom Bordcomputer im Rahmen der standardmäßigen Ablaufbeurteilung ständig beobachtet. Wenn das System irgendwelche von den Normalwerten abweichende Resultate erhält, wird der Notruf ausgelöst, woraufhin die Work Bee autonom zur Andockbucht geflogen wird, um den Piloten zu retten.

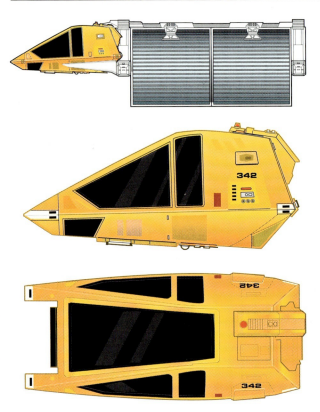

Work Bee

Work Bee

Aufriß der Work Bee

14.4 STRATEGISCHE KRÄFTE DER STARFLEET

STARFLEET-SCHIFFSTYPEN, DIE AN DEN STATIONSBEZOGENEN GEFECHTEN BETEILIGT SIND

Acht wichtige Klassen warptauglicher Schiffe waren von entscheidender Bedeutung beim Sieg während der „Operation Rückkehr", der ersten umfassenden militärischen Aktion der Starfleet mit mehreren Flottengruppen seit der Schlacht bei Wolf 359. Von vier weiteren Klassen wurden Schiffe in kleineren Stückzahlen vom Patrouillendienst im Beta-Quadranten abgezogen, um die siebte und die neunte Flotte in den Gefechten im bajoranischen Sektor zu verstärken. In den Monaten vor der Militäraktion nahm Starfleet eine Reihe von Veränderungen an den Schiffsbauplänen in allen Flottenwerften vor, darunter auch in den drei Montagebasen außerhalb der Verteidigungsperimeter der Starfleet.

Neben den folgenden Klassen wurden bei mindestens 178 zum Teil fertiggestellten Konstruktionen, für die Verschrottung vorgesehen Schiffen und raumtauglichen Warpantriebssystemen rasch der Einsatz von Prototyptechnik sowie Generalüberholungen vorgenommen. Die Schiffe, deren Struktur weit vorangeschritten war, wurden hastig in Dienst gestellt und getestet, wobei viele von ihnen weder einen formellen Namen noch eine Registrierungsnummer erhielten. Einigen provisorischen Bezeichnungen für Schiffe, die die Operation überstanden haben, wurde in einem formellen Beurteilungsprozeß zugestimmt, sie dürften in den offiziellen Schiffsbestand übernommen werden. Als Beispiel für die angewendeten Montageabläufe, die bei einigen der bestehenden Klassen zum Einsatz kamen, sind eine Reihe von Schiffen der Galaxy-Klasse zu nennen, die aus dem Produktionsablauf des Innenausbaus genommen, mit zusätzlichen Waffen bestückt und mit einem nicht ausgebauten Raum von 65 Prozent des Gesamtvolumens vom Stapel liefen.

Die nachfolgenden Seitenansichten, Datenangaben und die maßstabsgerechten Darstellungen entsprechen den allgemeinen Raumschiffspezifikationen und externen Konfigurationen. Alle Werte gelten für die Basisdesigns der Schiffsklassen, müssen aber nicht zwangsläufig alle möglichen Varianten, Werftänderungen oder praktischen Modifikationen repräsentieren.

RAUMSCHIFF DER GALAXY-KLASSE

PRODUKTIONSORT: ASDB-Integrationseinrichtung; Utopia Planitia-Werft, Mars
TYP: Forschungsschiff
MANNSCHAFT: 1012 Offiziere und Crewmitglieder; 200 Besucher; 15 000 Personen Evakuierungslimit
ANTRIEB: Ein 1500-Plus-Cochrane-Warpkern, der zwei Gondeln speist; ein Impulssystem in der Antriebssektion, zwei Impulssysteme in der Untertassensektion
ABMESSUNGEN: Länge 642,51 m; Breite 463,73 m; Höhe 195,26 m
MASSE: 4 500 000 Tonnen
LEISTUNG: Warp 9,6 für 12 Stunden; Warp 9,9 für 12 Stunden (aufgerüstet)
BEWAFFNUNG: Elf Phaseremitter vom Typ 10; zwei Photonentorpedo-Werfer

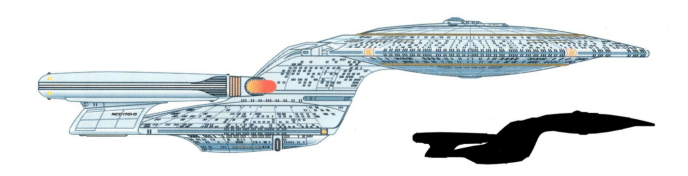

14.0 UNTERSTÜTZENDE SCHIFFE DER STARFLEET

RAUMSCHIFF DER NEBULA-KLASSE
PRODUKTIONSORT: ASDB-Integrationseinrichtung; Utopia-Planitia-Werft, Mars
TYP: Forschungsschiff
MANNSCHAFT: 750 Offiziere und Crewmitglieder; 130 Besucher; 9800 Personen Evakuierungslimit
ANTRIEB: Ein 1500-Plus-Cochrane-Warpkern, der zwei Gondeln speist; ein Impulssystem
ABMESSUNGEN: Länge 442,23 m; Breite 318,11 m; Höhe 130,43 m
MASSE: 3 309 000 Tonnen
LEISTUNG: Warp 9,6 für 12 Stunden; Warp 9,9 für 12 Stunden (aufgerüstet)
BEWAFFNUNG: Acht Phaseremitter vom Typ 10; zwei Photonentorpedo-Werfer

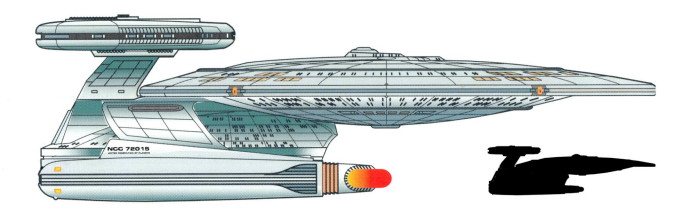

RAUMSCHIFF DER EXCELSIOR-KLASSE
PRODUKTIONSORT: ASDB-Integrationseinrichtung; Utopia-Planitia-Werft, Mars
TYP: Forschungsschiff
MANNSCHAFT: 750 Offiziere und Crewmitglieder; 130 Besucher; 9800 Personen Evakuierungslimit
ANTRIEB: Ein 1500-Plus-Cochrane-Warpkern, der zwei Gondeln speist; ein Impulssystem
ABMESSUNGEN: Länge 511,25 m; Breite 195,64 m; Höhe 86,76 m
MASSE: 2 350 000 Tonnen

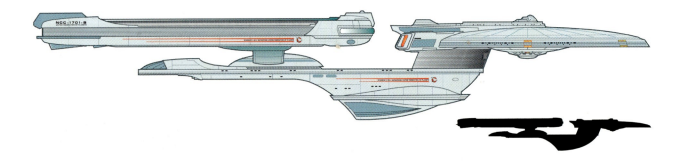

14.0 UNTERSTÜTZENDE SCHIFFE DER STARFLEET

RAUMSCHIFF DER DEFIANT-KLASSE (PROTOTYP)
PRODUKTIONSORT: ASDB-Integrationseinrichtung; Antares-Flottenwerft, Antares IV
TYP: Begleitschiff
MANNSCHAFT: 40 Offiziere und Crewmitglieder; 150 Personen Evakuierungslimit
ANTRIEB: Ein 1500-Plus-Cochrane-Warpkern, der zwei Gondeln speist; zwei Impulsmodule
ABMESSUNGEN: Länge 170,68 m; Breite 134,11 m; Höhe 30,1 m
MASSE: 355 000 Tonnen
LEISTUNG: Warp 9,982 für 12 Stunden
BEWAFFNUNG: Vier Impulsphaserkanonen; zwei Torpedowerfer

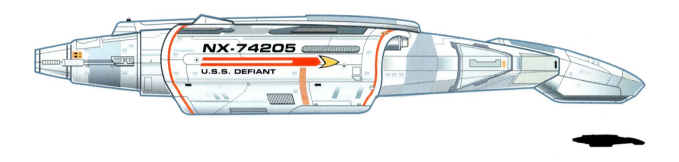

RAUMSCHIFF DER AKIRA-KLASSE
PRODUKTIONSORT: ASDB-Integrationseinrichtung; Antares-Flottenwerft, Antares IV
TYP: Schwerer Kreuzer
MANNSCHAFT: 500 Offiziere und Crewmitglieder; 4 500 Personen Evakuierungslimit
ANTRIEB: Ein 1500-Plus-Cochrane-Warpkern, der zwei Gondeln speist; ein Impulssystem
ABMESSUNGEN: Länge 464,43 m; Breite 316,67 m; Höhe 87,43 m
MASSE: 3 055 000 Tonnen
LEISTUNG: Warp 9,8 für 12 Stunden
BEWAFFNUNG: Sechs Phaseremitter vom Typ 10; zwei Photonentorpedowerfer

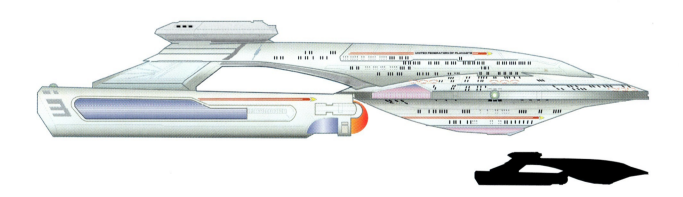

14.0 UNTERSTÜTZENDE SCHIFFE DER STARFLEET

RAUMSCHIFF DER MIRANDA-KLASSE

PRODUKTIONSORT: ASDB-Integrationssektion, Integrationseinrichtung der Sternenbasis 134, Rigel VI
Typ: Mittlerer Kreuzer
MANNSCHAFT: 220 Offiziere und Crewmitglieder; 500 Personen Evakuierungslimit
ANTRIEB: Ein 1500-Plus-Cochrane-Warpkern, der zwei Gondeln speist; ein Impulssystem
ABMESSUNGEN: Länge 277,76 m; Breite 173,98 m; Höhe 65,23 m
MASSE: 655 000 Tonnen
LEISTUNG: Warp 9,2 für 12 Stunden
BEWAFFNUNG: Sechs Phaseremitter vom Typ 7; zwei Impulsphaser-Kanonen; zwei Photonentorpedowerfer

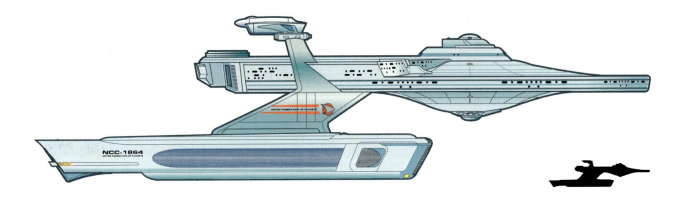

RAUMSCHIFF DER NORWAY-KLASSE

PRODUKTIONSORT: ASDB-Integrationseinrichtung; Raumdock 1, Erde
TYP: Mittlerer Kreuzer
MANNSCHAFT: 190 Offiziere und Crewmitglieder; 500 Personen Evakuierungslimit
ANTRIEB: Ein 1500-Plus-Cochrane-Warpkern, der zwei Gondeln speist; ein Impulssystem
ABMESSUNGEN: Länge 364,77 m; Breite 225,61 m; Höhe 52,48 m
MASSE: 622 000 Tonnen
LEISTUNG: Warp 9,7 für 12 Stunden
BEWAFFNUNG: Sechs Phaseremitter vom Typ 10; zwei Photonentorpedowerfer

14.0 UNTERSTÜTZENDE SCHIFFE DER STARFLEET

RAUMSCHIFF DER SABER-KLASSE

PRODUKTIONSORT: ASDB-Integrationssektion; Raumdock 1, Erde
TYP: Leichter Kreuzer
MANNSCHAFT: 40 Offiziere und Crewmitglieder; 200 Personen Evakuierungslimit
ANTRIEB: Ein 1500-Plus-Cochrane-Warpkern, der zwei Gondeln speist; zwei Impulssysteme
ABMESSUNGEN: Länge 364,77 m; Breite 225,61 m; Höhe 52,48 m
MASSE: 310 000 Tonnen
LEISTUNG: Warp 9,7 für 12 Stunden
BEWAFFNUNG: Vier Phaseremitter vom Typ 10; zwei Photonentorpedo-Werfer

Die folgenden Raumschiffe wurden aus geborgenen Komponenten, in Arbeit befindlichen Komponenten sowie aus Baugruppen zusammengesetzt, die von den jeweiligen Flottenwerften hergestellt wurden. Die Schiffe, die nicht zerstört oder zu stark beschädigt wurden, als daß sie noch geborgen werden konnten, wurden zu Basen und Werften der Starfleet zurückgebracht, um sie zu ihrer entsprechenden Klasse zurückzubauen oder nach der Reparatur wieder in den Dienst zurückkehren zu lassen.

RAUMSCHIFF DER INTREPID/CONSTITUTION-KLASSE (VARIANTION)

PRODUKTIONSORT: ASDB-Integrationseinrichtung; Orbitalraumdock McKinley, Erde
TYP: Mittlerer Kreuzer
MANNSCHAFT: 225 Offiziere und Crewmitglieder
ANTRIEB: Ein 1500-Plus-Cochrane-Warpkern, der zwei Gondeln speist; zwei Impulsmodule
ABMESSUNGEN: Länge 444,39 m; Breite 155,44 m; Höhe 87,78 m
MASSE: 1 300 000 Tonnen

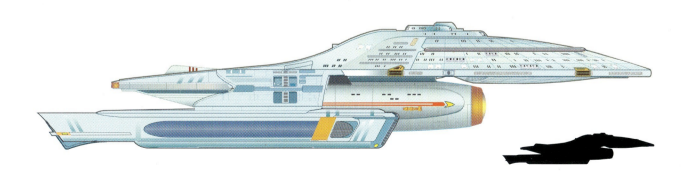

14.0 UNTERSTÜTZENDE SCHIFFE DER STARFLEET

RAUMSCHIFF DER EXCELSIOR-KLASSE (VARIATION)
PRODUKTIONSORT: ASDB-Integrationseinrichtung; Utopia-Planitia-Werft, Mars
TYP: Mittlerer Kreuzer
MANNSCHAFT: 315 Offiziere und Crewmitglieder
ANTRIEB: Ein 1500-Plus-Cochrane-Warpkern, der zwei Gondeln speist; zwei Impulssysteme
ABMESSUNGEN: Länge 381,87 m; Breite 320,16 m; Höhe 78,54 m
MASSE: 870 000 Tonnen
LEISTUNG: Warp 9,6 für 12 Stunden
BEWAFFNUNG: Neun Phaseremitter vom Typ 9; zwei Photonentorpedo-Werfer

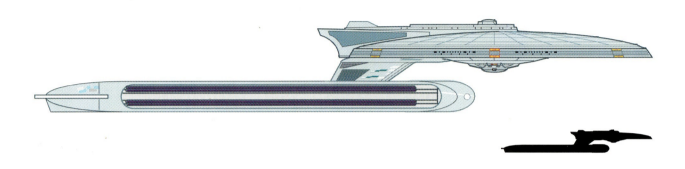

RAUMSCHIFF DER EXCELSIOR/CONSTITUTION-KLASSE (VARIATION)
PRODUKTIONSORT: ASDB-Integrationseinrichtung; Utopia-Planitia-Werft, Mars
TYP: Mittlerer Kreuzer
MANNSCHAFT: 290 Offiziere und Crewmitglieder
ANTRIEB: Zwei 1500-Plus-Cochrane-Warpkern, die zwei Gondeln speisen; vier Impulssystem
ABMESSUNGEN: Länge 383,41 m; Breite 195,64 m; Höhe 148,50 m
MASSE: 1 270 000 Tonnen
LEISTUNG: Warp 9,75 für 12 Stunden
BEWAFFNUNG: Zehn Phaseremitter vom Typ 9; zwei Photonentorpedo-Werfer

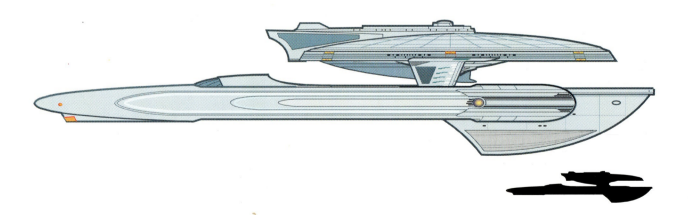

14.0 UNTERSTÜTZENDE SCHIFFE DER STARFLEET

RAUMSCHIFF DER EXCELSIOR-KLASSE

PRODUKTIONSORT: ASDB-Integrationseinrichtung; Utopia-Planitia-Werft, Mars
TYP: Mittlerer Kreuzer
MANNSCHAFT: 275 Offiziere und Crewmitglieder
ANTRIEB: Ein 1500-Plus-Cochrane-Warpkern, der drei Gondeln speist; ein Impulssystem
ABMESSUNGEN: Länge 288,33 m; Breite 173,98 m; Höhe 74,85 m
MASSE: 660 000 Tonnen
LEISTUNG: Warp 9,6 für 12 Stunden
BEWAFFNUNG: Acht Phaseremitter vom Typ 9; zwei Photonentorpedo-Werfer

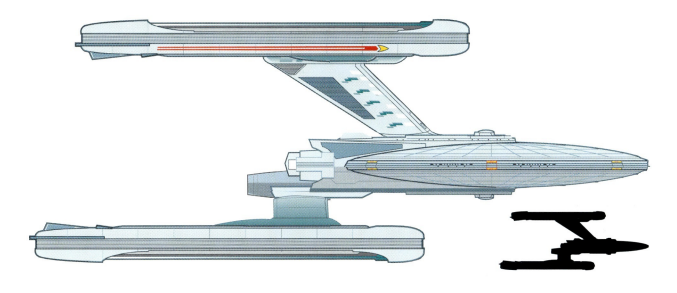

RAUMSCHIFF DER CONSTITUTION-KLASSE (VARIATION)

PRODUKTIONSORT: ASDB-Integrationseinrichtung; Orbitalraumdock McKinley, Erde
TYP: Leichter Kreuzer
MANNSCHAFT: 115 Offiziere und Crewmitglieder
ANTRIEB: Ein 1500-Plus-Cochrane-Warpkern, der zwei Gondeln speist; zwei Impulsmodule
ABMESSUNGEN: Länge 364,84 m; Breite 155,44 m; Höhe 93,26 m
MASSE: 650 000 Tonnen
LEISTUNG: Warp 9,75 für 12 Stunden
BEWAFFNUNG: Elf Phaseremitter vom Typ 10; vier Photonentorpedo-Werfer

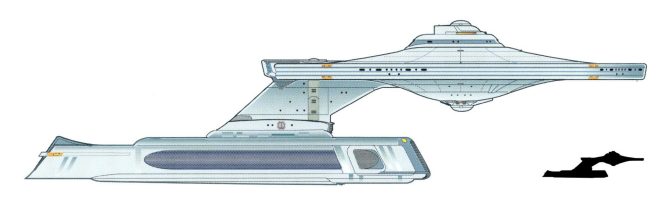

14.0 UNTERSTÜTZENDE SCHIFFE DER STARFLEET

RAUMSCHIFF DER INTREPID-KLASSE

PRODUKTIONSORT: ASDB-Integrationseinrichtung; Utopia-Planitia-Werft, Mars
TYP: Leichter Kreuzer
MANNSCHAFT: 204 Offiziere und Crewmitglieder
ANTRIEB: Ein 1500-Plus-Cochrane-Warpkern, der zwei Gondeln speist; ein Impulssystem
ABMESSUNGEN: Länge 402,11 m; Breite 195,64 m; Höhe 58,69 m
MASSE: 550 000 Tonnen
LEISTUNG: Warp 9,55 für 12 Stunden
BEWAFFNUNG: Sieben Phaseremitter vom Typ 8; ein Photonentorpedo-Werfer

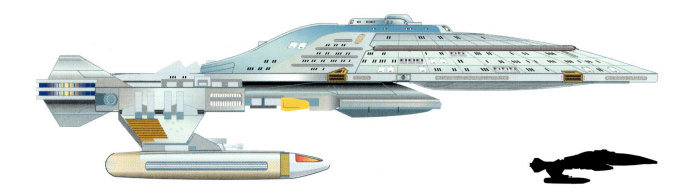

15.0 ALLIIERTE RAUMSCHIFFE

Dieser Abschnitt befaßt sich mit den Schiffen, die von Alliierten eingesetzt wurden. Der Begriff des Alliierten definiert sich hier nach den Verträgen der Vereinten Föderation der Planeten. Aufgrund der wechselhaften Beziehungen zur romulanischen Regierung und der damit verbundenen Unklarheit über die militärischen Absichten sind deren Schiffe den Beschreibungen feindlicher Raumfahrzeuge zugeordnet worden.

15.1 BAJORANISCHE RAUMSCHIFFE

BAJORANISCHES IMPULSSCHIFF
PRODUKTIONSORT: Gesicherte Fabrik der bajoranischen Miliz #5
TYP: Kampfschiff
MANNSCHAFT: Zwei Crewmitglieder
ANTRIEB: Ein Mikrofusions-Impulssystem (Typ Fighter); Coanda-zyklisches chemisches/Lufteinlaß-System (Typ Raider)
ABMESSUNGEN: Länge 33,10 m; Breite 33,17 m; Höhe 11,23 m
MASSE: 108,96 Metertonnen
LEISTUNG: Maximaler Delta-v, 15.600 m/s
BEWAFFNUNG: Sechs oder mehr Phasen-Polaronen-Strahlwaffen; möglicherweise andere Waffen

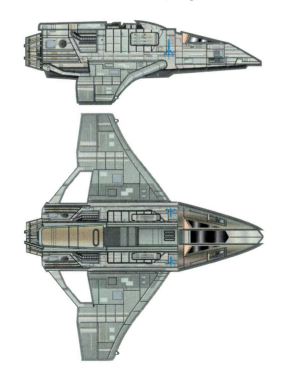

15.0 ALLIIERTE RAUMSCHIFFE

BAJORANISCHES ANGRIFFSSCHIFF

PRODUKTIONSORT: Gesicherte Fabrik der bajoranischen Miliz #5
TYP: Transporter
MANNSCHAFT: Zwölf Crewmitglieder; 200 und mehr Truppenangehörige
ANTRIEB: Vier gekoppelte Mikrofusions-Impulssysteme
ABMESSUNGEN: Länge 140,72 m; Breite 221,76 m; Höhe 51,76 m
MASSE: 96 500 Tonnen
LEISTUNG: Maximaler Delta-v, 15 600 m/s
BEWAFFNUNG: Sechs oder mehr Phasen-Polaronen-Strahlwaffen; möglicherweise andere Waffen

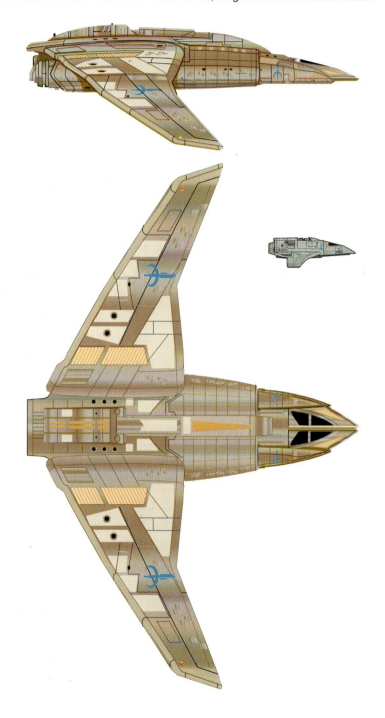

15.2 KLINGONISCHE RAUMSCHIFFE

ANGRIFFSKREUZER DER VOR'CHA-KLASSE
PRODUKTIONSORT: Orbitalfabrikationsbasis Qo'noS
TYP: Schwerer Kreuzer
MANNSCHAFT: 1 900 plus Flugcrew und Truppen
ANTRIEB: Ein M/A-Warpsystem; zwei Impulssysteme
ABMESSUNGEN: Länge 481,32 m; Breite 341,76 m; Höhe 106,87 m
MASSE: 2 238 000 Tonnen
LEISTUNG: Warp 9,6
BEWAFFNUNG: 18 auf dem Schiff montierte Disruptoren; ein großer, nach vorne gerichteter Disruptor; drei Torpedowerfer

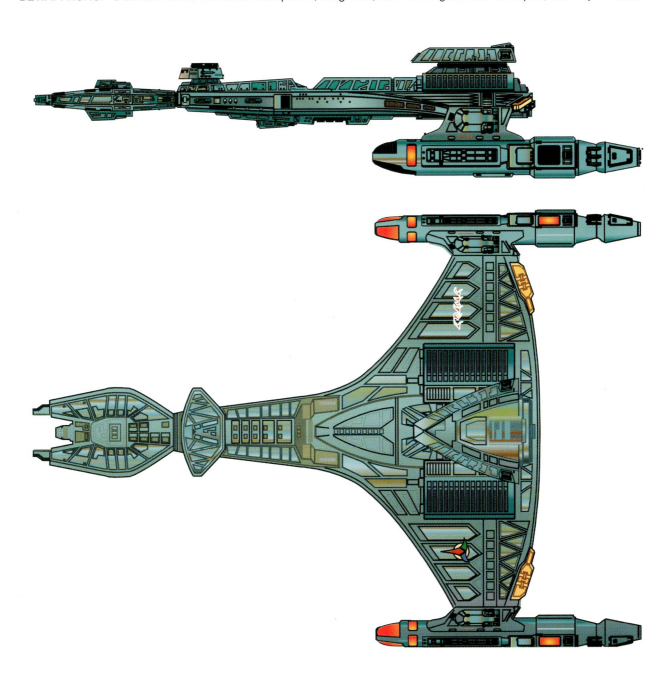

15.0 ALLIIERTE RAUMSCHIFFE

ANGRIFFSKREUZER DER NEGH'VAR-KLASSE

PRODUKTIONSORT: Orbitalfabrikationsbasis Qo'noS
TYP: Schwerer Transporter
MANNSCHAFT: 2 500 plus Flugcrew und Truppen
ANTRIEB: Zwei M/A-Warpsysteme; vier Impulssysteme
ABMESSUNGEN: Länge 682,32 m; Breite 470,09 m; Höhe 136,65 m
MASSE: 4 310 000 Tonnen
LEISTUNG: Warp 9,6
BEWAFFNUNG: 20 auf dem Schiff montierte Disruptoren; ein großer, nach vorne gerichteter Disruptor, vier Torpedowerfer

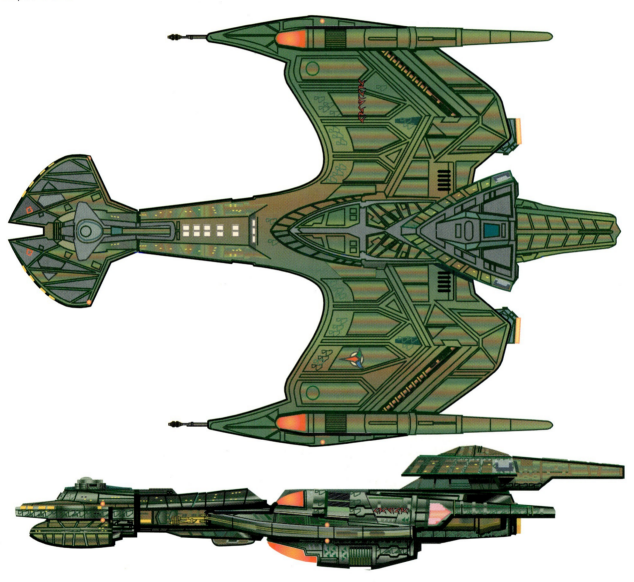

BIRD-OF-PREY DER B'REL-KLASSE/KREUZER DER K'VORT-KLASSE

PRODUKTIONSORT: Orbitalfabrikationsbasis Qo'noS
TYP: Scout *(B'rel)*; Kreuzer *(K'Vort)*; gleiche Grundlage, Kreuzer ist 4,3mal größer
MANNSCHAFT: 12 plus Flugcrew und Truppen *(B'rel)*; 1 500 plus Flugcrew und Truppen *(K'Vort)*
ANTRIEB: Ein M/A-Warpsystem; zwei Impulssysteme
ABMESSUNGEN: Länge 157,76 m; Breite 181,54 m; Höhe 98,54 m *(B'rel)*; Länge 678,36 m; Breite 780,62 m; Höhe 423,72 m *(K'Vort)*
MASSE: 236 000 Tonnen *(B'rel)*; 1 890 000 Tonnen *(K'Vort)*
LEISTUNG: Warp 9,6 *(B'rel* und *K'Vort)*
BEWAFFNUNG: Zwei auf dem Schiff montierte Disruptoren; ein Torpedowerfer *(B'rel)*; vier auf dem Schiff montierte Disruptoren; zwei Torpedowerfer *(K'Vort)*

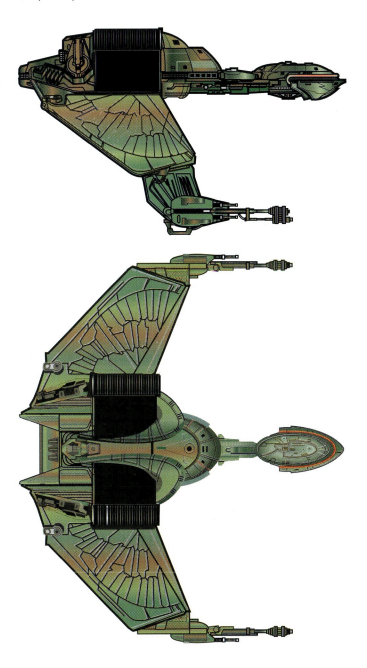

15.0 ALLIIERTE RAUMSCHIFFE

SCHLACHTKREUZER DER K'T'INGA-KLASSE

PRODUKTIONSORT: Orbitalfabrikationsbasis Qo'noS
TYP: Schwerer Kreuzer
MANNSCHAFT: 800 plus Flugcrew und Truppen
ANTRIEB: Ein M/A-Warpsystem; zwei Impulssysteme
ABMESSUNGEN: Länge 349,54 m; Breite 251,76 m; Höhe 98,41 m
MASSE: 760 000 Tonnen
LEISTUNG: Warp 9,6
BEWAFFNUNG: Sechs auf dem Schiff montierte Disruptoren; zwei Torpedowerfer

16.0 FEINDLICHE RAUMSCHIFFE

Alle Spezifikationen für feindliche Raumschiffe beruhen auf geheimdienstlichen Informationen der Starfleet, die aufgrund direkter Sensordaten, eroberter Einheiten, Simulationen und anderer, nicht näher ausgeführter Analysetechniken zustandegekommen sind. Aus Sicherheitsgründen sollten alle aufgeführten Angaben als Schätzungen betrachtet werden. Im Fall des Schlachtkreuzers der Jem'Hadar sind alle vorangegangenen Analysen der Starfleet hinfällig geworden. Beachten Sie hierzu bitte die aktualisierten Missionsberichte 3516.8/b bis f. Beim cardassianischen Frachter wird davon ausgegangen, daß er aus den gleichen Frachtraumeinheiten zusammengesetzt ist, aus denen der Andockring von Terok Nor besteht. Eine interessante Anmerkung hinsichtlich des cardassianischen Fighters ist der Hinweis darauf, daß die Grundlage von der der *U.S.S. Defiant* übernommen zu sein scheint, insbesondere was die Aussparungen an der Vorderseite der Hülle, die Brückenanordnung und die Baugruppe des Hüllenhecks angeht. Starfleet ist der Ansicht, daß einige streng geheime Designunterlagen den Cardassianern zugespielt wurden.

16.1 CARDASSIANISCHE RAUMSCHIFFE

CARDASSIANISCHER FRACHTER
PRODUKTIONSORT: Orbitalmontage-Einrichtung drei, Cardassia Prime
TYP: Frachter
MANNSCHAFT: 30 plus Flugcrew
ANTRIEB: Ein M/A-Warpsystem; zwei oder mehr Impulssysteme
ABMESSUNGEN: Länge 255,65 m; Breite 55,13 m; Höhe 63,21 m
MASSE: 1 340 000 Metertonnen (geschätzt)
LEISTUNG: Warp 6,5 (beobachtet)
BEWAFFNUNG: Vier oder mehr Spiralwellen-Disruptoren; eine mittlere Disruptorkanone am Heck; möglicherweise andere Waffen

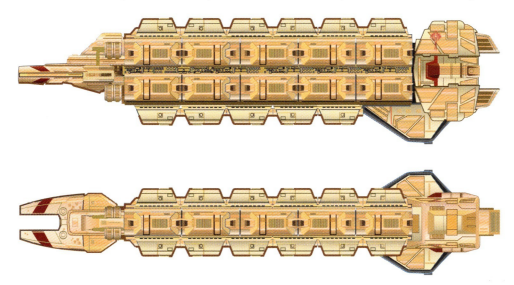

16.0 FEINDLICHE RAUMSCHIFFE

KRIEGSSCHIFF DER GALOR-KLASSE (VARIATION)

PRODUKTIONSORT: Orbitalmontage-Einrichtung drei, Cardassia Prime
TYP: Schwerer Kreuzer
MANNSCHAFT: 500 plus Flugcrew und Truppen
ANTRIEB: Ein, möglicherweise auch zwei M/A-Warpsysteme; zwei oder mehr Impulssysteme
ABMESSUNGEN: Länge 371,88 m; Breite 192,23 m; Höhe 70,13 m
MASSE: 2 230 000 Tonnen (geschätzt)
LEISTUNG: Warp 9,6 (beobachtet)
BEWAFFNUNG: Acht oder mehr Spiralwellen-Disruptoren; eine große Disruptorkanone am Heck; möglicherweise andere Waffen

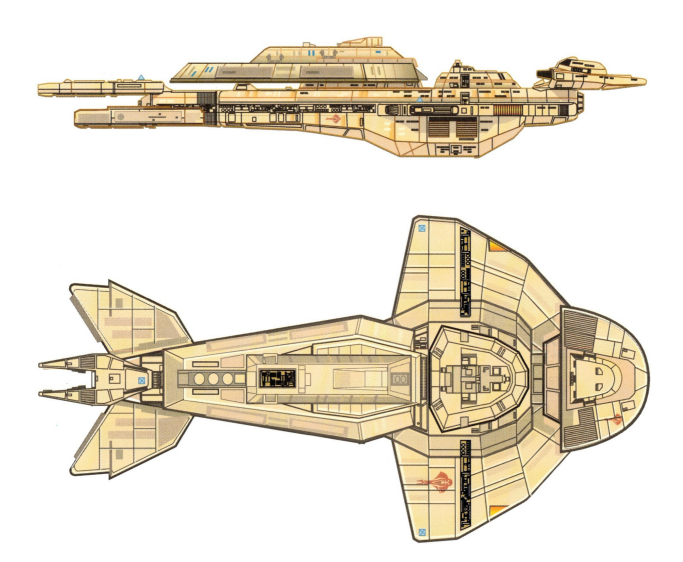

ANGRIFFSKREUZER DER GALOR-KLASSE

PRODUKTIONSORT: Orbitalmontage-Einrichtung drei, Cardassia Prime
TYP: Mittlerer Kreuzer
MANNSCHAFT: 300 plus Flugcrew und Truppen
ANTRIEB: Ein, möglicherweise auch zwei M/A-Warpsysteme; drei oder mehr Impulssysteme
ABMESSUNGEN: Länge 371,88 m; Breite 192,23 m; Höhe 59 m
MASSE: 1 678 000 Tonnen (geschätzt)
LEISTUNG: Warp 9,6 (beobachtet)
BEWAFFNUNG: Acht oder mehr Spiralwellen-Disruptoren; eine große Disruptorkanone am Heck; möglicherweise andere Waffen

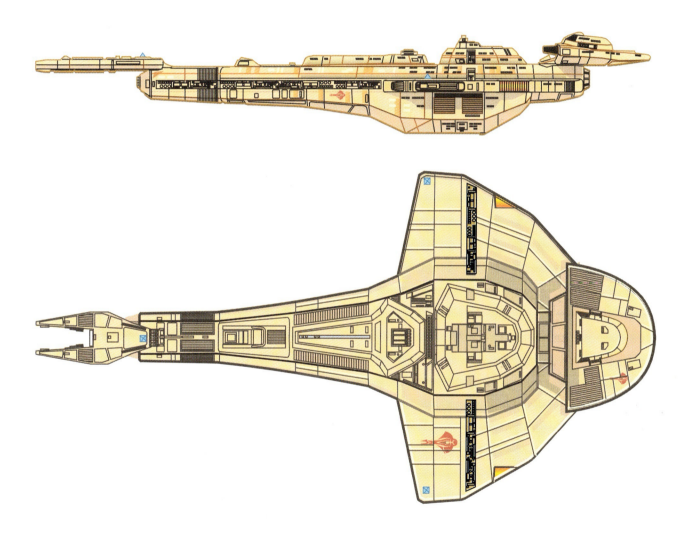

16.0 FEINDLICHE RAUMSCHIFFE

CARDASSIANISCHER FIGHTER

PRODUKTIONSORT: Orbitalmontage-Einrichtung drei, Cardassia Prime
TYP: Angriffskämpfer
MANNSCHAFT: 30 plus Flugcrew
ANTRIEB: Ein, möglicherweise M/A-Warpsysteme; ein oder mehr Impulssysteme
ABMESSUNGEN: Länge 85,78 m; Breite 60,14 m; Höhe 12,34 m
MASSE: 120 000 Tonnen (geschätzt)
LEISTUNG: Warp 9,5 (beobachtet)
BEWAFFNUNG: Vier oder mehr Spiralwellen-Disruptoren; eine mittlere Disruptorkanone am Heck; möglicherweise andere Waffen

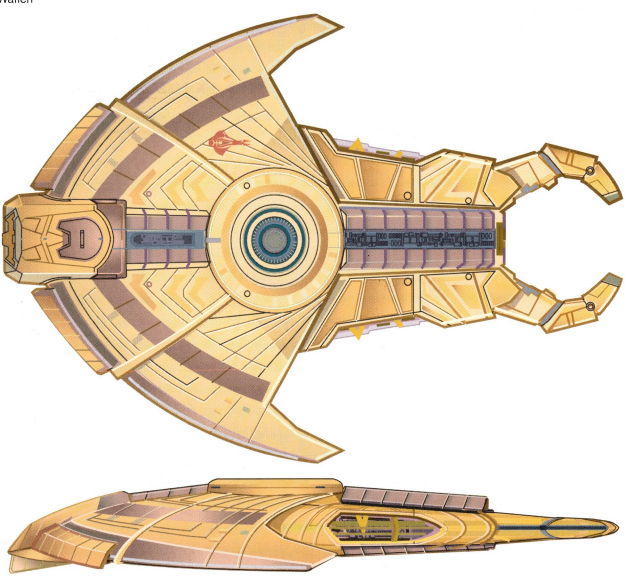

16.2 JEM'HADAR-RAUMSCHIFFE

JEM'HADAR-KREUZER

PRODUKTIONSORT: unbekannt, Gamma-Quadrant
TYP: Schwerer Kreuzer
MANNSCHAFT: 2 500 plus Flugcrew und Truppen (geschätzt)
ANTRIEB: Ein, möglicherweise zwei M/A-Warpsysteme; zwei oder mehr Impulssysteme
ABMESSUNGEN: Länge 639,75 m; Breite 568,44 m; Höhe 204,97 m
MASSE: 4 215 000 Tonnen (geschätzt)
LEISTUNG: Warp 9,6 (beobachtet)
BEWAFFNUNG: Sechs oder mehr Phasen-Polaronen-Strahlwaffen; möglicherweise andere Waffen

16.0 FEINDLICHE RAUMSCHIFFE

JEM'HADAR-ANGRIFFSSCHIFF

PRODUKTIONSORT: unbekannt, Gamma-Quadrant
TYP: Angriffskämpfer
MANNSCHAFT: 12 plus Flugcrew und Truppen
ANTRIEB: Ein M/A-Warpsystem; ein Impulssystem
ABMESSUNGEN: Länge 68,32 m; Breite 70,02 m; Höhe 18,32 m
MASSE: 2 450 Tonnen
LEISTUNG: Warp 9,6
BEWAFFNUNG: Drei Phasen-Polaronen-Strahlwaffen

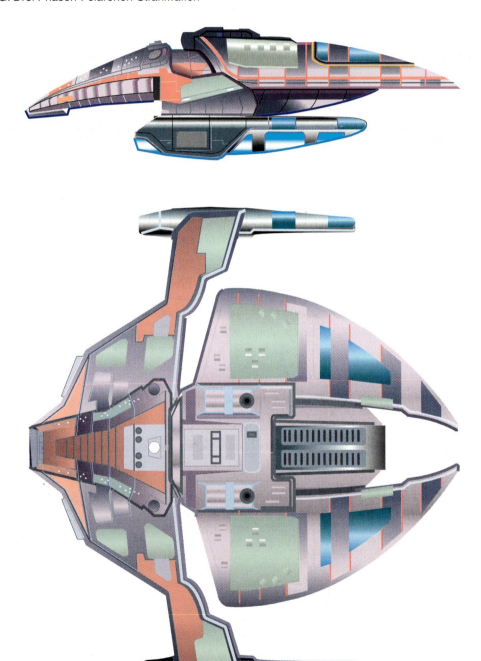

16.3 ROMULANISCHE RAUMSCHIFFE

WARBIRD DER D'DERIDEX-KLASSE

PRODUKTIONSORT: unbekannt, Romulanisches Sternenimperium
TYP: Schwerer Kreuzer
MANNSCHAFT: 1 500 plus Offiziere, Crew und Truppen
ANTRIEB: Ein aus einer künstlichen Quantensingularität bestehender Warpkern, der zwei Gondeln speist; zwei Impulssysteme
ABMESSUNGEN: Länge 1 041,65 m; Breite 772,43 m; Höhe 285,47 m
MASSE: 4 320 000 Tonnen (geschätzt)
LEISTUNG: Warp 9,6 (beobachtet)
BEWAFFNUNG: Sechs auf dem Schiff montierte Disruptoren; zwei Photonentorpedowerfer

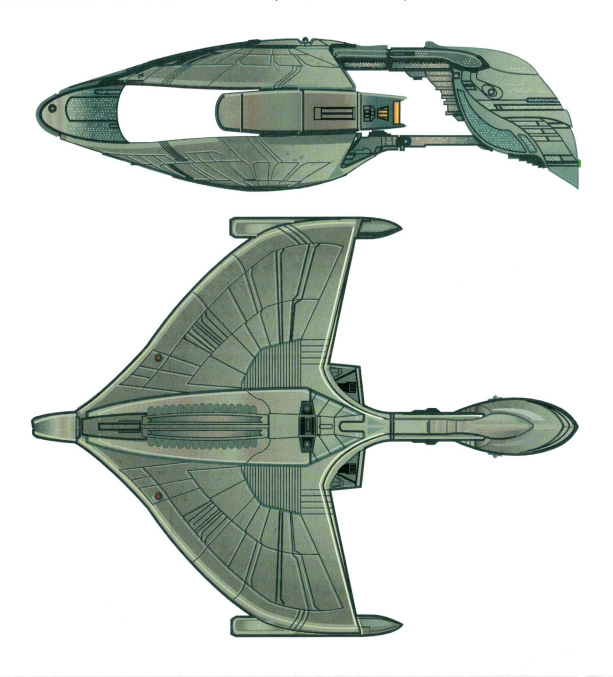

16.0 FEINDLICHE RAUMSCHIFFE

ROMULANISCHES SHUTTLE

PRODUKTIONSORT: unbekannt, Romulanisches Sternenimperium
TYP: Langstrecken-Warpshuttle
MANNSCHAFT: 15 plus Offiziere, Crew und Truppen (geschätzt)
ANTRIEB: Ein aus einer künstlichen Quantensingularität bestehender Warpkern, der zwei Gondeln speist; ein Impulssystem
ABMESSUNGEN: Länge 24,23 m; Breite 15,98 m; Höhe 6,57 m
MASSE: 142,31 Tonnen (geschätzt)
LEISTUNG: Warp 9,6 (beobachtet)
BEWAFFNUNG: Sechs auf dem Schiff montierte Disruptoren; zwei Photonentorpedowerfer

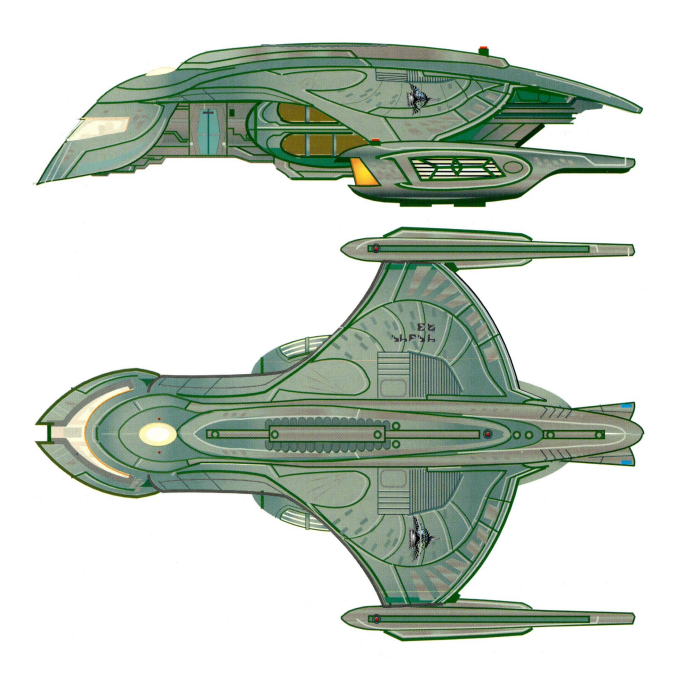

DANKSAGUNGEN

Die Autoren möchten sich bei einer Reihe von Personen und Organisationen bedanken, deren Anstrengungen die Serie mit Leben erfüllt haben. Wir danken Rick Berman, Michael Piller und Ira Steven Behr dafür, daß sie „Star Trek: Deep Space Nine" geschaffen und vorangebracht haben und daß sie es uns erlaubten, mit der Wissenschaft und Technik zu spielen. Wir danken auch Ronald D. Moore, Hans Beimler, René Echevarria, Robert Hewitt Wolfe, Bradley Thompson, David Weddle und den vielen freien Autoren, die Geschichten erfunden haben, die von neuen Orten, neuen Lebensformen und neuen Konflikten in der Galaxis erzählen. Unser Dank gilt dem gesamten Produktionsstab bei Paramount Pictures, der „Deep Space Nine" Woche für Woche ins Fernsehen gebracht hat, darunter Peter Lauritson, David Livingston, Steve Oster, Robert della Santina, J.P. Farrell, Terri Potts und Heidi Smothers.

Daß aus Dialogen und Beschreibungen echte Orte wurden, beginnt bei unseren Kollegen im Art Department. Die Autoren erkennen gebührend die Arbeit von Randy McIlvain, Ricardo Delgado, Jim Martin, Mike Okuda, Denise Okuda, Jim Van Over, Anthony Fredrickson, Tony Bro, Fritz Zimmerman, Joseph Hodges und Nathan Crowley an. Wir danken Tom Arp, Greg Medina und ihrer Crew dafür, daß sie aus Sperrholz und Farbe Tritanium entstehen lassen; Laura Richarz und ihrer Dekorateurscrew für die coolen Möbel; dem coolen Joe Longo dafür, daß er Requisiten abliefert, von denen wir glauben, daß sie wirklich so arbeiten, wie sie sollen, und für all das sonderbare klingonische Essen; dem berüchtigten Johnny Hawk von NAS Miramar für seine Embleme der *U.S.S. Defiant* und der *Danube*-Klasse.

Wir können ohne Übertreibung sagen, daß der größte Teil dieses Buch nicht möglich gewesen wäre ohne die Leute, die die größten Technologie-Konstruktionen Wirklichkeit werden lassen: die Modellbauer und die Crews, die die visuellen Effekte erschaffen. Wir verbeugen uns vor der Arbeit von Tony Meiningers Brazil Fabrication and Design Model Shop. Zu deren Plastik- und Aluminiumarbeiten gehören „Deep Space 9", das Runabout der *Danube*-Klasse sowie die *U.S.S. Defiant*. Da so viele Modellbauer von anderen Produktion Teil von „Deep Space Nine" geworden sind, wollen wir uns besonders herzlich bei dem erfahrenen Modellbauer Greg Jein bedanken, der über die Jahre hinweg so viele Raumschiffe und Requisiten geschaffen hat, darunter auch den Nachbau der original *U.S.S. Enterprise* NCC-1701 und die Raumstation K-7. Viele von Gregs Schiffen machten die Episode „Sieg oder Niederlage?" erst möglich. Für das Filmen dieser Modelle und die Erschaffung ihrer computererzeugten Abbilder danken wir Dan Curry, Gary Hutzel, David Stipes und David Takemura, allesamt Zauberer im Umgang mit visuellen Effekten. Verbunden sind wir auch Image „G", Digital Magic, Composite Image Systems, Pacific Ocean Post und allen anderen Mitgliedern der „Visuelle Effekte"-Familie für ihre Fähigkeit, kleine Dinge riesig aussehen, Raumschiffe vorüberfliegen und Dinge entstehen zu lassen, die eigentlich nicht existieren.

Ohne die Unterstützung von Margaret Clark, unserer Redakteurin bei Pocket Books, wäre dieses Buch noch immer eine Idee, die darauf wartet, geboren zu werden. Margaret weiß unendlich mehr über technische Abläufe im Buchbereich, als wir über den Warpantrieb wissen. Ihre Führung und ihr „Star Trek"-Wissen waren es, die diesem Buch Form gegeben haben. Unser Dank gilt auch Gina Centrello, Kara Welsh, Scott Shannon, Donna O'Neill, Donna Ruvituso, Erin Galligan, Lisa Feuer und Twisne Fain, die eine Produktion von der Kom-

DANKSAGUNGEN

plexität einer „Star Trek"-Fernsehepisode mitverfolgten. Bernadette Bosky kümmerte sich um die redaktionelle Arbeit, Jessica Shatan erledigte das Design für dieses Buch.

Was die technischen Angelegenheit angeht, möchte Rick seinem Vater Paul seine Dankbarkeit ausdrücken, dessen Liebe zur Architektur und zu Fahrzeugen auf andere Weise auf seinen Sohn abfärbte, als er es erwartet hatte. Rick glaubt, daß jeder, der die Funktionsweise einer Baldwin-Dampflokomotive versteht, auch die jeder anderen Maschine verstehen kann – auch die, die man in einem Raumschiff vorfindet. Rick möchte auch in memoriam G. Harry Stine für dessen jahrelangen Unterricht in den Weltraumwissenschaften danken, der bei den einfachsten Raketenmodellen begann und sich zu Fusionstriebwerken hinaufarbeitete. Harry kannte Gene Roddenberry und teilte dessen Optimismus in bezug auf die Zukunft der Menschheit und die Erforschung des Weltalls. Sollten Sie es nicht schon längst selbst bemerkt haben: Dieser Optimismus färbte auf diesen Autor ab.

Rick dankt seiner Frau Diane für ihren unerschütterlichen Rückhalt, ihre Liebe und ihre Ratschläge. Er glaubt zwar nicht an Astrologie, ist aber der Ansicht, daß die Serie „Rocky Jones, Space Ranger", die er als Kind sah, und der Umzug nach Kalifornien im Jahr 1977 etwas damit zu tun hatten, daß die beiden zusammenfanden – abgesehen von dem kleinen Experiment, das Mike und Denise durchführten. Er dankt seinem Sohn Joshua und seiner Tochter Kristen für ihren unverminderten Enthusiasmus und hofft, daß er sie davon überzeugen kann, an diesem Zukunftsoptimismus festzuhalten. Es ist ganz gewiß ein wenig egoistisch, darauf zu hoffen, daß sie vielleicht eines Tages auf dem Mars spazierengehen werden, aber man kann ja nie wissen.

Noch einmal danke an Dan Curry und Gary Hutzel für ihre Zeit und Geduld während der Designdiskussionen über die Raumstation und andere Modelle. Dan stellte außerdem einen Informationsreichtum über klingonische Hieb- und Stichwaffen zur Verfügung, während Gary stets zu bedenken gab, daß ein Großteil der Effektegeschichte in „Star Trek" vergänglich ist und wir nicht immer eine dauerhafte Aufzeichnung der Dinge haben werden, die wir zu sehen bekommen.

Ein besonderes Dankeschön an den gleichgesinnten Kometenbeobachter und Autor André Bormanis dafür, daß er die Wissenschaft des 24. Jahrhunderts in diesem Buch so überprüft hat, wie er es auch für die „Star Trek"-Serien und -Filme macht. Man muß sich allerdings fragen, in welche Richtung sich die Menschheit entwickelt, wenn sich zwei wissenschaftlich orientierte Erwachsene Gedanken darüber machen, was mit Odos Masse geschieht, wenn er sich in eine Maus verwandelt.

Rick möchte auch Herman Zimmerman für dessen Fachwissen und Führung bei all unseren Versuchen danken, die Station Deep Space Nine Wirklichkeit werden zu lassen. Seine Kreativität beim Produktionsdesign, die während der ersten Season von „Star Trek: The Next Generation" zu beobachten war, hat sich ungeschmälert zu den unbekannten Welten im Alpha- und Gamma-Quadranten weiterentwickelt.

Danke auch an Mike Okuda, den Hüter der vielen Antworten auf technische Fragen, die seit Ricks Vollzeitwechsel zu „Star Trek: Voyager" lange Zeit als verloren galten. Mike war seit „Star Trek: The Next Generation" maßgeblich am Aussehen dieser technischen Handbücher beteiligt, er half, viele der Systeme und Funktionen zu entwickeln, die uns heute so vertraut sind.

Das beste kommt zum Schluß, denn es ist Doug Drexler zu verdanken, daß wir die Formen und Farben der Technologie und die Geschichte von Deep Space Nine zu Papier bringen können. Doug hat für dieses Buch mehr Illustrationen geschaffen, als es einem Menschen möglich ist. Daher kann es nicht anders sein, als daß er ein Außerirdischer ist, der uns geschickt worden ist. Bei allem, was recht ist – er ist ein Wahnsinniger. Seine Arbeit für die „Star Trek Enzyklopädie" sollte dafür ein Hinweis sein. Rick zieht jeden Hut, den er jemals besessen hat, vor Doug und dessen Augenschmaus in diesem Handbuch.

Doug möchte die folgenden Menschen dankend erwähnen und umarmen, von denen er sich inspiriert gefühlt hat und die dieses Buch möglich gemacht haben:

Meine liebste Dorothy Duder, jene irdische Mutter, die mich mit ihrer Liebe und Aufmerksamkeit nährt. Sie ist sowohl Balsam für die Seele als auch ein Allheilmittel. Sie kennt vielleicht nicht den Unterschied zwis-

DANKSAGUNGEN

chen einem Warpantrieb und einer EPS-Leitung, aber sie weiß, wie komplex das Seelenleben eines Menschen ist, und dafür bin ich ihr im gleichen Maße dankbar, wie es mich in Erstaunen versetzt. Ich werde immer danach streben, mir deine Zuneigung zu verdienen.

Donna Drexler, die mit mir viele Abenteuer und Widrigkeiten durchlebt hat und die heute so sehr ein Teil von mir ist, wie es kein anderer sein könnte. Meine Liebe zu dir ist so tief wie der Ozean, und ich werde immer für dich da sein, egal, was auch kommen mag.

Mike Okuda, mein Captain, oh, mein Captain und zugleich eine verwandte Seele. Wir sind an völlig verschiedenen Punkten der Welt aufgewachsen, und doch teilen wir eine gemeinsame Kindheit. Danke, daß du meine Wünsche erkannt hast, danke für die wundervollen Gelegenheiten, und vor allem danke für deine Freundschaft. Die letzten sechs Jahre gehören zu den besten Zeiten meines Lebens.

Denise Okuda, Temperamentsbündel und Mutter der graphischen Abteilung. Es ist zweifellos unheimlich, aber ich habe das Gefühl, als hätte man uns bei der Geburt getrennt. Du und ich waren die ursprünglichen graphischen Künstler von DS9, wir haben diese Stadt auf einem Ozean aus schwarzem Kaffee erbaut. Neezee, ich liebe dich von Herzen; wir müssen Bruder und Schwester sein ... Freunde in Zeit und Raum.

Jim Van Over. Was soll ich sagen? Du bringst mich den ganzen Tag zum Lachen. Ich möchte gar nicht daran denken, in welche schwierigen Situationen wir uns gebracht hätten, hätten wir uns schon in der Grundschule gekannt. Was sind wir doch zwei Racker! Jim, du bist ein erstaunliches Talent, sowohl in deiner Arbeit als auch in deiner Respektlosigkeit. Ich liebe dich dafür.

Anthony Fredrickson, Freund seit über 35 Jahren. Anthony, wir haben seit der siebten Klasse gemeinsame eine Menge erlebt. Während der Zeit als Magazinredakteur, beim Make-up und bei DS9 bist du immer dagewesen. Ich möchte dir besonders dafür danken, daß du meine Seite dieses Buchs möglich gemacht hast. Danke, Kumpel.

Mike Westmore dafür, daß er die Pforten zum „Star Trek"-Universum öffnete und mir genau zum richtigen Zeitpunkt den Sprung hinein ermöglichte. Die warmherzigen Strudel und Strömungen der „Star Trek"-Produktion brachten mich genau dorthin, wo ich sein wollte. Und dafür danke ich dir von tiefstem Herzen.

Rick Sternbach dafür, daß er die Dreistigkeit und den Antrieb besaß, dieses Projekt zu starten. (Sternbach ist cine Techno-Gottheit. Gibt einen Teil Okuda und einen Teil Wissenschaft hinzu, erhält man die Heilige Dreifaltigkeit, die die Grundlage für die Glaubwürdigkeit von „Star Trek" bildet.)

Herman Zimmerman, Architekt der Zukunft, Wahrer des ästhetischen Glaubens, furchtloser Anführer und Guru des Art Department, der sechs Jahre zuvor fragte: „... ein Make-up-Künstler?"

Und natürlich Gene Roddenberry, der vor über 30 Jahren auf eine Entfernung von mehr als dreitausend Kilometern mit seinem Optimismus, seiner Kreativität und seinem ‚Sense of Wonder' ein Kind zu begeistern und anzusprechen vermochte.

NACHWORT

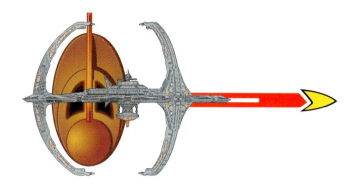

Die Wände sind aus Holz.

Das ist die Station Deep Space 9, die auf den Bühnen 4, 17 und 18 auf dem Paramount-Gelände existiert; die Station, an der sich eine Gruppe von Schauspielern, Technikern, Künstlern und Handwerkern Woche für Woche abmüht, um jedes Jahr 26 Episoden auf die Beine zu stellen. Jedes Set hat eine eigene Persönlichkeit, eine Ansammlung von Eigenheiten, die auf die Produktionscrew erbaulich oder abschreckend wirken kann.

Wir kennen sie sehr gut. Es gibt Leute in unserer Produktionscrew, die Ihnen ganz genau sagen könnten, wieviele Meter Kabel für Ops nötig sind, wieviele Farbschichten auf die Wände der *Defiant* aufgetragen wurden, welche Requisiten von TNG übernommen wurden und an welchen Stellen man sich gefahrlos von der Promenade stürzen kann.

Für uns ist es ein realer Ort. Wir lachen dort, und manchmal heulen wir auch. Es ist die Grundlage für die Geschichten, die wir erzählen und die von Dingen handeln, die sich nie zugetragen haben.

Wir lieben unsere Station aus Holz.

Doch auf der anderen Seite des Fernsehbildschirms befindet sich eine andere Station mit Namen Deep Space 9 – die, die Sie jede Woche sehen können. Die, die von Starfleet-Offizieren, Bajoranern, Klingonen und einem cardassianischen Schneider bevölkert wird. Diese Station ist eine Illusion. Ein Traum. Kein Ort, der aus Holz, Plastik, Gummi und Teilen besteht, die bei „MacGyver" erbeutet wurden. Sondern ein Ort aus glänzendem Tritanium, transparentem Aluminium, Computeranzeigen und fremdartigen Geräten.

Wenn wir die Serie sehen, dann sagen wir uns, daß es außerhalb des von der Kamera erfaßten Bildes unzählige nicht erzählte Wunder gibt. Daß der Korridor hinter Sisko in einen Teil des Habitatrings führt, den wir noch nie gesehen haben. In Quarks Vorratsraum finden sich Schätze, die wir uns nicht vorstellen können. Irgendwo im Andockring gibt es riesige Hangars, die mit zahlreichen Runabouts vollgestellt sind. Das sagenumwobene Abfallentsorgungssystem muß ein Wunder der Ingenieurstechnik aus dem 24. Jahrhundert sein.

Dieses Buch führt sie in die Korridore, die wir in der Serie nie betreten haben. Es zeigt Deep Space 9 von Starfleet-Offizieren bewohnt, nicht von Schauspielern. In gewisser Weise bestätigt es, was Sie schon immer gewußt haben: daß sich hinter diesen Sperrholzwänden nicht Nägel, Leim und Klammern befinden, sondern optische Datennetzwerke, Plasmarelais und Deuteriumleitungen.

Und wenn Sie im Geiste schon die meisten Details ohne Hilfe von außen wissen, kann es da wirklich eine Hilfe sein, ein derartiges Buch zu schreiben? Kann man irgendeinen Nutzen daraus ziehen, wenn man über die Details liest?

Für mich lautet die Antwort klar und deutlich: „Ja."

Ich erinnere mich, daß ich vor vielen Jahren, als ich selbst noch ein Kind unter vielen war, das diese alte Serie namens „Star Trek" aus den Sechzigern liebte, in einer Buchhandlung auf ein Exemplar der „Enterprise-Blueprints" von Franz Joseph stieß. Ich kaufte es und konnte es nicht erwarten, endlich nach Hause zu kommen, um die Verpackung zu öffnen. Darin befand sich eine „Landkarte" für das legendäre Raumschiff. Ich konnte ganz genau sehen, wo sich Kirks Quartier befand, wo Scotty an seinen armen ‚Babies' schuftete, wo sich

NACHWORT

Kevin Rileys Bowlingbahn befand. Damit wurden meine Träume bestätigt. Diese Zeichnungen sagten mir, daß es die *Enterprise* wirklich gibt, daß hinter allem, was ich im Fernsehen sah, eine gewisse Logik steckte. Die Blueprints machten es mir möglich, der Handlung sowohl hinter als auch vor den Kulissen zu folgen.

Kirk verläßt den Transporterraum und begibt sich zur Brücke.

„Okay, das heißt, er geht aus dem Transporterraum nach rechts, geht den Korridor entlang, biegt links ab, dann nochmal links, bevor er den rechts von ihm liegenden Turbolift betritt. Der Lift bewegt sich kreisförmig in der Untertassensektion..."

Die „Enterprise-Blueprints" waren wirklich cool.

Das „Deep Space Nine: Das technische Handbuch" ist sogar noch cooler. Die *Enterprise* war groß (289 Meter lang, was in Fuß umgerechnet ... äh, eine ganze Menge ist), aber im Verlauf der Originalserie bekamen wir nur wenige Decks zu sehen. Das gab Franz Joseph die Möglichkeit, zahlreiche Leerräume auszufüllen. Doch Deep Space 9 ist gigantisch (1 451,82 Meter, was in Fuß umgerechnet ... nein, ich werde es gar nicht erst versuchen). Wir waren in der Lage, nur einen Bruchteil der Wohn- und Arbeitsquartiere zu zeigen, die theoretisch auf unserer Station existieren. Dadurch war die Aufgabe, die vor Herman Zimmerman, Rick Sternbach und Doug Drexler lag, eine noch größere Herausforderung.

Aber dafür war die Belohnung auch größer.

Die Station, die Sie in diesem Buch vorgestellt bekommen, funktioniert wirklich. Sie macht Sinn. Aber vielleicht ist es noch wichtiger, daß dieses Buch Ihre Phantasie anregt und sie glauben lassen kann, daß es wirklich einen Ort mit Namen Deep Space 9 gibt.

Denn genau das ist das Element, das aus Holz Tritanium werden läßt: Ihre Phantasie.

Ronald D. Moore
Los Angeles, Kalifornien

DIE AUTOREN

Doug Drexler ist ein preisgekrönter Make-up-Künstler, der bereits mit Stars wie Al Pacino, Dustin Hoffman, Jimmy Caan, Meryl Streep und Warren Beatty zusammengearbeitet hat. Seine Karriere in der Unterhaltungsindustrie begann mit seiner Arbeit für den berühmten Maskenbildner Dick Smith bei Filmen wie „Begierde" und „Drei Männer und eine kleine Lady". Er war auch, um nur ein paar zu nennen, bei „Three Man and a Little Lady", „The Cotton Club", „FX" und „Dick Tracy" mit dabei. Für „Dick Tracy" bekam er neben dem Oscar auch den British Academy Award und den Saturn Award. Zwei Emmys folgten für seine dreijährige Arbeit für „Star Trek: The Next Generation".

Als „Star Trek: Deep Space Nine" in Produktion ging, widmete sich der künstlerische Berater der Serie, Mike Okuda, dem jungen Make-up-Künstler aus Brooklyn, der den Wunsch hatte, Designer zu werden. Seit diesem Tag erblickten unzählige „Star Trek"-Grafiken und -Illustrationen das Tageslicht. „Ich bin besessen", erklärt er. Doug arbeitete auch für „Star Trek. Treffen der Generationen", „Star Trek: Der erste Kontakt" und erst kürzlich für „Star Trek: Der Aufstand".

Doug illustrierte Michael und Denise Okudas „Star Trek: Die offizielle Enzyklopädie" ebenso wie Andre Bormanis' „Star Trek Science Log". Außerdem arbeitete er gemeinsam mit den Okudas an der von Simon and Schuster veröffentlichten interaktiven CD-Rom „Captain's Chair".

Rick Sternbach arbeitet zur Zeit als Senior-Illustrator bei „Star Trek: Voyager". 1987 begann er als Technischer Designer bei „Star Trek: The Next Generation" und ist seither für Blueprints und die Details unzähliger Raumschiffe und Stationen wie z.B. der U.S.S: Defiant, Deep Space Nine und klingonischen Angriffskreuzern verantwortlich. Zudem unterstützt er als technischer Berater die Autoren-Crew. Rick gewann als Assistant Art Director und Visual Effects Artist bei der PBS-Serie „Cosmos" einen Emmy und zweimal den SF-Hugo-Award als bester Künstler. Unter anderem war er auch bei „The Last Starfighter" und „Star Trek: Der Film" tätig. Rick illustrierte die Science-Fiction-Bücher von Larry Niven, Robert Heinlein und James White. Seine Weltraumdarstellungen sind bereits in „Sky & Telescope", „Smithsonian" und „Aviation Week & Space Technology" erschienen. Rick schrieb gemeinsam mit Michael Okuda „Star Trek: Die Technik der U.S.S. Enterprise: Das offizielle Handbuch" und ist der Autor der „U.S.S. Enterprise NCC-1701-D"-Blueprints.

Herman Zimmermann ist in Hollywood als überaus talentierter und erfahrener Film-Produktionsdesigner gut bekannt. In seiner 20jährigen Karriere als Künstlerischer Leiter und Produktionsdesigner war Herman Kulissen für unzählige Filme und Fernsehserien tätig.

In den letzten zwölf Jahren arbeitete er als Produktionsdesigner sowohl für TNG als auch für „Star Trek: Deep Space Nine".Auch bei den „Star Trek"-Filmen „Star Trek V: Am Rande des Universums", „Star Trek VI: Das unentdeckte Land", „Star Trek: Treffen der Generationen", „Star Trek: Der erste Kontakt" und „Star Trek: Der Aufstand" gehörte er zum Team.

Bereits zweimal wurde er für den Academy of Television Arts und Science Emmy Award nominiert und bekam als erster 1996 den Excellence in Production Design Award von der Society of Motion Pictures and Television Art Directors ebenfalls für seine Arbeit an „Deep Space Nine" verliehen.

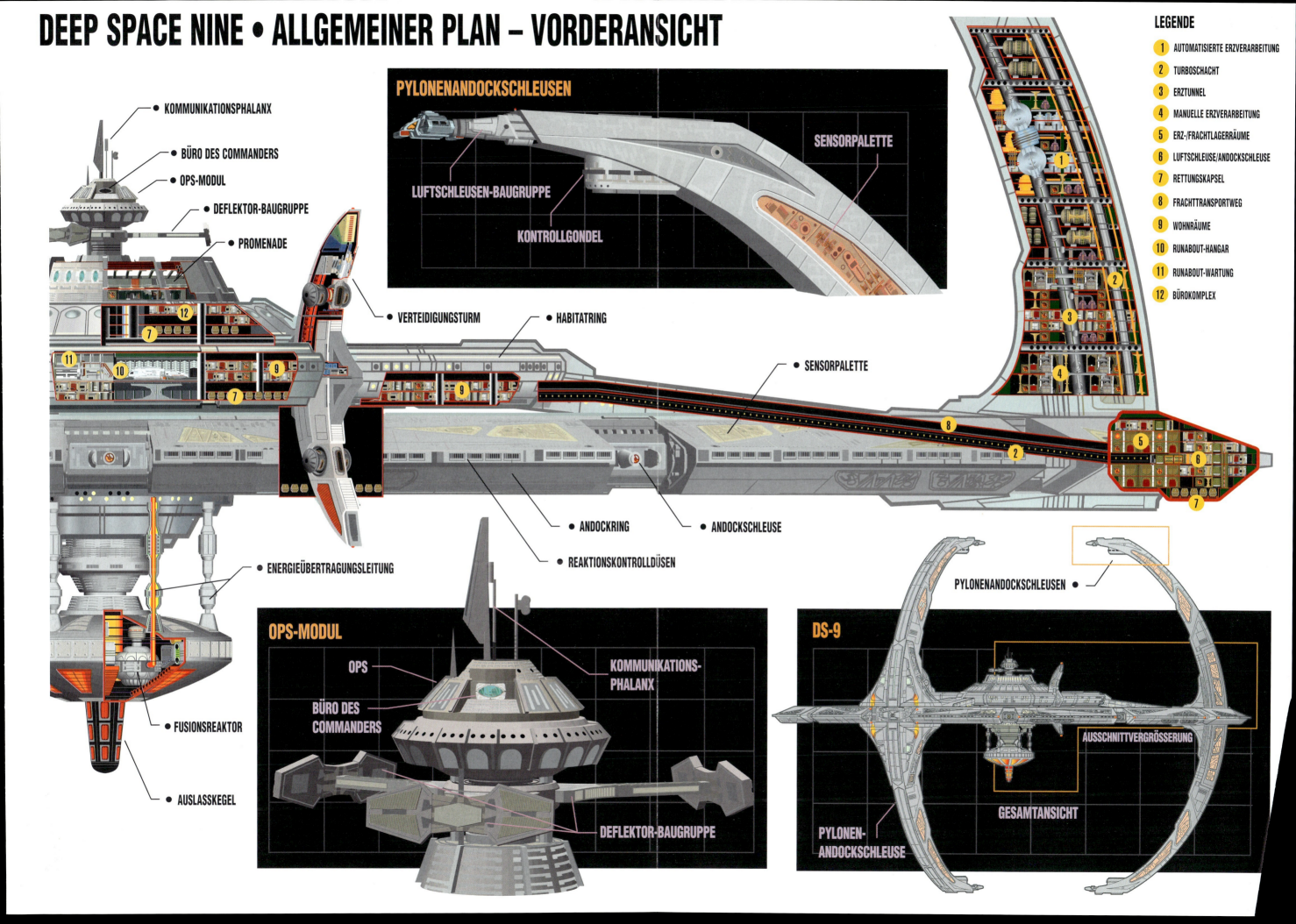

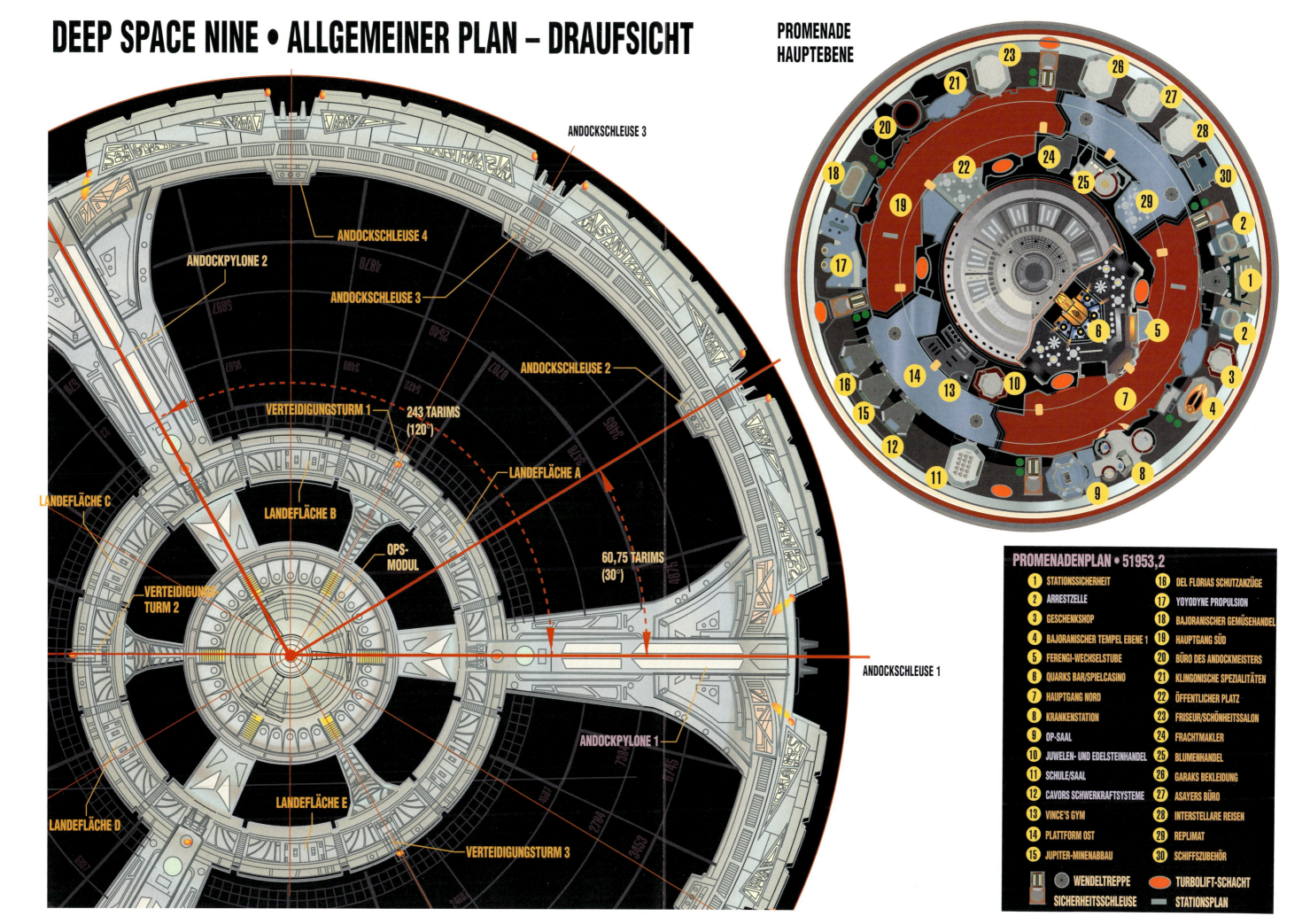

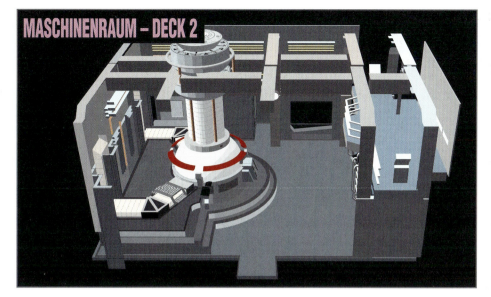
MASCHINENRAUM – DECK 2

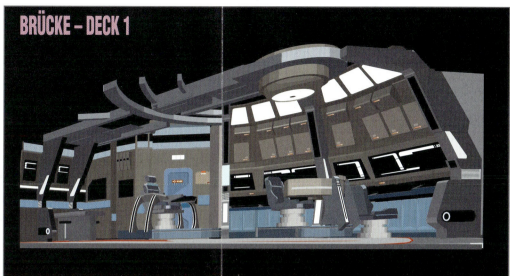
BRÜCKE – DECK 1

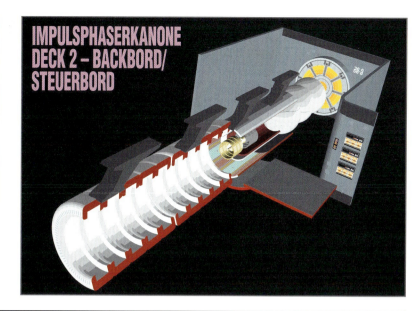
IMPULSPHASERKANONE
DECK 2 – BACKBORD/STEUERBORD

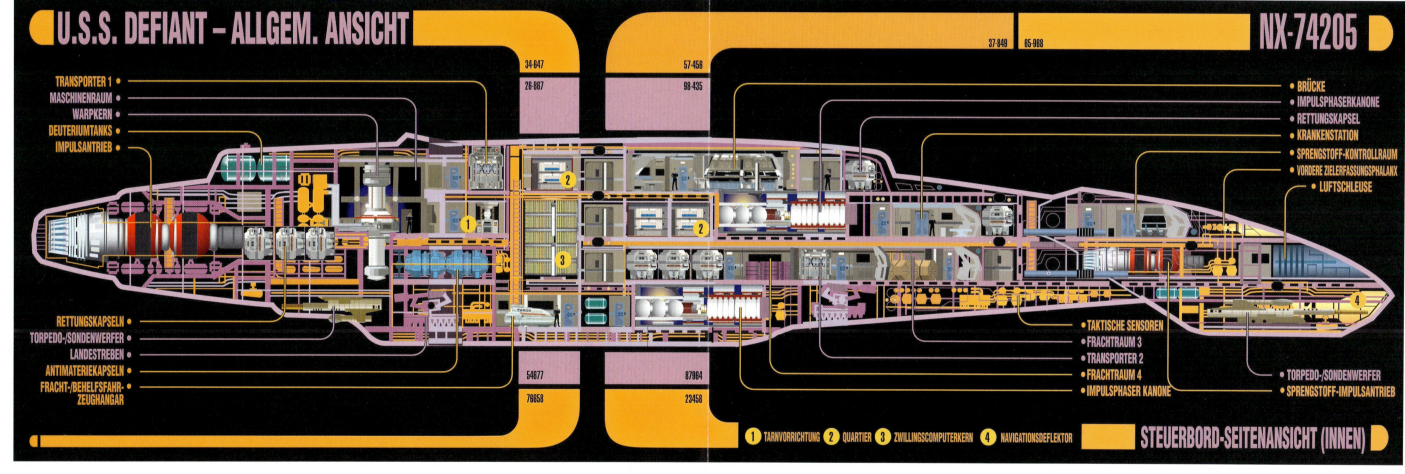

U.S.S. DEFIANT – ALLGEM. ANSICHT — **NX-74205**

- TRANSPORTER 1
- MASCHINENRAUM
- WARPKERN
- DEUTERIUMTANKS
- IMPULSANTRIEB
- RETTUNGSKAPSELN
- TORPEDO-/SONDENWERFER
- LANDESTREBEN
- ANTIMATERIEKAPSELN
- FRACHT-/BEHELFSFAHRZEUGHANGAR
- BRÜCKE
- IMPULSPHASERKANONE
- RETTUNGSKAPSEL
- KRANKENSTATION
- SPRENGSTOFF-KONTROLLRAUM
- VORDERE ZIELERFASSUNGSPHALANX
- LUFTSCHLEUSE
- TAKTISCHE SENSOREN
- FRACHTRAUM 3
- TRANSPORTER 2
- FRACHTRAUM 4
- IMPULSPHASER KANONE
- TORPEDO-/SONDENWERFER
- SPRENGSTOFF-IMPULSANTRIEB

① TARNVORRICHTUNG ② QUARTIER ③ ZWILLINGSCOMPUTERKERN ④ NAVIGATIONSDEFLEKTOR

STEUERBORD-SEITENANSICHT (INNEN)

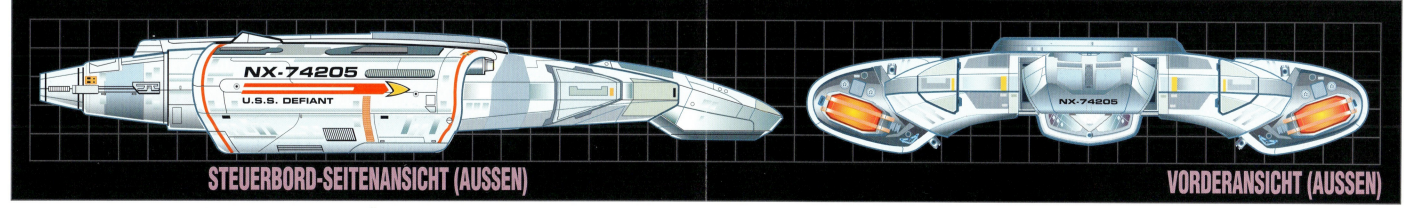

STEUERBORD-SEITENANSICHT (AUSSEN) — VORDERANSICHT (AUSSEN)

ANTARES-SCHIFFSWERFT • BAJORANISCHER SEKTOR • VEREINTE FÖDERATION DER PLANETEN

ALLGEMEINE ANSICHTEN • U.S.S. DEFIANT • NX-74205 • AKTUELLE STERNZEIT 51953,2 • NUR FÜR ZWECKE DES VERTRAUTMACHENS

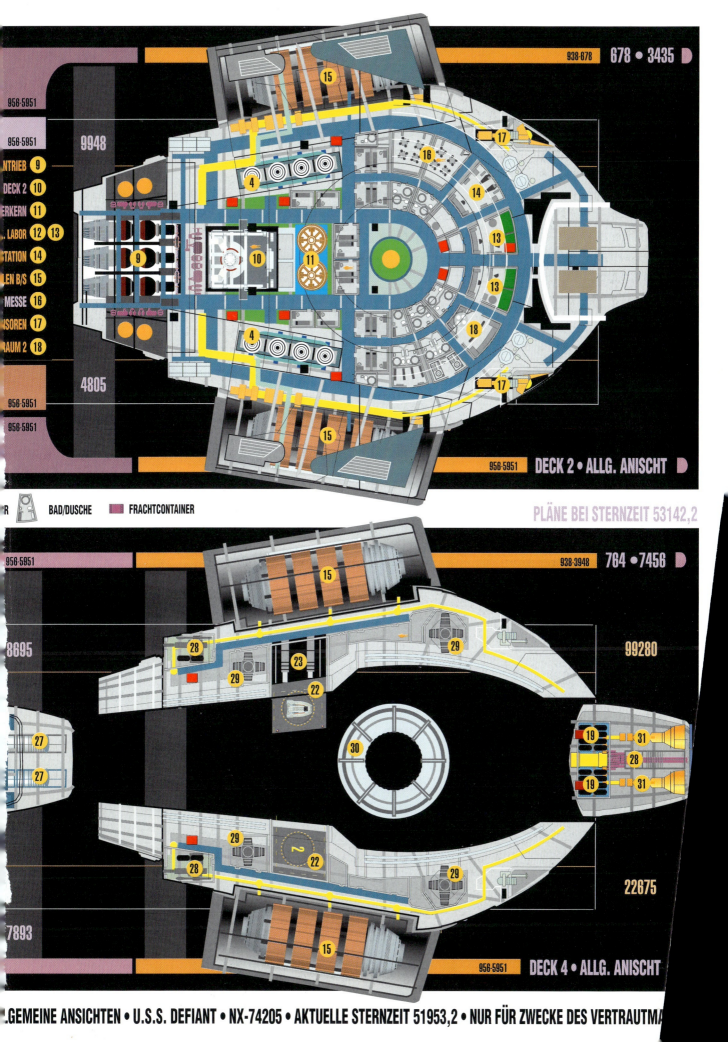

CHENS

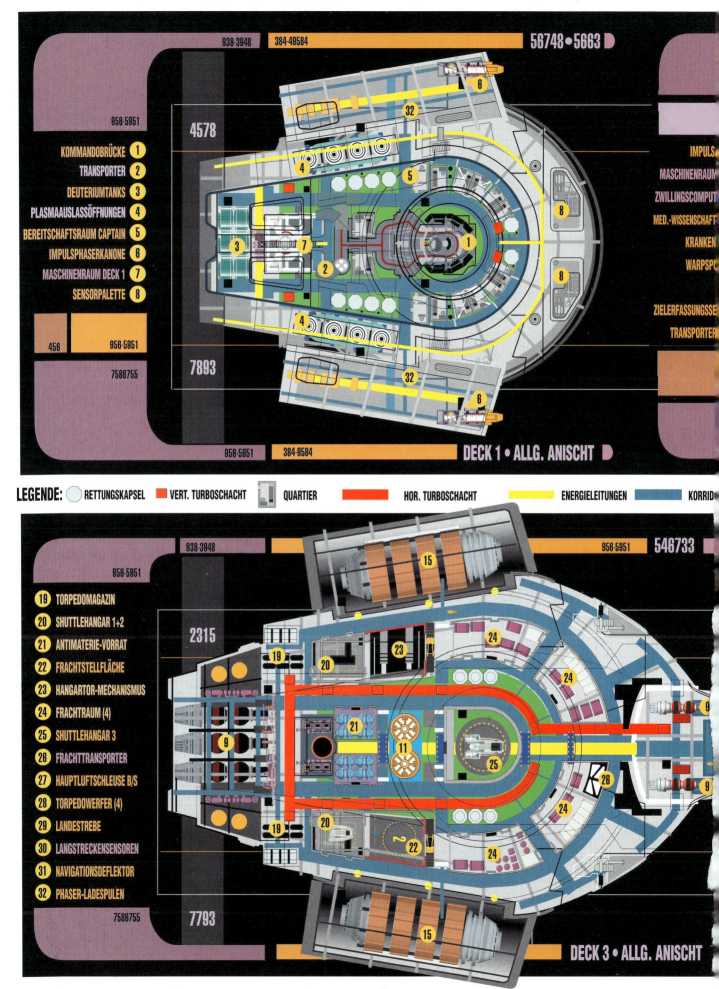